車両用防護柵標準仕様・同解説

平成 16 年 3 月

公益社団法人　日本道路協会

まえがき

　防護柵は、自動車の路外逸脱防止等を図る施設として、道路交通の安全確保に大きな役割を果たしてきた。防護柵に関する基準も、時代の要請に応じて所要の改定が行われ、平成10年には「防護柵の設置基準」として、仕様規定から性能規定へと大きな変更がなされた。さらに平成16年3月には、良好な景観形成に配慮した防護柵の整備を目的として、防護柵の色彩などについて改定が行われたところである。

　「防護柵の設置基準」の性能規定を満足する車両用防護柵は、平成11年に建設省道路局道路環境課長より「車両用防護柵標準仕様について」として通知されている。本車両用防護柵標準仕様・同解説は、車両用防護柵標準仕様の内容を紹介するとともに、防護柵を設置する際の理解を助けるための解説書としてとりまとめたものである。なお本書は、平成16年3月の基準改定を契機に見直しを行い、関係者より要望の多かった支柱式基礎の背面土量の算出方法や連続基礎の設計方法などを追記し、解説の充実を図った。

　本書が、防護柵の設置基準の適正な運用に役立つとともに、交通安全の推進に寄与することを期待してやまない。

　最後に、本書の取りまとめにあたってご尽力いただいた委員各位並びに関係者の皆様に心から感謝と敬意を表するものである。

　平成16年3月

ガードフェンス分科会長　三　浦　真　紀

交通工学委員会

委員長 荒 牧 英 城

交通安全施設小委員会

小委員長 森 永 教 夫

ガードフェンス分科会

分科会長 三 浦 真 紀

委員	阿 部 公 一	池 尻 勝 志
	石 川 美津夫	大久保 雅 憲
	柿 崎 恒 美	今 野 和 則
	齋 藤 博 之	佐々木 政 彦
	中 野 穰 治	萩 原 松 博
	藤 岡 啓太郎	松 本 道 湛
	三 上 聰	森 望
	森 戸 義 貴	森 本 励
	渡 邊 茂	
幹事	安 藤 和 彦	伊 藤 博 文
	池 原 圭 一	石 井 康 志
	石 橋 善 明	大 江 真 弘
	大 里 弘 人	岡 田 昌 澄
	甲 斐 一 洋	黒 木 賢二郎
	清 水 将 之	下 山 善 秀
	高 島 勝 利	新 田 哲 文
	松 平 信 治	森 本 和 寛
	山 田 兼 行	

目　　次

通　達　文 1

車両用防護柵標準仕様 2

   別紙1　たわみ性防護柵の各仕様の変更方法 99

   別紙2　剛性防護柵の各仕様の設計方法および変更方法 111

解説・参考資料 121

  1．車両用防護柵標準仕様について 121

    1－1　車両用防護柵の性能確認と車両用防護柵標準仕様 121

    1－2　標準仕様に掲載の車両用防護柵 122

  2．たわみ性防護柵の標準仕様について 124

    2－1　構造諸元等に関する解説 124

    2－2　支持条件の変更の適用例 129

  3．剛性防護柵の標準仕様について 142

    3－1　構造諸元等に関する解説 142

    3－2　設計方法および変更方法の適用例 147

建設省道環発第4号
平成11年2月16日

北海道開発局建設部長
沖縄総合事務局開発建設部長
各地方建設局道路部長
各公団企画担当部長
各都道府県道路事業担当部長
各政令指定市道路事業担当部長　　　　あて

建設省　道路局　道路環境課長

車両用防護柵標準仕様について

　平成10年11月5日付建設省道環発第29号により道路局長から通知された「防護柵の設置基準の改定について」において別に通知するとされている性能の確認されている車両用防護柵についての仕様を，車両用防護柵標準仕様として別添の通りとりまとめたので通知する。
　都道府県道路事業担当部長におかれては，貴管下道路管理者（地方道路公社を含む）に対しても周知徹底されたくお願いする。

（別添）車両用防護柵標準仕様

車両用防護柵標準仕様

1. たわみ性防護柵の標準仕様

(1) たわみ性防護柵のガードレール，ガードケーブル，ガードパイプ，ボックスビームのうち，性能の確認されている防護柵について，**表-1**に示す仕様記号を付し，その仕様を図に示す。

(2) 各仕様はそれぞれの防護柵の主要構成部材となるビームまたはケーブル，支柱，ブラケットなどについて，性能確保を図るために必要となる形状・寸法および材料を図に示している。支持条件は基礎の構造として図に示している。

　図中に示されている形状・寸法や支持条件を変更する場合は，**別紙1**に示す方法によって変更することができる。

2. 剛性防護柵の標準仕様

(1) 剛性防護柵のコンクリート製壁型防護柵(フロリダ型，単スロープ型，直壁型)のうち，性能の確認されている防護柵について，**表-2**に示す仕様記号を付し，その仕様を図に示す。

(2) 各仕様は，基本的に躯体構造諸元と基礎部構造諸元とからなる。ただし，土中用の防護柵で路側に用いるものについては路側部の背面側の形状や土質条件が設置場所によって異なることから躯体構造諸元のみを示し，基礎部構造諸元は示していない。この場合，基礎部構造諸元については**別紙2**に示す方法に従って設計する。また，土中用の防護柵で分離帯に用いるものについては地盤の許容支持力150kN/m^2，水平抵抗力9.8kN/m^{2}を前提として仕様を示している。この支持条件が確保できない場合も**別紙2**に示す方法に従って基礎部構造諸元を変更する。

　構造物用の防護柵は，構造物中の鋼材と何らかの方法で連結一体化して設置するが，この場合の構造諸元が設置場所によって異なることから，この防護柵についても躯体構造諸元のみを示し，基礎部構造諸元は示していない。この場合の基礎部構造諸元についても**別紙2**に示す方法にしたがって設計する。

　図に示されている形状・寸法を変更する場合は，**別紙2**に示す方法によって変更することができる。

表-1 本標準仕様に掲載のたわみ性防護柵の仕様記号

種類	区分	種別	ガードレール 路側用 土中用	ガードレール 路側用 構造物用	ガードレール 分離帯用 土中用	ガードレール 分離帯用 構造物用	ガードケーブル 路側用 土中用	ガードケーブル 路側用 構造物用	ガードケーブル 分離帯用 土中用	ガードケーブル 分離帯用 構造物用
たわみ性防護柵	標準型	C	Gr-C-4E Gr-C-4E2	Gr-C-2B Gr-C-2B2	Gr-Cm-4E	Gr-Cm-2B	Gc-C-6E	Gc-C-4B		
		B	Gr-B-4E	Gr-B-2B	Gr-Bm-4E	Gr-Bm-2B	Gc-B-6E	Gc-B-4B	Gc-Bm-6E	Gc-Bm-4B
		A	Gr-A-4E	Gr-A-2B	Gr-Am-4E	Gr-Am-2B	Gc-A-6E	Gc-A-4B		
		SC	Gr-SC-4E	Gr-SC-2B	Gr-SCm-2E	Gr-SCm-1B				
		SB	Gr-SB-2E	Gr-SB-1B	Gr-SBm-2E	Gr-SBm-1B				
		SA	Gr-SA-3E	Gr-SA-1.5B	Gr-SAm-2E	Gr-SAm-1B				
		SS	Gr-SS-2E	Gr-SS-1B	Gr-SSm-2E	Gr-SSm-1B				
	耐雪型	C	Gr-C2-3E Gr-C3-2E	Gr-C2-2B Gr-C3-2B			Gc-C2-6E Gc-C3-5E Gc-C4-4E Gc-C5-3E	Gc-C2-4B Gc-C3-4B Gc-C4-4B Gc-C5-3B		
		B	Gr-B2-4E Gr-B3-3E Gr-B4-2E	Gr-B2-2B Gr-B3-2B Gr-B4-2B			Gc-B2-6E Gc-B3-5E Gc-B4-4E Gc-B5-3E	Gc-B2-4B Gc-B3-4B Gc-B4-4B Gc-B5-3B		
		A	Gr-A2-4E Gr-A3-3E Gr-A4-2E Gr-A5-2E	Gr-A2-2B Gr-A3-2B Gr-A4-2B Gr-A5-2B			Gc-A2-6E Gc-A3-5E Gc-A4-4E Gc-A5-3E	Gc-A2-4B Gc-A3-4B Gc-A4-4B Gc-A5-3B		
		SC	Gr-SC2-4E Gr-SC3-3E Gr-SC4-2E Gr-SC5-2E	Gr-SC2-2B Gr-SC3-2B Gr-SC4-2B Gr-SC5-2B						
		SB	Gr-SB2-2E Gr-SB3-2E Gr-SB4-1E Gr-SB5-1E	Gr-SB2-1B Gr-SB3-1B Gr-SB4-1B Gr-SB5-1B						

種類	区分	種別	ガードパイプ 路側用 土中用	ガードパイプ 路側用 構造物用	ガードパイプ 歩車道境界用 土中用	ガードパイプ 歩車道境界用 構造物用	ボックスビーム 分離帯用 土中用	ボックスビーム 分離帯用 構造物用
たわみ性防護柵	標準型	C	Gp-C-3E Gp-C-3E2	Gp-C-2B Gp-C-2B2	Gp-Cp-2E Gp-Cp-2E2	Gp-Cp-2B Gp-Cp-2B2		
		B	Gp-B-3E Gp-B-3E2 Gp-B-3E3 Gp-B-3E4	Gp-B-2B Gp-B-2B2 Gp-B-2B3 Gp-B-2B4	Gp-Bp-2E Gp-Bp-2E2 Gp-Bp-3E3 Gp-Bp-3E4	Gp-Bp-2B Gp-Bp-2B2 Gp-Bp-2B3 Gp-Bp-2B4	Gb-Bm-2E	Gb-Bm-2B
		A	Gp-A-3E Gp-A-3E2	Gp-A-2B Gp-A-2B2	Gp-Ap-2E Gp-Ap-2E2	Gp-Ap-2B Gp-Ap-2B2	Gb-Am-2E	Gb-Am-2B
		SC	Gp-SC-3E2	Gp-SC-2B2	Gp-SCp-2E2	Gp-SCp-2B2		
		SB						
		SA						
		SS						
	耐雪型	C	Gp-C1-1.5E Gp-C2-1E Gp-C1-2E2 Gp-C2-1.5E2	Gp-C1-1.5B Gp-C2-1B Gp-C1-2B2 Gp-C2-1.5B2	Gp-Cp1-1.5E Gp-Cp2-1E Gp-Cp1-2E2 Gp-Cp2-1.5E2	Gp-Cp1-1.5B Gp-Cp2-1B Gp-Cp1-2B2 Gp-Cp2-1.5B2		
		B	Gp-B1-2E Gp-B2-1E Gp-B1-2E2 Gp-B2-1.5E2 Gp-B2-2.5E3 Gp-B3-2E3 Gp-B2-2.5E4 Gp-B3-2E4	Gp-B1-2B Gp-B2-1B Gp-B1-2B2 Gp-B2-1.5B2 Gp-B2-2B3 Gp-B3-2B3 Gp-B2-2B4 Gp-B3-2B4	Gp-Bp1-2E Gp-Bp2-1E Gp-Bp1-2E2 Gp-Bp2-1.5E2 Gp-Bp2-2.5E3 Gp-Bp3-2E3 Gp-Bp2-2.5E4 Gp-Bp3-2E4	Gp-Bp1-2B Gp-Bp2-1B Gp-Bp1-2B2 Gp-Bp2-1.5B2 Gp-Bp2-2B3 Gp-Bp3-2B3 Gp-Bp2-2B4 Gp-Bp3-2B4		
		A	Gp-A1-2E Gp-A2-1E Gp-A1-2E2 Gp-A2-1.5E2	Gp-A1-2B Gp-A2-1B Gp-A1-2B2 Gp-A2-1.5B2	Gp-Ap1-2E Gp-Ap2-1E Gp-Ap1-2E2 Gp-Ap2-1.5E2	Gp-Ap1-2B Gp-Ap2-1B Gp-Ap1-2B2 Gp-Ap2-1.5B2		
		SC	Gp-SC1-2E2 Gp-SC2-1.5E2	Gp-SC1-2B2 Gp-SC2-1.5B2	Gp-SCp1-2E2 Gp-SCp2-1.5E2	Gp-SCp1-2B2 Gp-SCp2-1.5B2		
		SB						

注) たわみ性防護柵の仕様記号の表記は以下のとおりである。
① 仕様記号は，防護柵形式記号(例Gr)，種別記号(例C)，支柱間隔を示す数字(例4)，埋込み区分(例E)から構成し，記載方法はGr-C-4Eとする。
② 防護柵形式記号は，Gr：ガードレール，Gc：ガードケーブル，Gp：ガードパイプ，Gb：ボックスビームとする。
③ 埋込み区分は，E：土中埋込み用，B：構造物設置用とする。
④ 耐雪型防護柵では種別の後に積雪深ランク（1～5）を加える（例：Gr-C2-4E）。
⑤ 仕様記号を細区分する場合は，埋込み区分の後に数字（2～）を加えて細区分する（例：Gp-C-3E2）。

表-2 本標準仕様に掲載の剛性防護柵の仕様記号

種類	区分	種別	フロリダ型			単スロープ型			直壁型
			路側用		分離帯用	路側用		分離帯用	路側用
			土中用	構造物用	土中用	土中用	構造物用	土中用	構造物用
剛性防護柵	現場打ちコンクリート	SC	Rr-SC-FE	Rr-SC-FB	Rr-SCm-FE	Rr-SC-SE	Rr-SC-SB	Rr-SCm-SE	Rr-SC-WB
		SB	Rr-SB-FE	Rr-SB-FB	Rr-SBm-FE	Rr-SB-SE	Rr-SB-SB	Rr-SBm-SE	Rr-SB-WB
		SA	Rr-SA-FE	Rr-SA-FB	Rr-SAm-FE	Rr-SA-SE	Rr-SA-SB	Rr-SAm-SE	Rr-SA-WB
		SS	Rr-SS-FE	Rr-SS-FB	Rr-SSm-FE	Rr-SS-SE	Rr-SS-SB	Rr-SSm-SE	Rr-SS-WB
	プレキャストコンクリート	SC	Rp-SC-FE	Rp-SC-FB	Rp-SCm-FE	Rp-SC-SE	Rp-SC-SB	Rp-SCm-SE	
		SB	Rp-SB-FE	Rp-SB-FB	Rp-SBm-FE	Rp-SB-SE	Rp-SB-SB	Rp-SBm-SE	
		SA	Rp-SA-FE	Rp-SA-FB	Rp-SAm-FE	Rp-SA-SE	Rp-SA-SB	Rp-SAm-SE	
		SS	Rp-SS-FE	Rp-SS-FB	Rp-SSm-FE	Rp-SS-SE	Rp-SS-SB	Rp-SSm-SE	

注) 剛性防護柵の仕様記号の表記は以下のとおりである。
① 仕様記号は,防護柵形式記号（例 Rr）,種別記号（例 SC）,形状記号（例 F）,埋込み区分（例 E）から構成し,記載方法はRr-SC-FEとする。
② 防護柵形式記号は,Rr：現場打ちコンクリート製防護柵,Rp：プレキャストコンクリート製防護柵とする。
③ 形状記号は,F：フロリダ型,S：単スロープ型,W：直壁型とする。
④ 埋込み区分は,E：土中埋込み用,B：構造物設置用とする。
⑤ 仕様記号を細区分する場合は,埋込み区分の後に数字（2～）を加えて細区分する。

(凡 例)

仕様記号	種別	衝撃度	主な用途	支持条件	車両の最大進入行程	車両重心加速度	仕様の適用範囲と留意事項			備考
							形状・寸法の変更	支持条件の変更	施工上の留意事項	

図面構成：平面, 正面, 側面図等

図内指示内容：使用材料（材質, 規格等）

形状寸法（形状, 寸法, 部材構成等）

支持条件（地盤条件, 基礎構造等）

図

(説明)

① 仕様記号：当該防護柵に付された記号を示す。
② 種　別：当該防護柵の種別を示す。
③ 衝撃度：種別に応じた衝撃度の大きさを示す。
④ 主な用途：主な用途を示す。
⑤ 支持条件：支持条件を地盤条件, 基礎の構造などで示す。
⑥ 車両の最大進入行程：たわみ性防護柵について、車両の最大進入行程を示す。
⑦ 車両重心加速度：車両の受ける加速度を示す。
⑧ 仕様の適用範囲と留意事項：
・形状・寸法の変更：図内に示されている形状・寸法や支持条件を変更することができる範囲と施工上の留意事項を示す。
・支持条件の変更：図内に示されている基礎の支持条件は、本欄に示す方法により変更することができる。
・施工上の留意事項：施工上留意すべき事項を示す。
⑨ 備　考：その他の事項を示す。知的所有権が設定されている場合はその番号を記している。

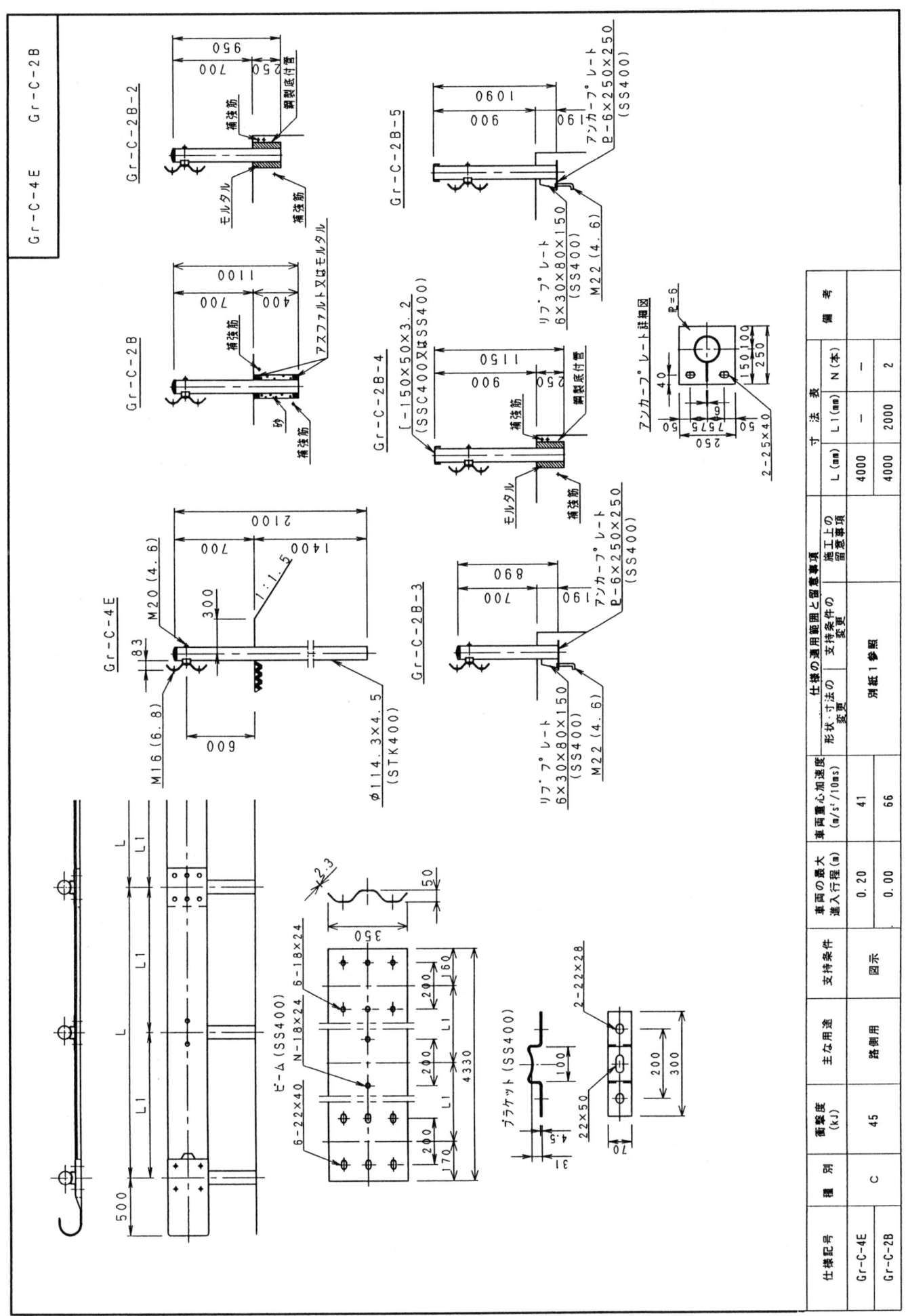

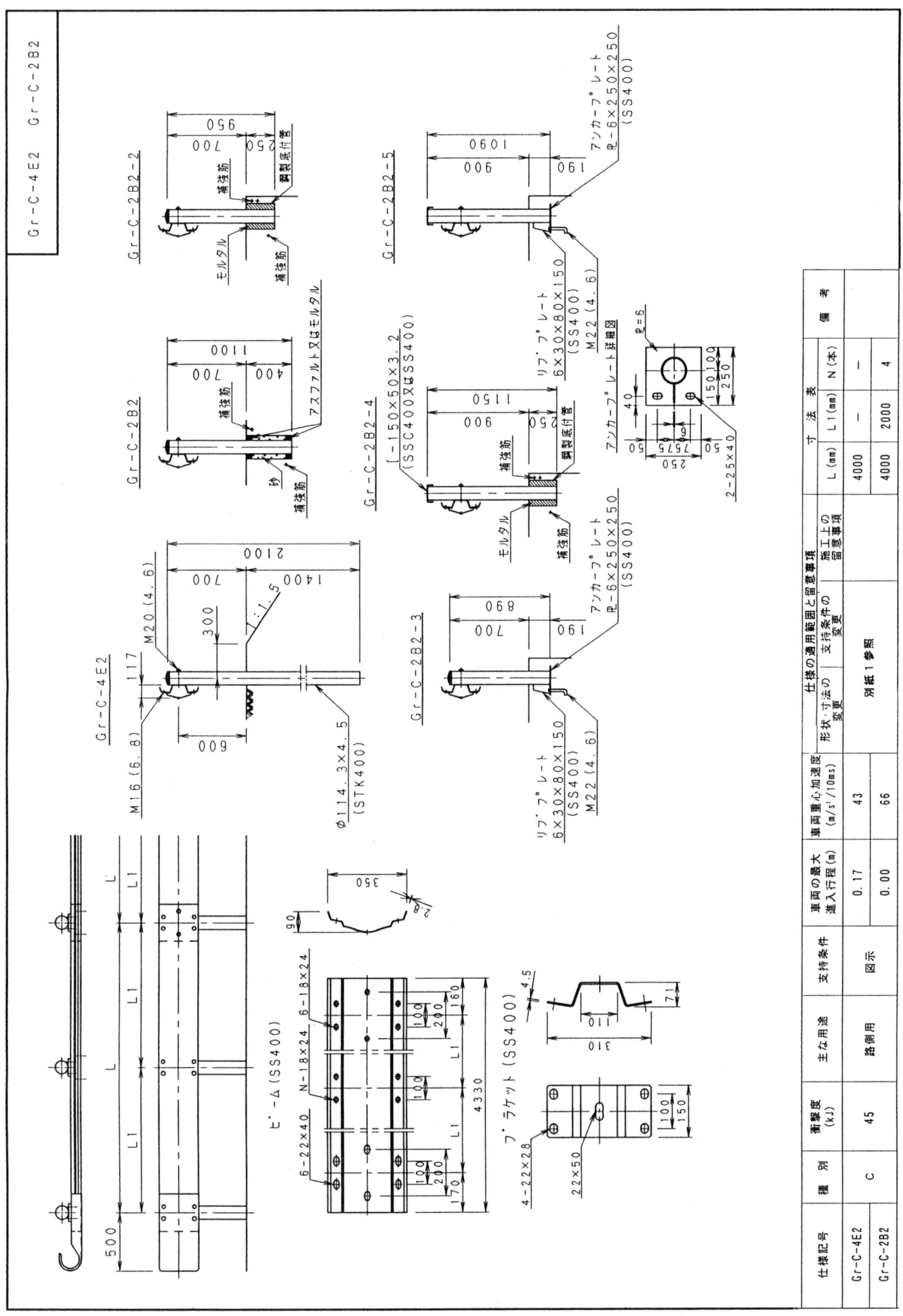

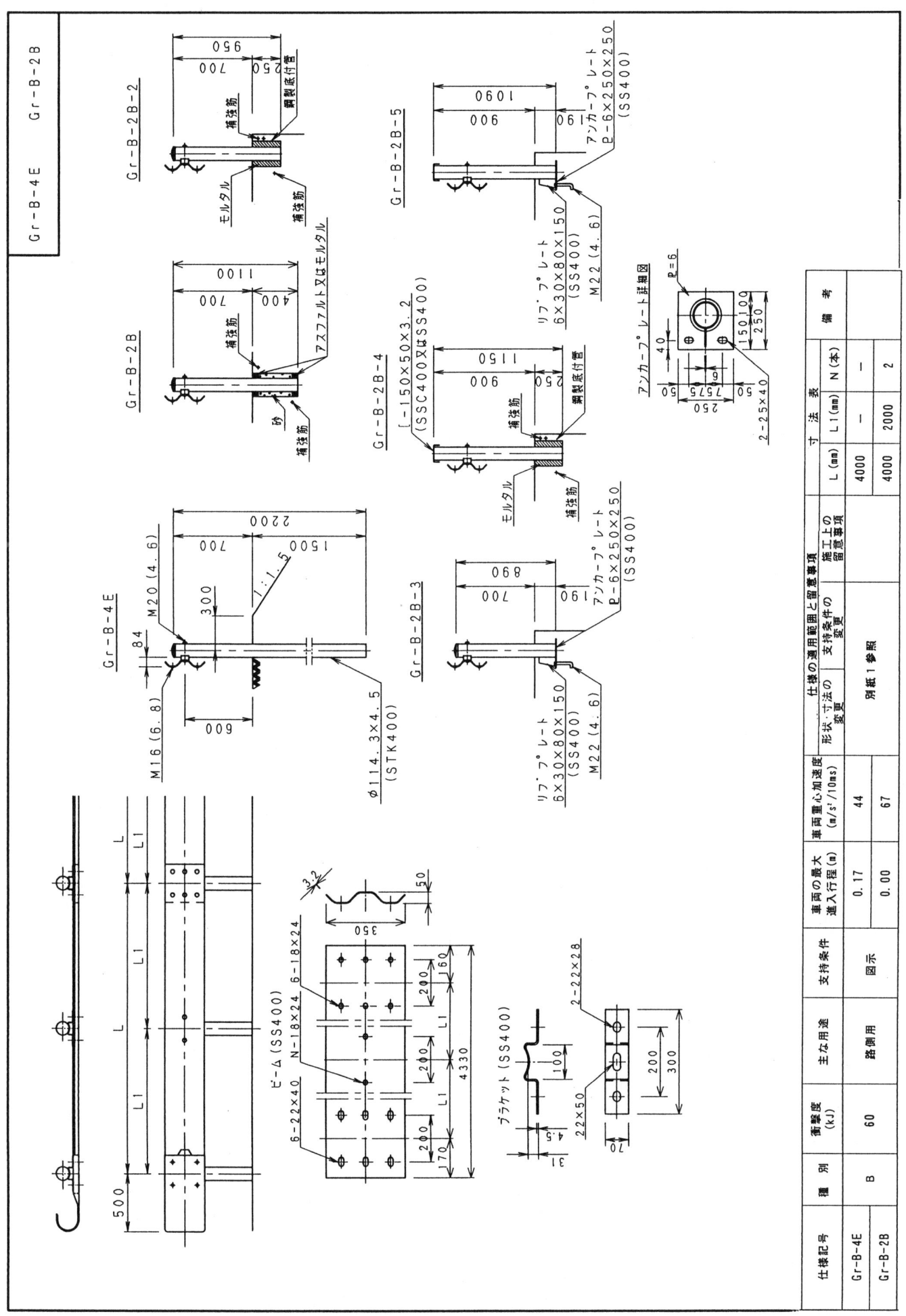

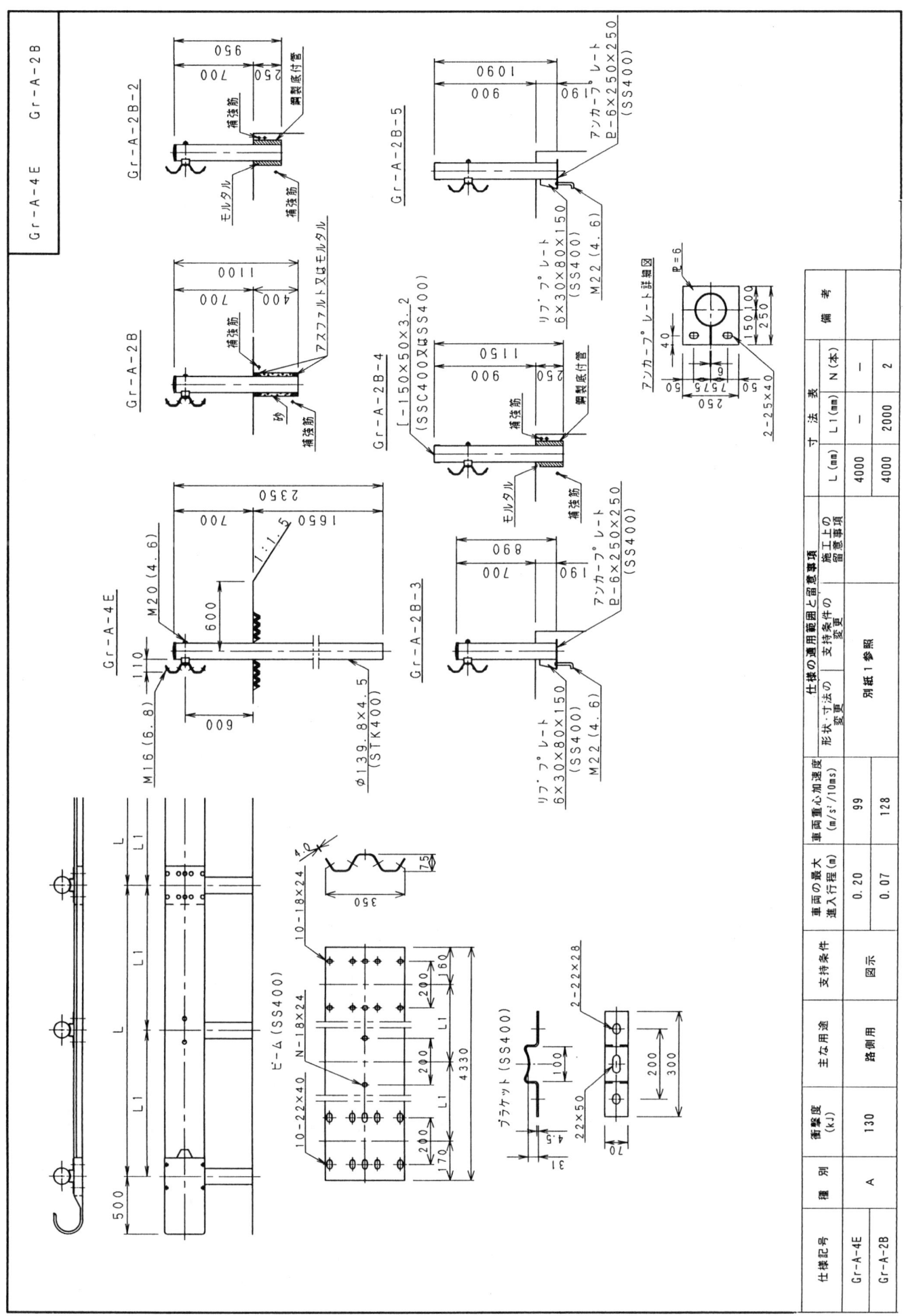

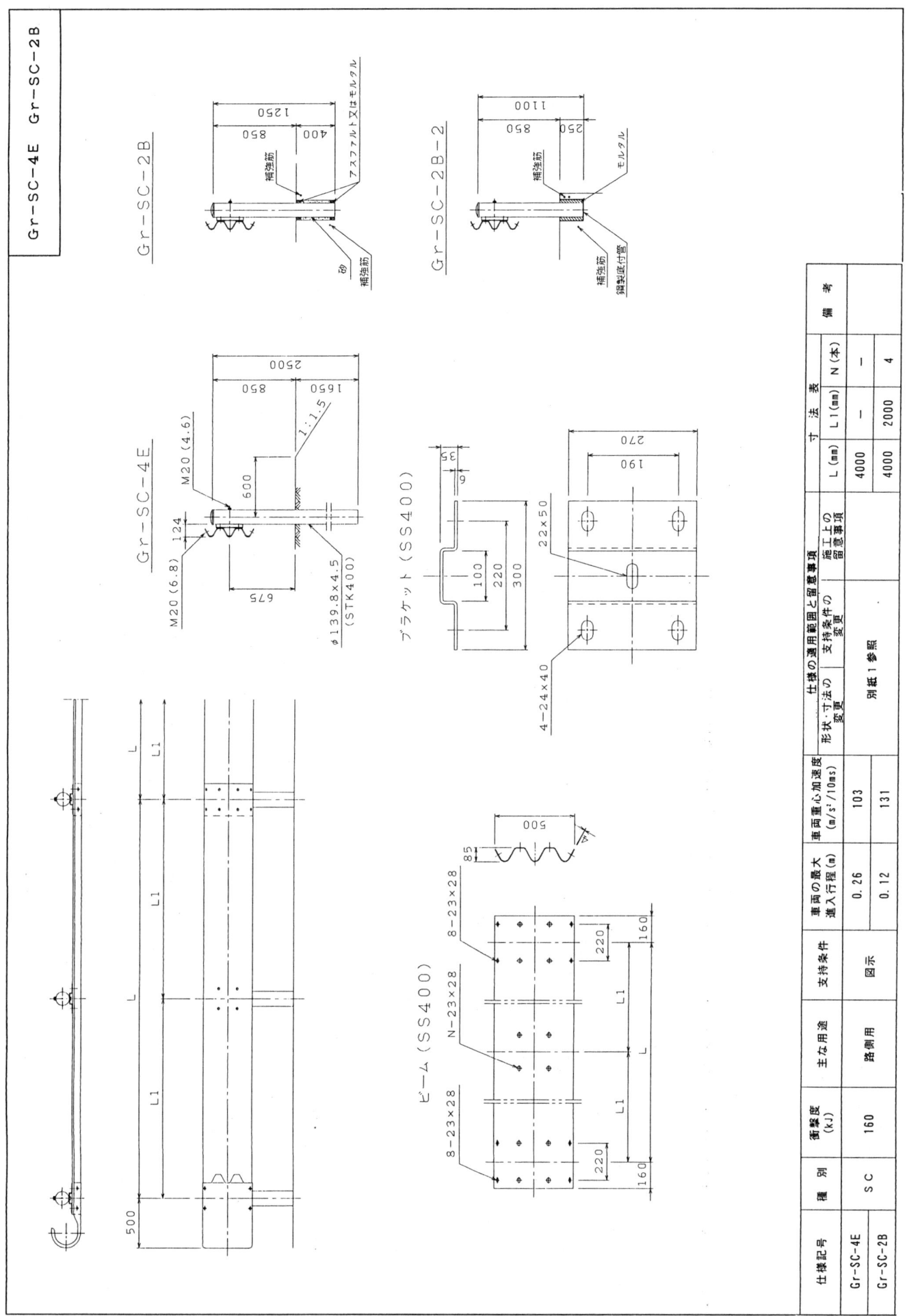

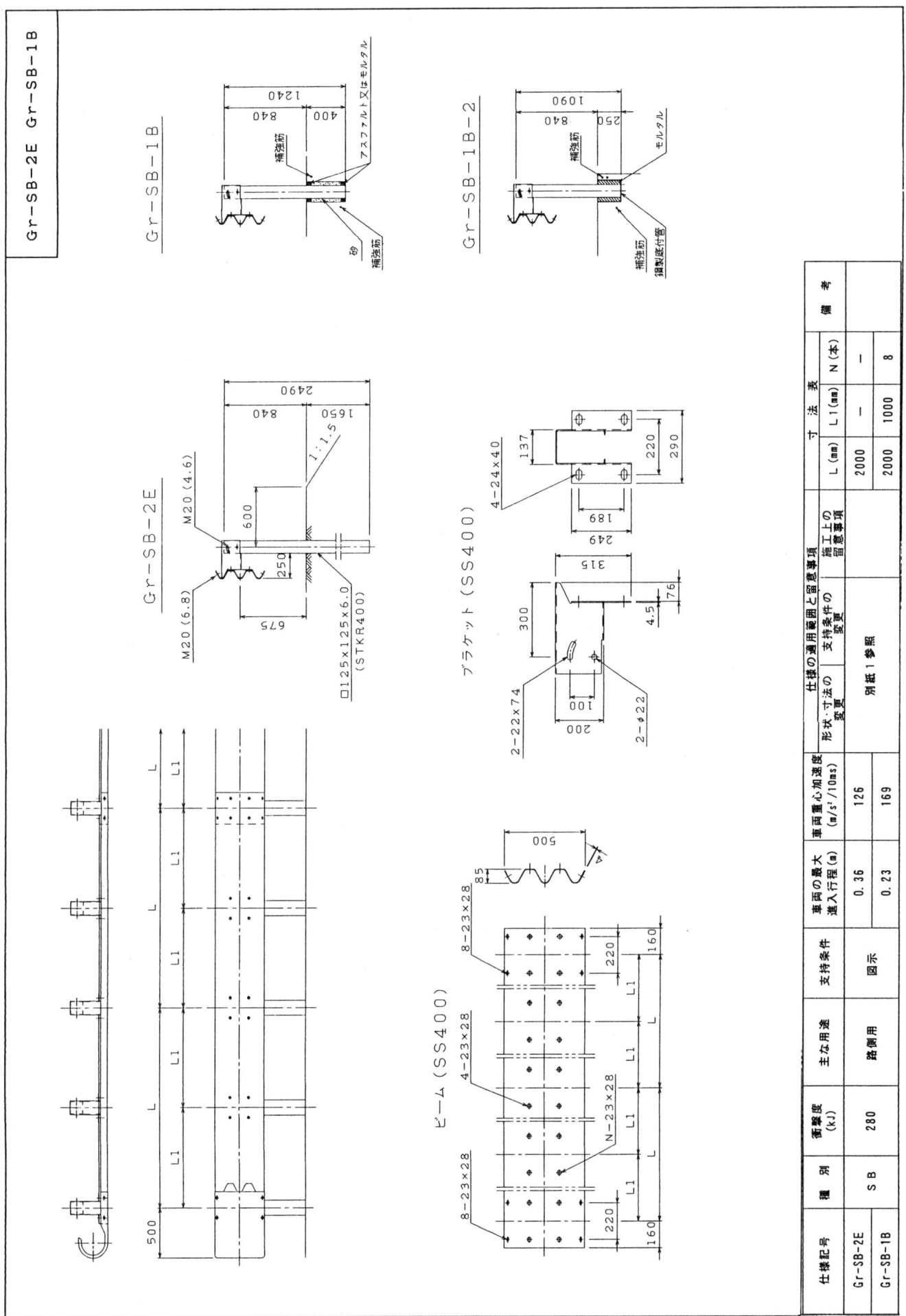

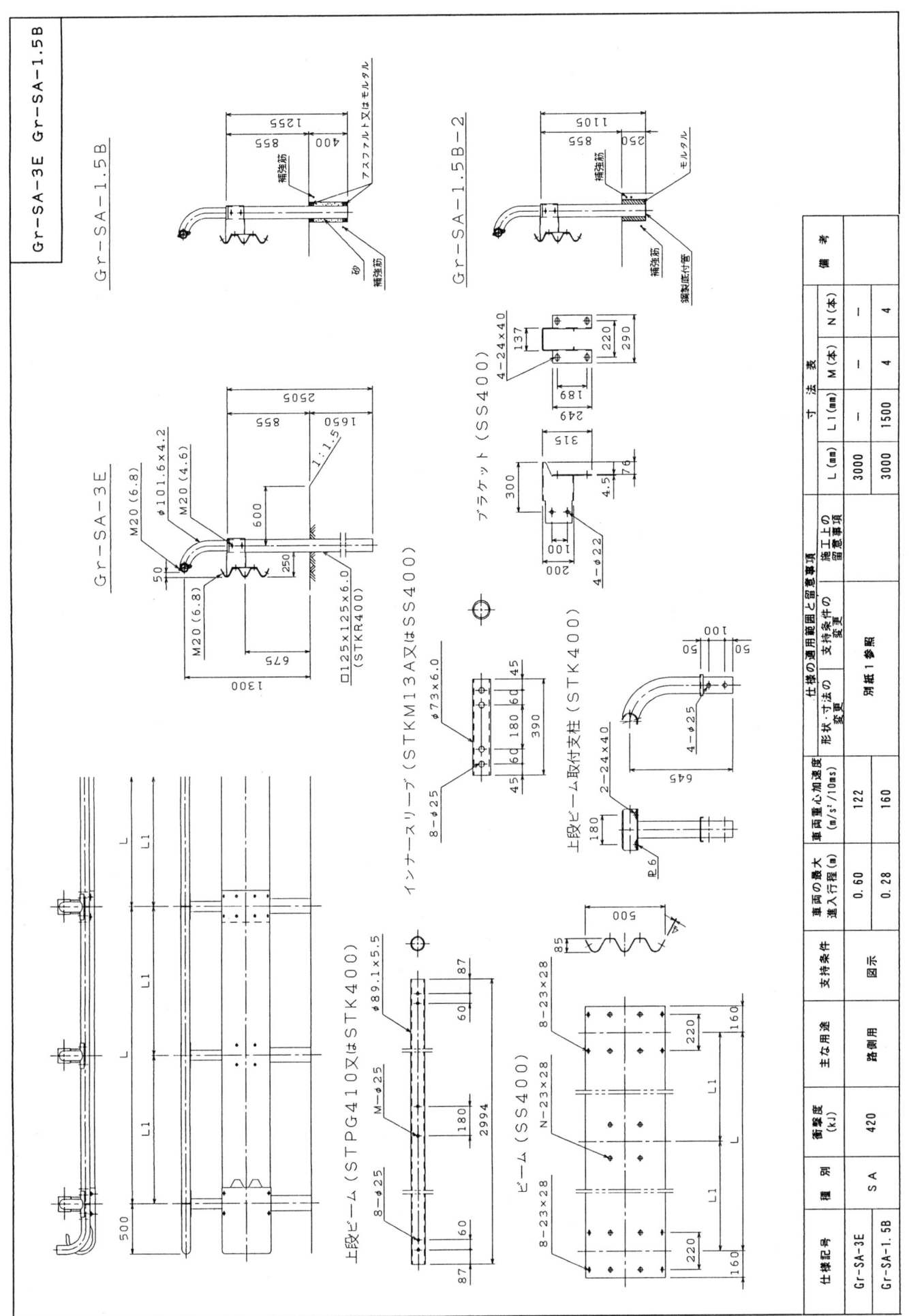

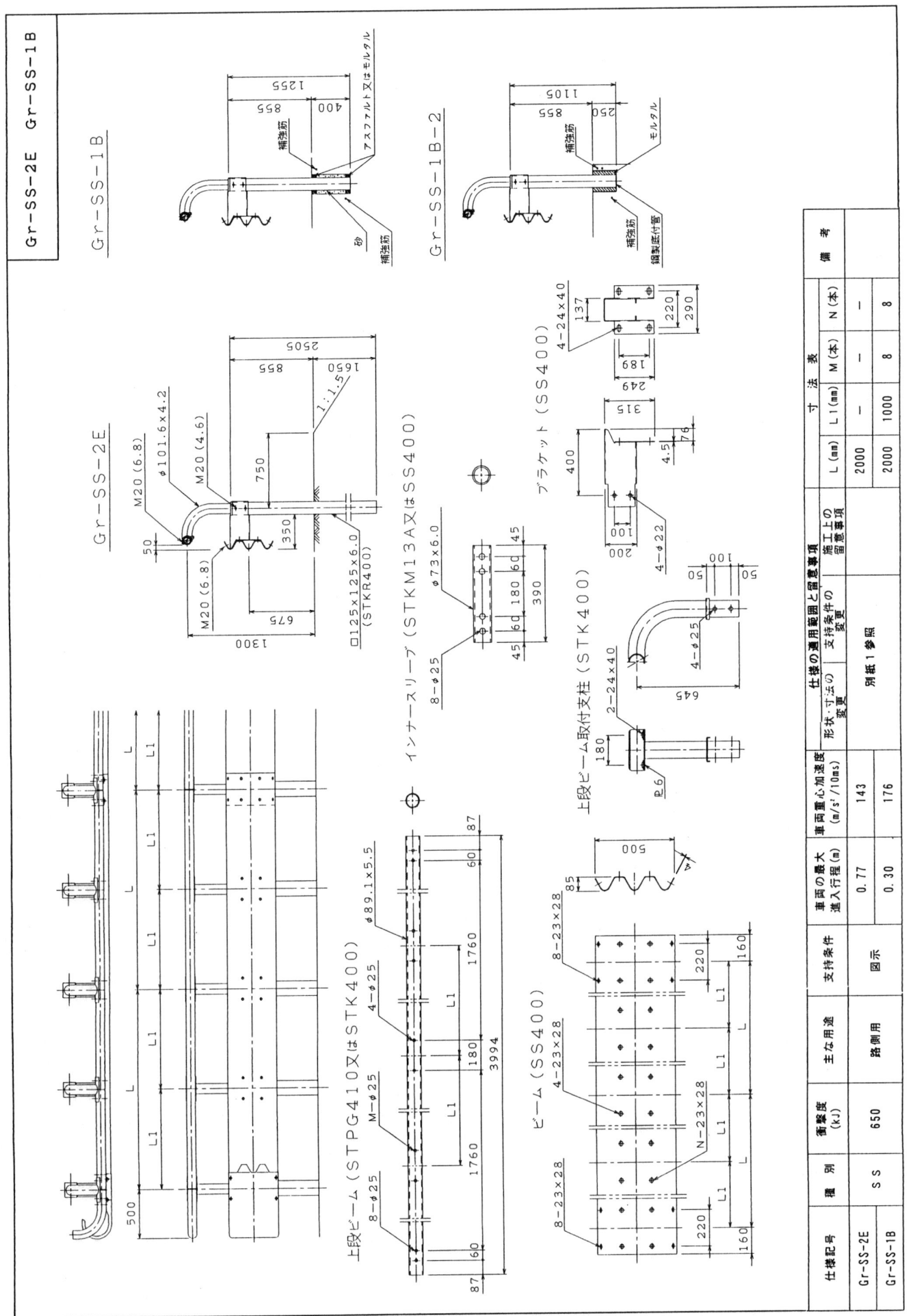

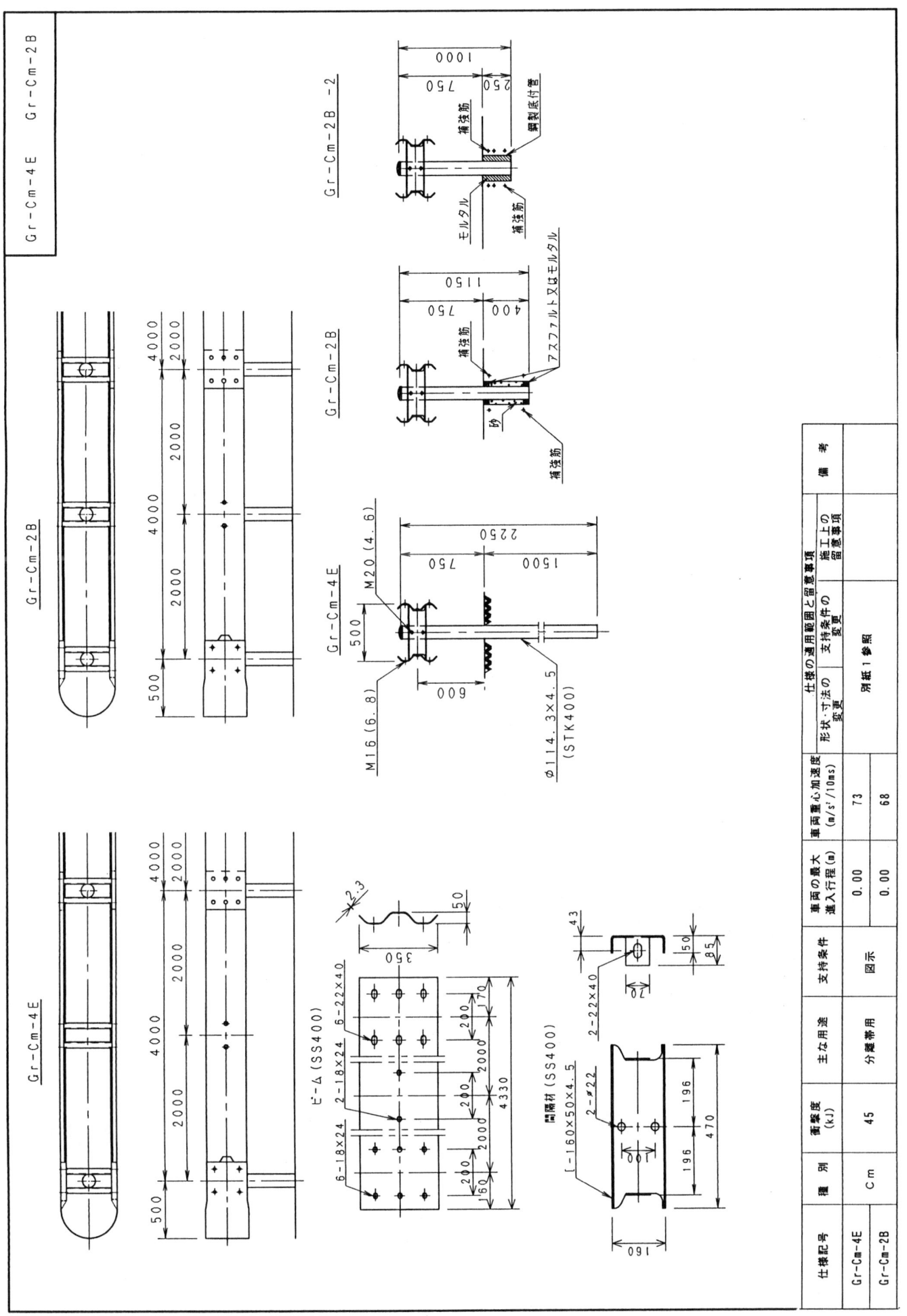

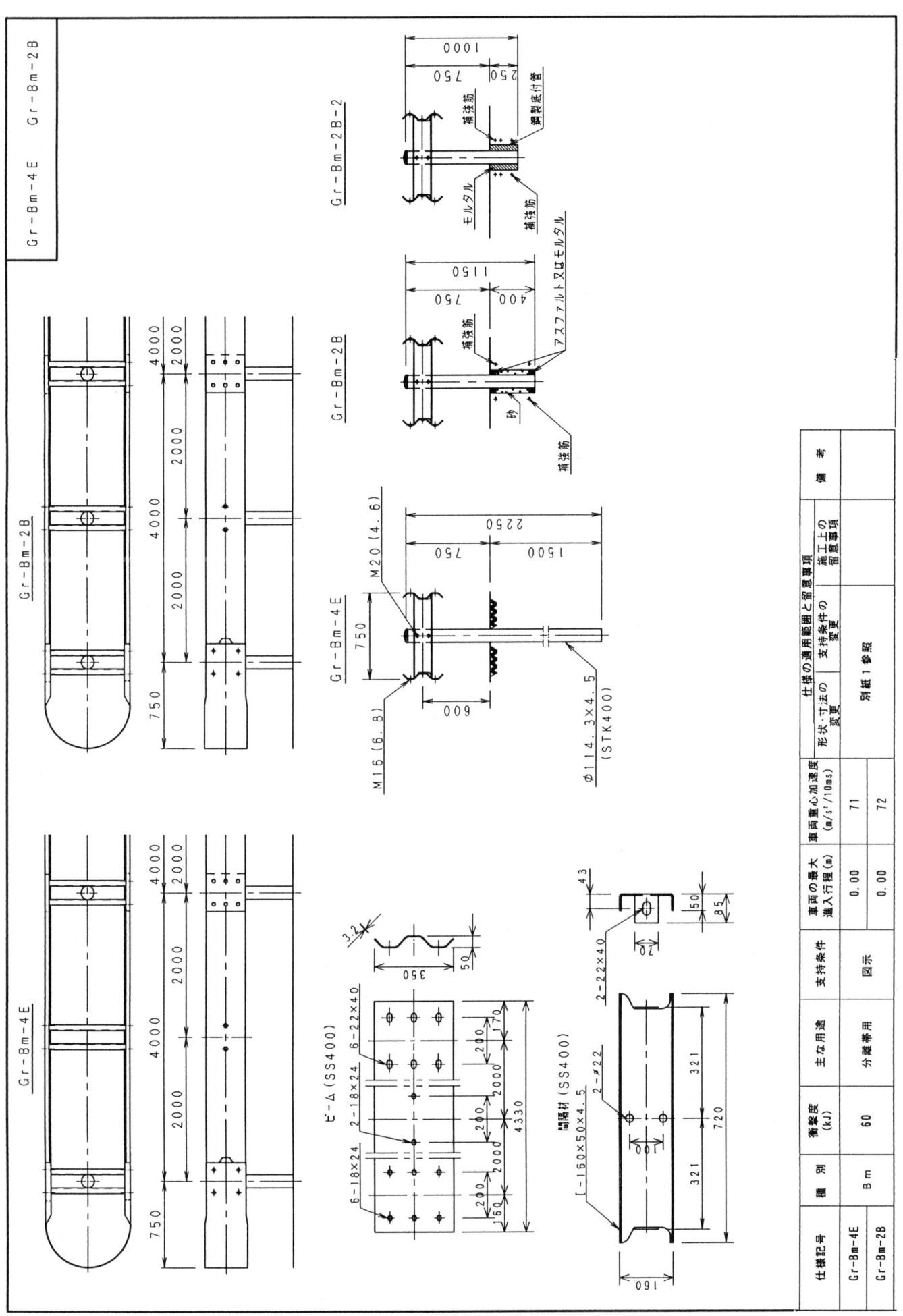

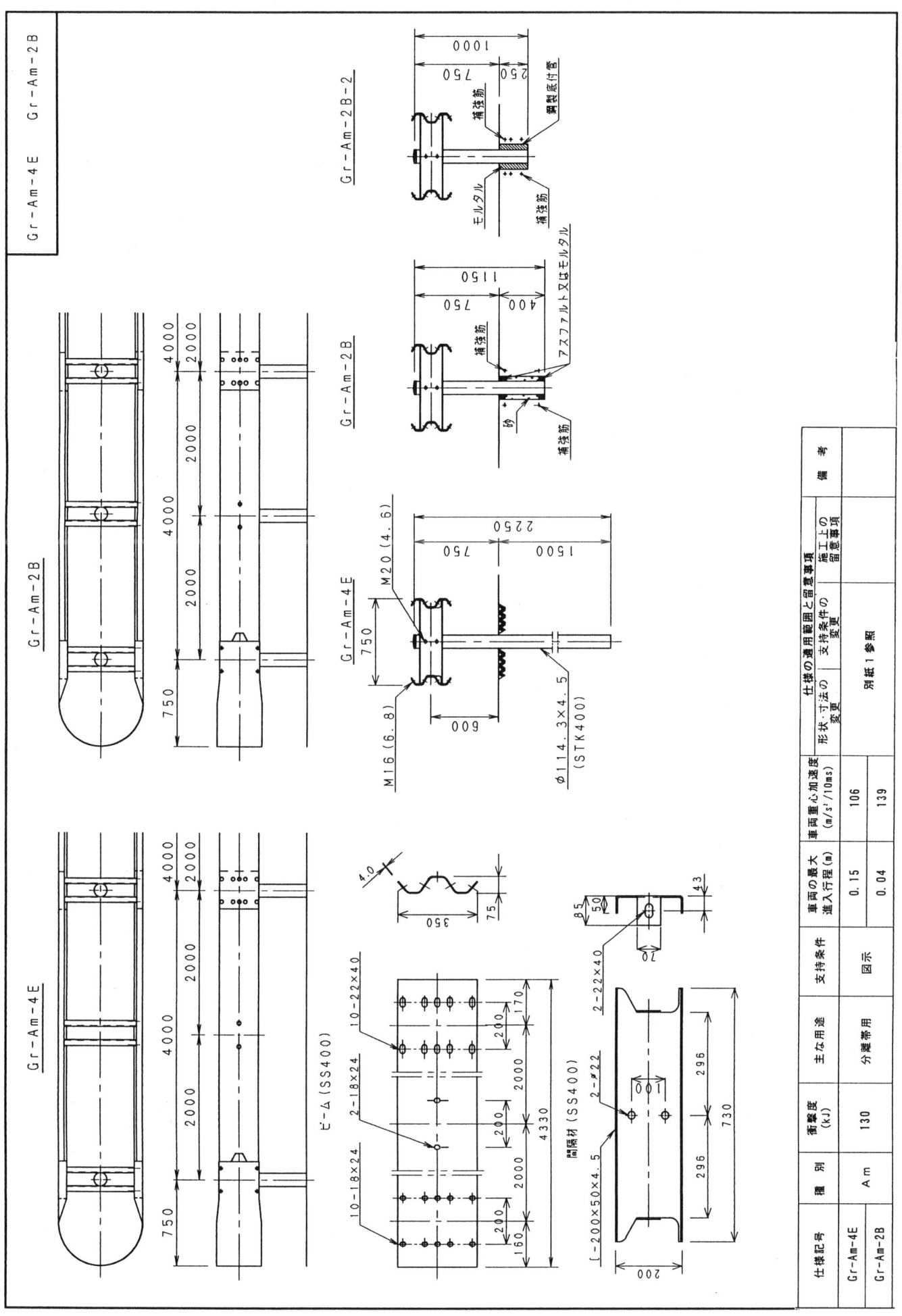

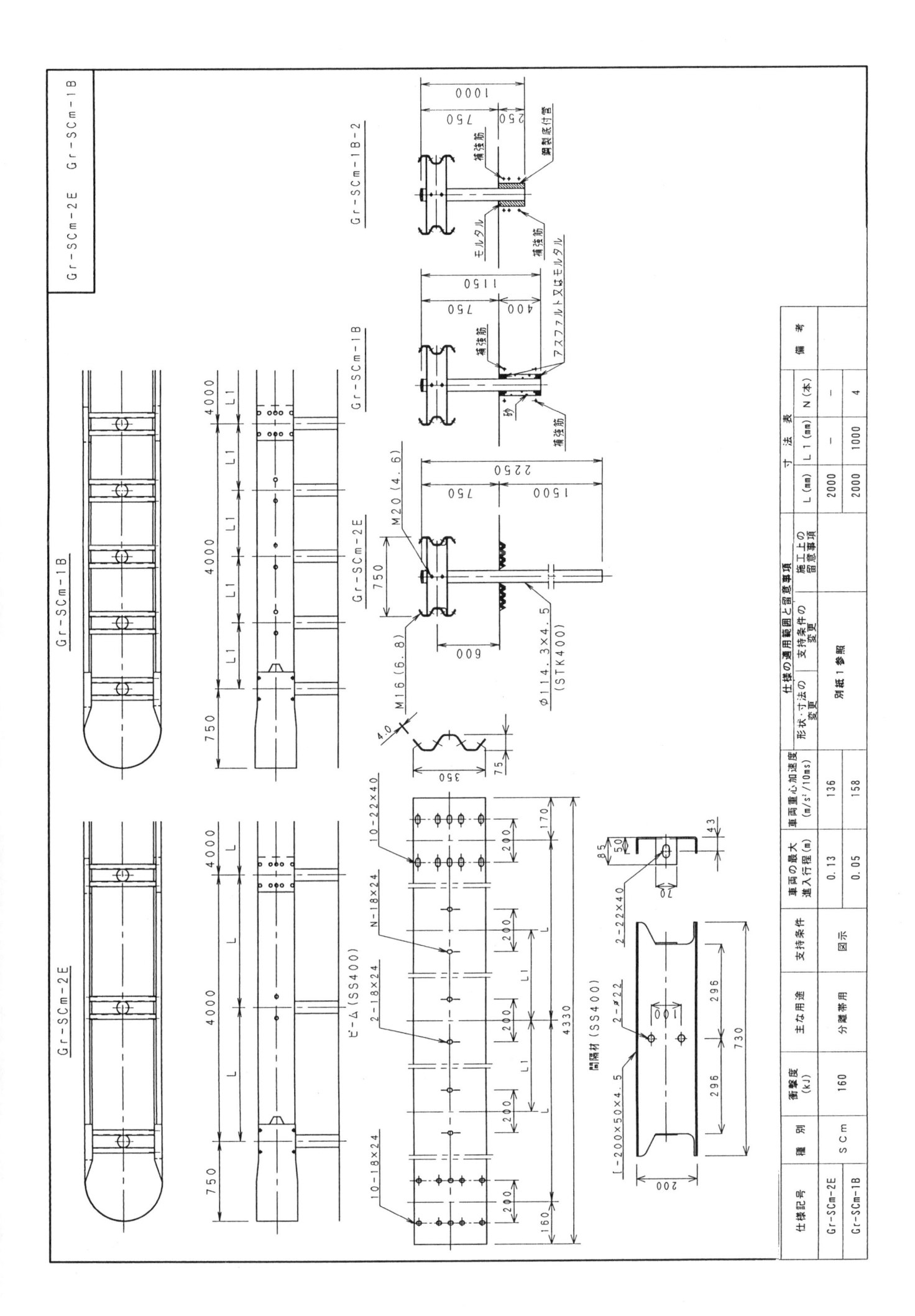

仕様記号	種別	衝撃度 (kJ)	主な用途	支持条件	車両の最大進入行程 (m)	車両重心加速度 (m/s²/10ms)	仕様の適用範囲と留意事項			寸法表		
							形状・寸法の変更	支持条件の変更	施工上の留意事項	L (mm)	L1 (mm)	N (本)
Gr-SCm-2E	SCm	160	分離帯用	図示	0.13	136	別紙1参照			2000	—	—
Gr-SCm-1B	SCm	160	分離帯用	図示	0.05	158				2000	1000	4

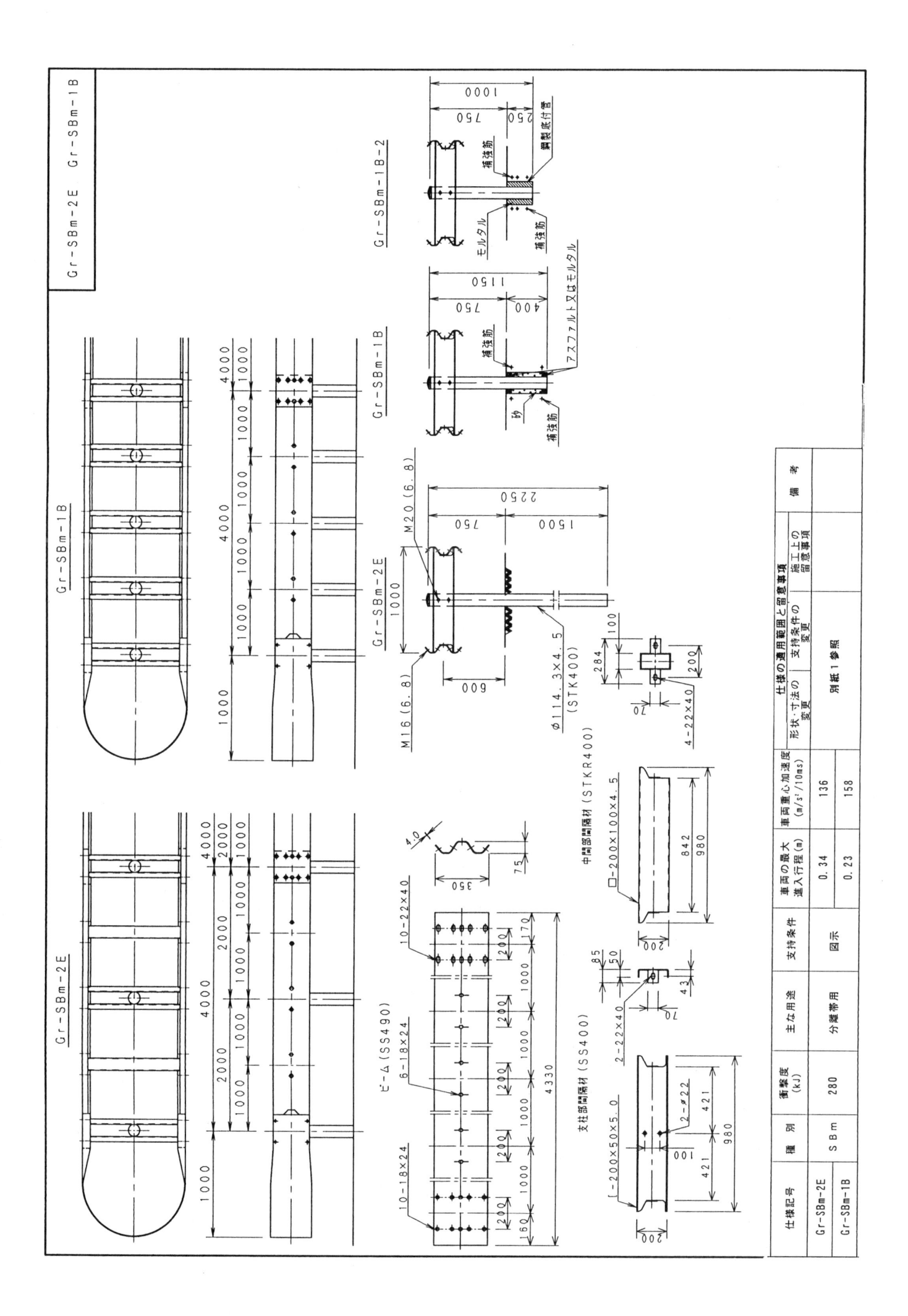

仕様記号	種別	衝撃度 (kJ)	主な用途	支持条件	車両の最大進入行程(m)	車両重心加速度 (m/s²/10ms)	仕様の適用範囲と留意事項		
							形状・寸法の変更	支持条件の変更	施工上の留意事項
Gr-SBm-2E	SBm	280	分離帯用	図示	0.34	136	別紙1参照		
Gr-SBm-1B					0.23	158			

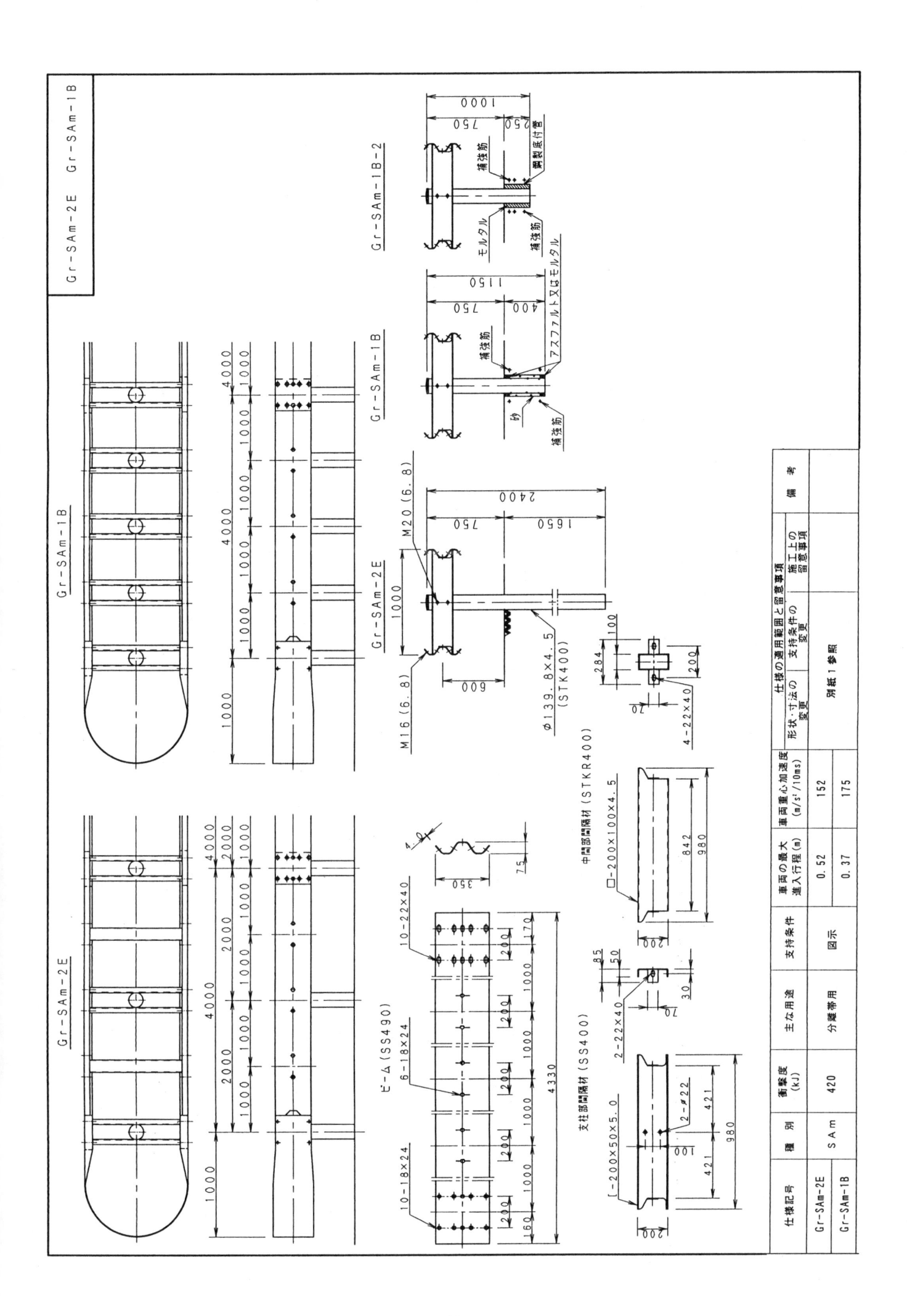

仕様記号	種別	衝撃度 (kJ)	主な用途	支持条件	車両の最大進入行程 (m)	車両重心加速度 (m/s²/10ms)	仕様の適用範囲と留意事項		備考
							形状・寸法の変更	支持条件の変更 施工上の留意事項	
Gr-SAm-2E	SAm	420	分離帯用	図示	0.52	152	別紙1参照		
Gr-SAm-1B					0.37	175			

Gr-SSm-2E Gr-SSm-1B

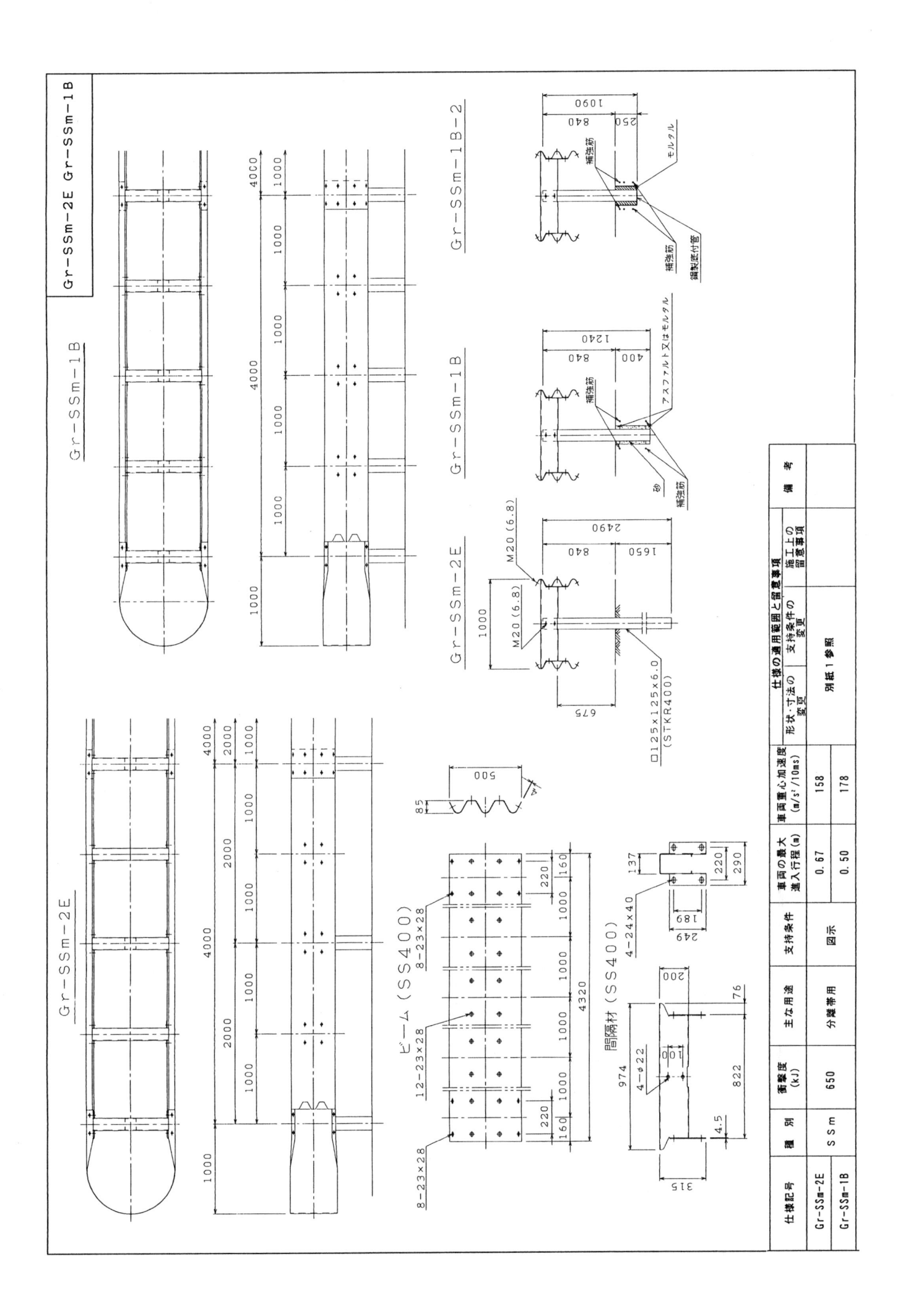

仕様の適用範囲と留意事項

仕様記号	種別	衝撃度 (kJ)	主な用途	支持条件	車両の最大進入行程 (m)	車両重心加速度 (m/s²/10ms)	形状・寸法の変更	支持条件の変更	施工上の留意事項	備考
Gr-SSm-2E	SSm	650	分離帯用	図示	0.67	158			別紙1参照	
Gr-SSm-1B					0.50	178				

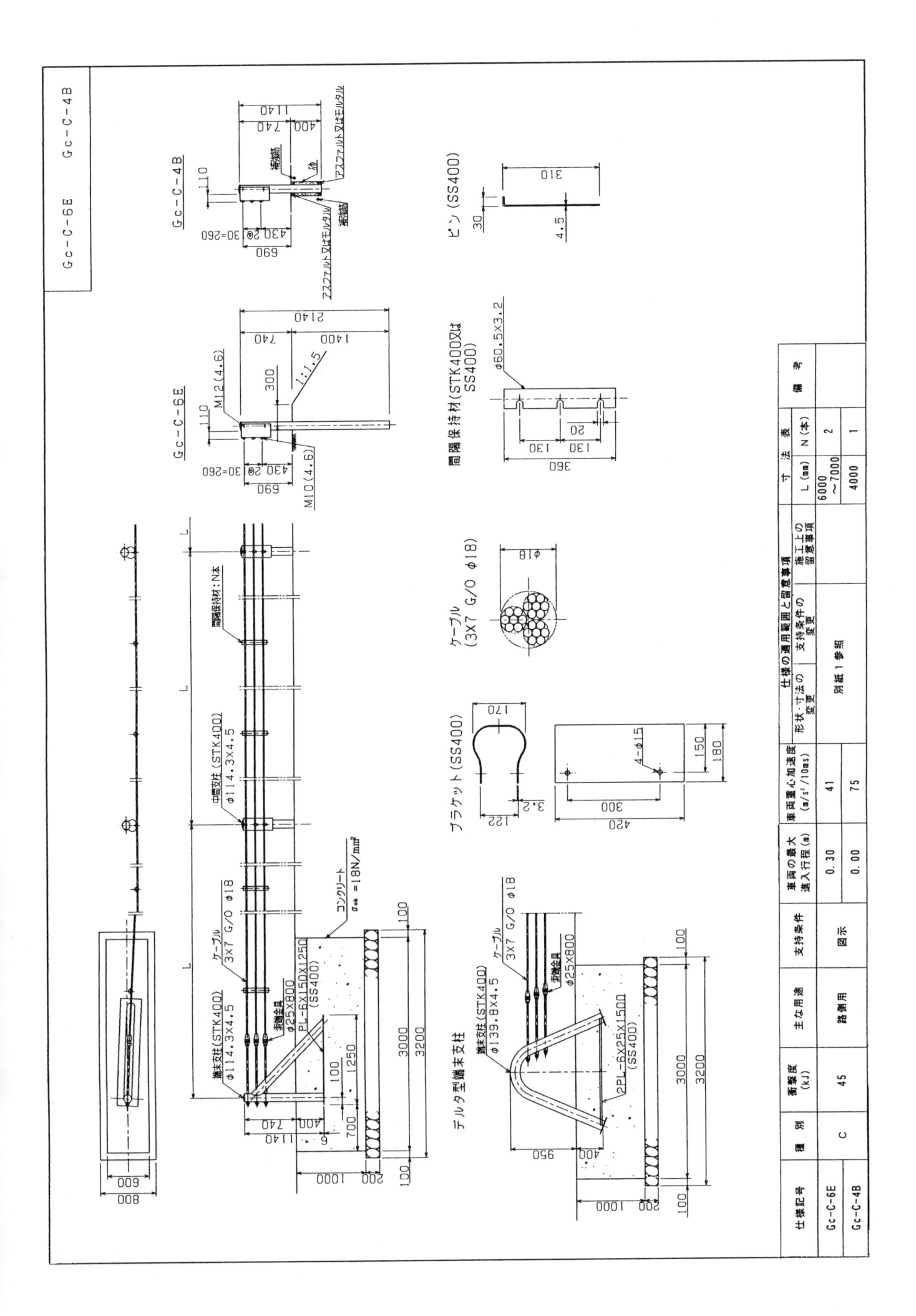

仕様記号	種別	衝撃度 (kJ)	主な用途	支持条件	車両の最大進入行程(m)	車両重心加速度(m/s²/10ms)	仕様の適用範囲と留意事項		寸法表	
							形状・寸法の変更	支持条件の変更・施工上の留意事項	L (mm)	N (本)
Gc-C-6E	C	45	路側用	図示	0.30	41	別紙1参照		6000〜7000	2
Gc-C-4B					0.00	75			4000	1

Gc-B-6E　Gc-B-4B

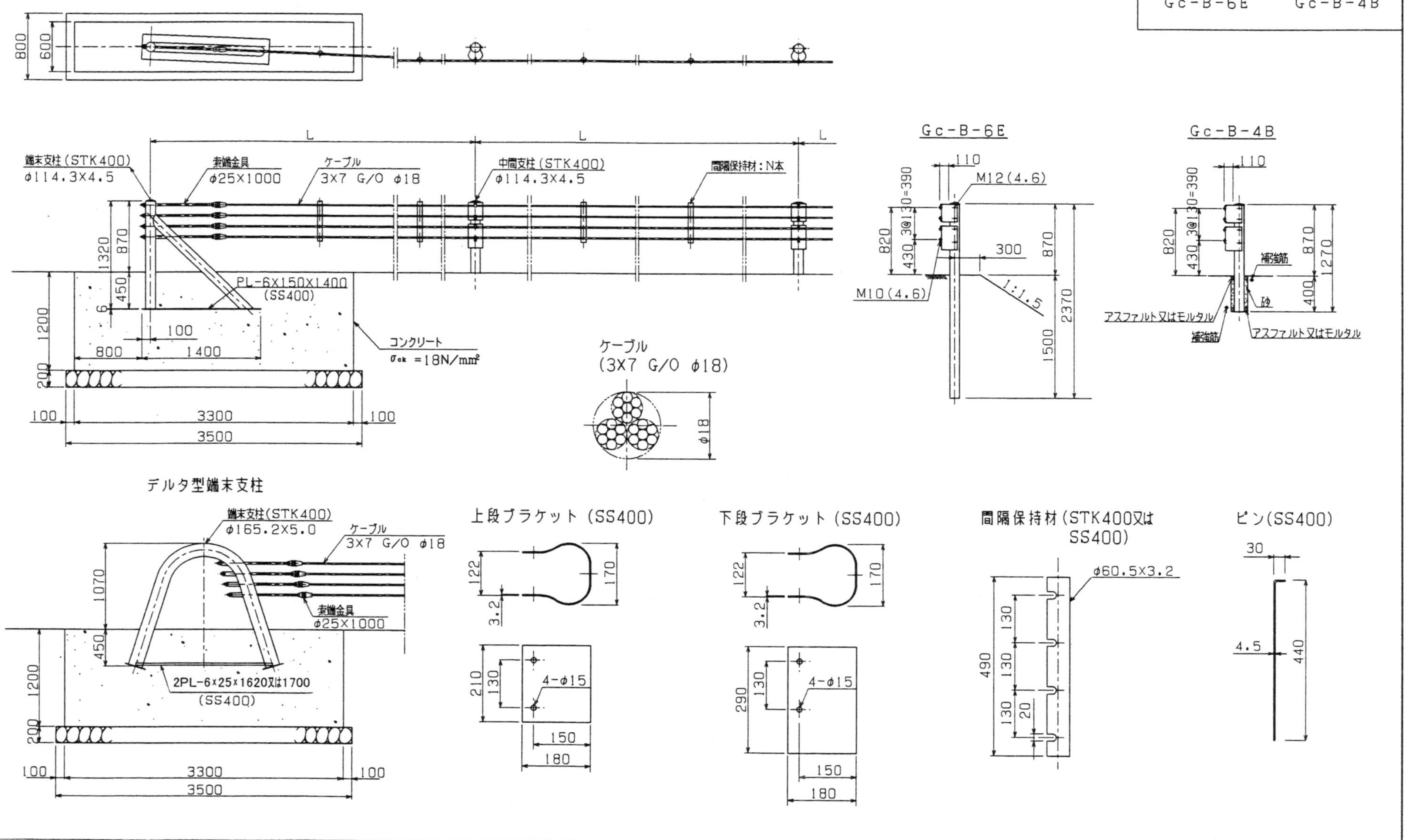

仕様記号	種別	衝撃度 (kJ)	主な用途	支持条件	車両の最大進入行程(m)	車両重心加速度 (m/s²/10ms)	仕様の適用範囲と留意事項			寸法表		備考
							形状・寸法の変更	支持条件の変更	施工上の留意事項	L (mm)	N (本)	
Gc-B-6E	B	60	路側用	図示	0.25	48	別紙1参照			6000〜7000	2	
Gc-B-4B					0.00	75				4000	1	

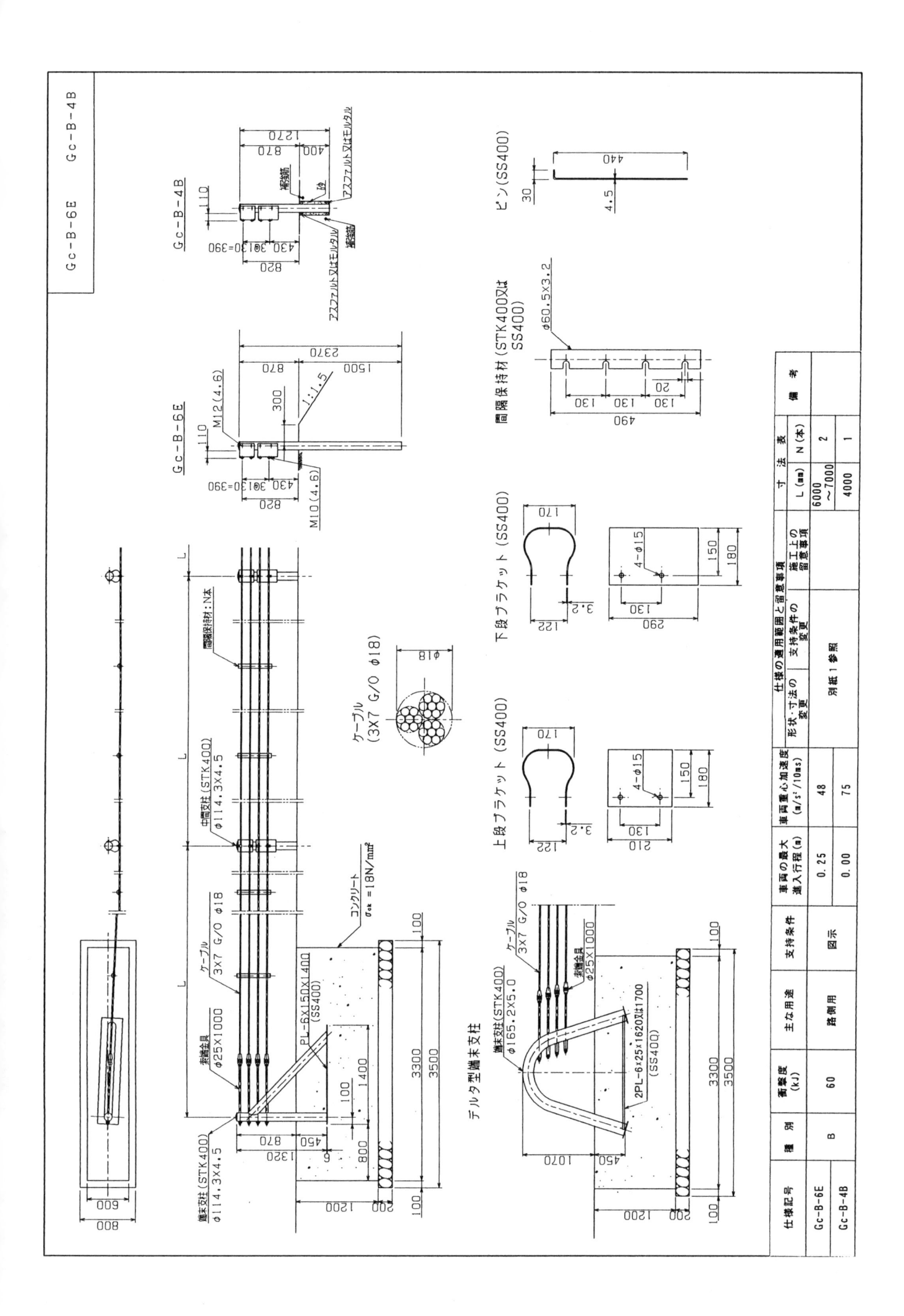

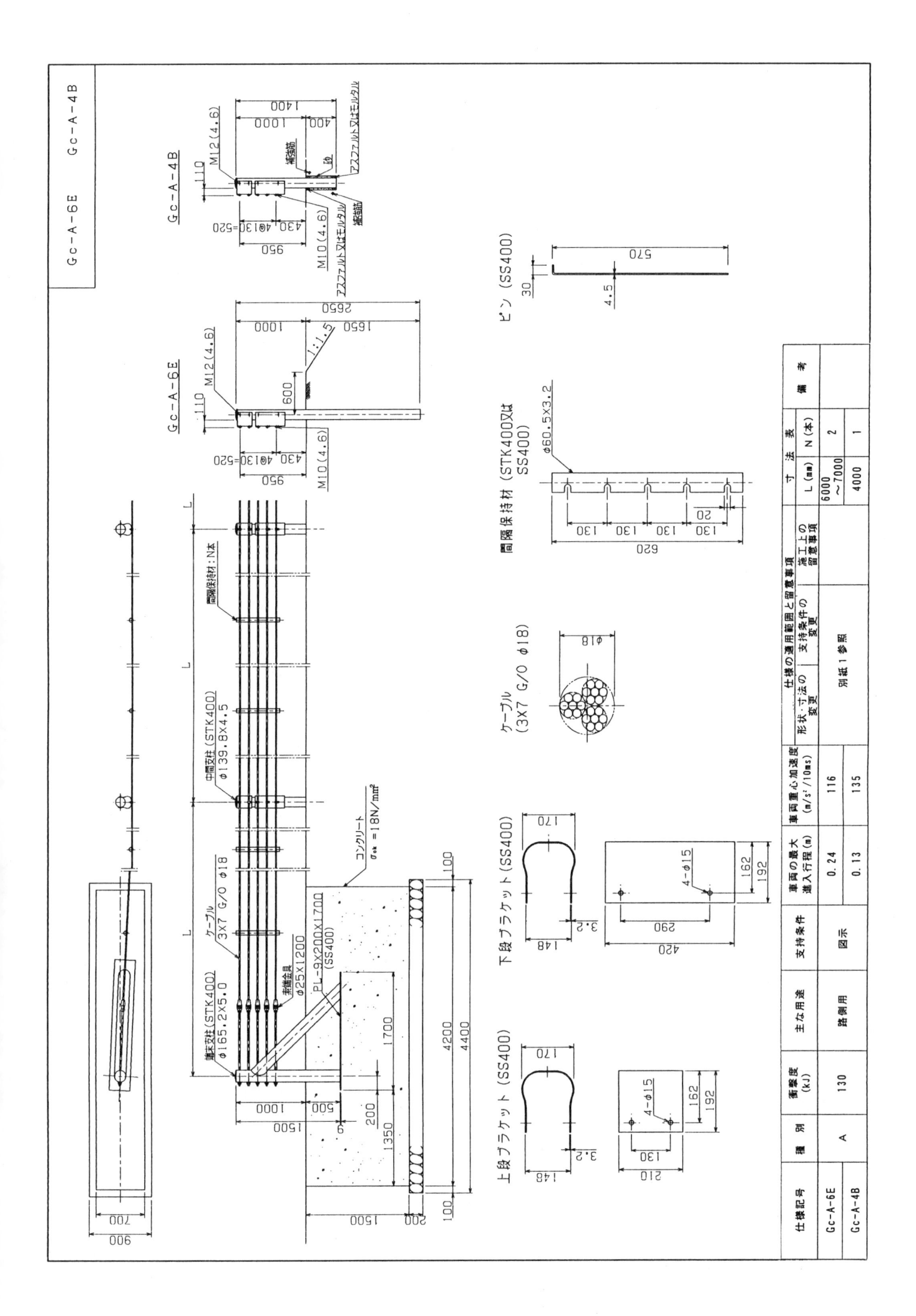

仕様記号	種別	衝撃度 (kJ)	主な用途	支持条件	車両の最大進入行程(m)	車両重心加速度 (m/s²/10ms)	仕様の適用範囲と留意事項		寸法表	
							形状・寸法の変更	支持条件の変更 施工上の留意事項	L (mm)	N (本)
Gc-A-6E	A	130	路側用	図示	0.24	116	別紙1参照		6000〜7000	2
Gc-A-4B					0.13	135			4000	1

間隔保持材 (STK400又はSS400)

ケーブル (3×7 G/O φ18)

ピン (SS400)

上段ブラケット (SS400)

下段ブラケット (SS400)

Gc-A-6E

Gc-A-4B

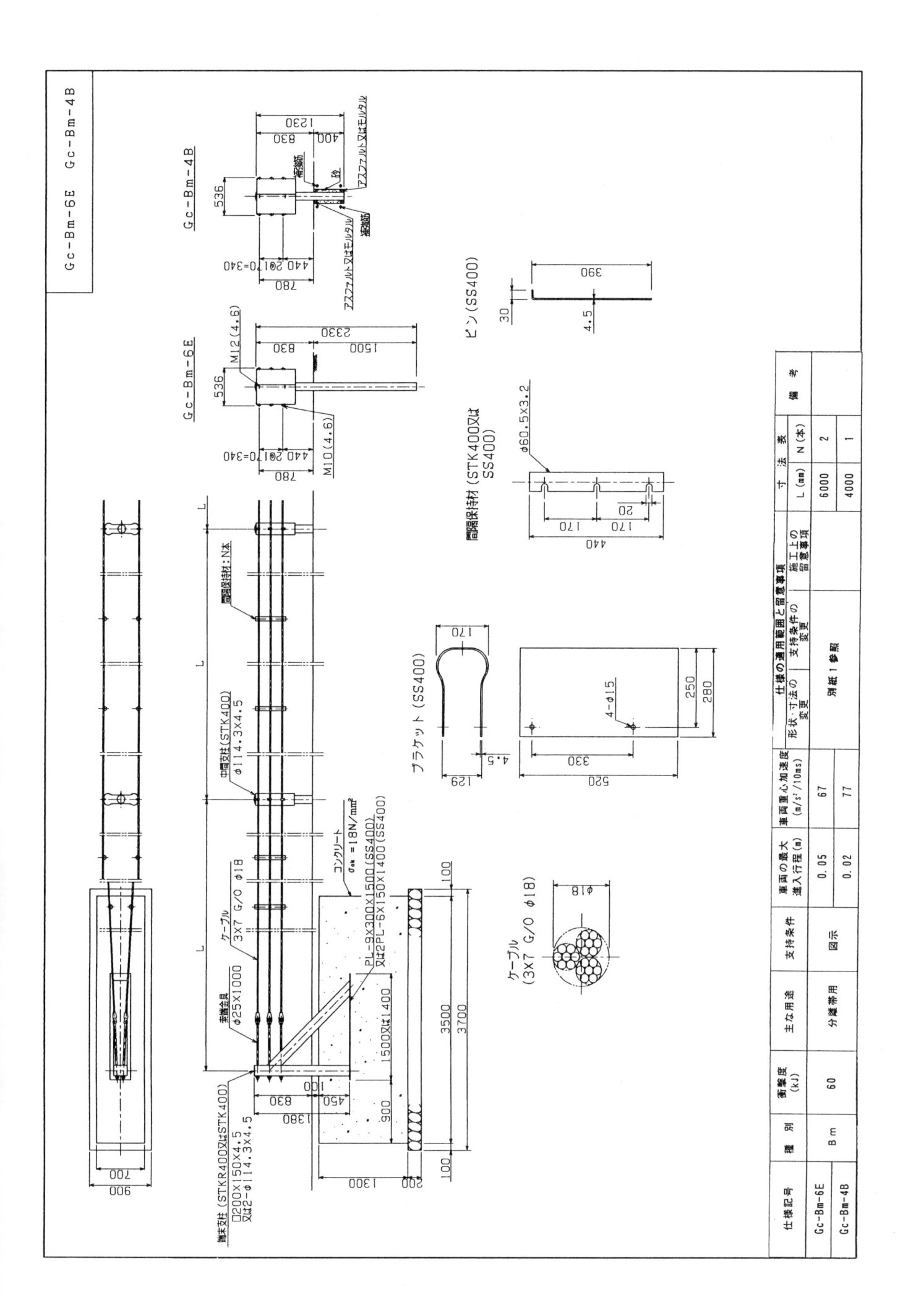

仕様記号	種別	衝撃度 (kJ)	主な用途	支持条件	車両の最大進入行程 (m)	車両重心加速度 (m/s²/10ms)	仕様の適用範囲と留意事項		寸法表	
							形状・寸法の変更	支持条件の変更・施工上の留意事項	L (mm)	N (本)
Gc-Bm-6E	Bm	60	分離帯用	図示	0.05	67	別紙1参照		6000	2
Gc-Bm-4B					0.02	77			4000	1

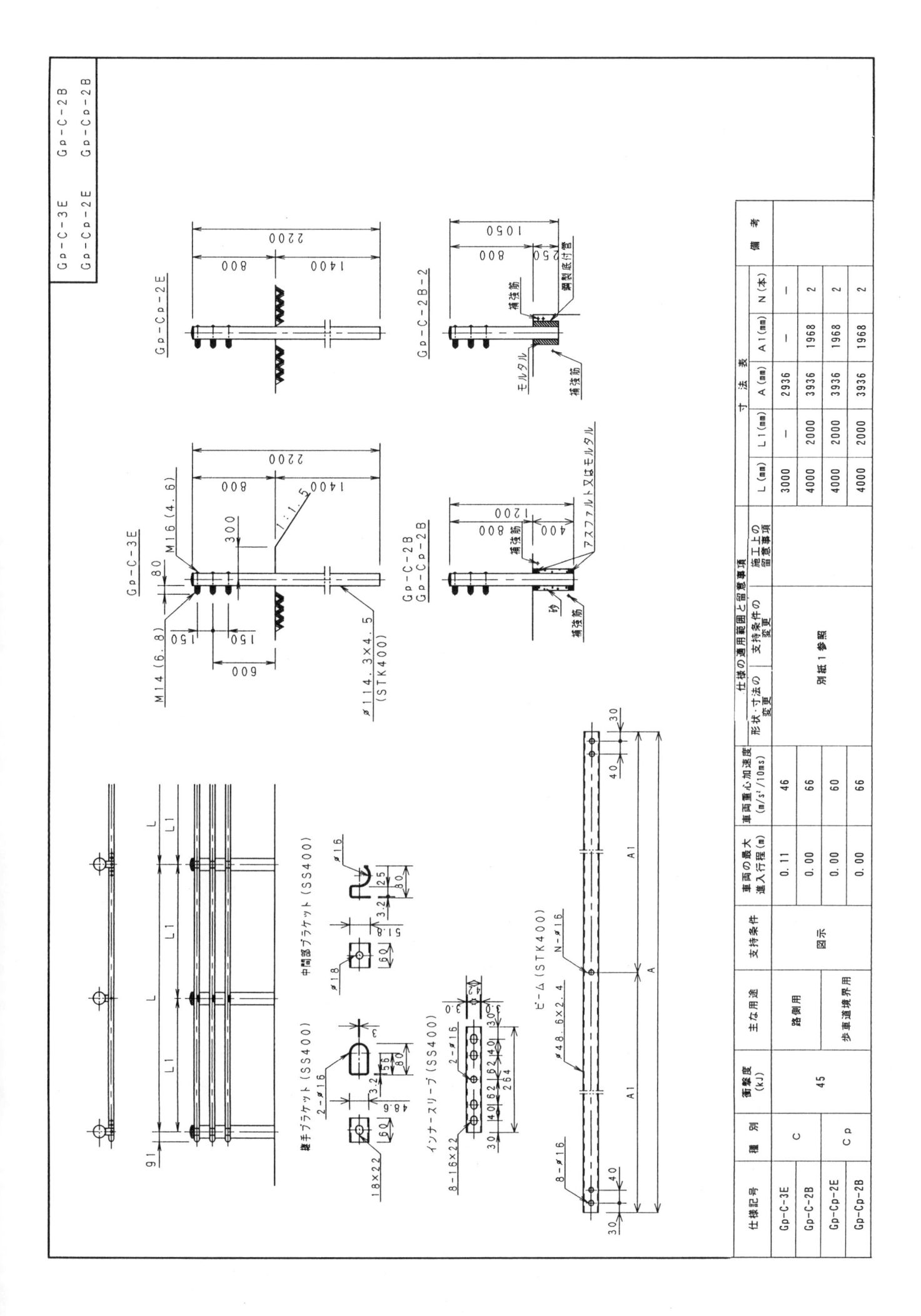

仕様記号		種別	衝撃度 (kJ)	主な用途	支持条件	車両の最大進入行程(m)	車両重心加速度 (m/s²/10ms)	仕様の適用範囲と留意事項			備考
								形状・寸法の変更	支持条件の変更	施工上の留意事項	
Gp-C-3E		C	45	路側用	図示	0.11	46	別紙1参照			
Gp-C-2B						0.00	66				
Gp-Cp-2E		Cp		歩車道境界用		0.00	60				
Gp-Cp-2B						0.00	66				

寸 法 表

仕様記号	L (mm)	L1 (mm)	A (mm)	A1 (mm)	N (本)
Gp-C-3E	3000	—	2936	—	—
Gp-C-2B	4000	2000	3936	1968	2
Gp-Cp-2E	4000	2000	3936	1968	2
Gp-Cp-2B	4000	2000	3936	1968	2

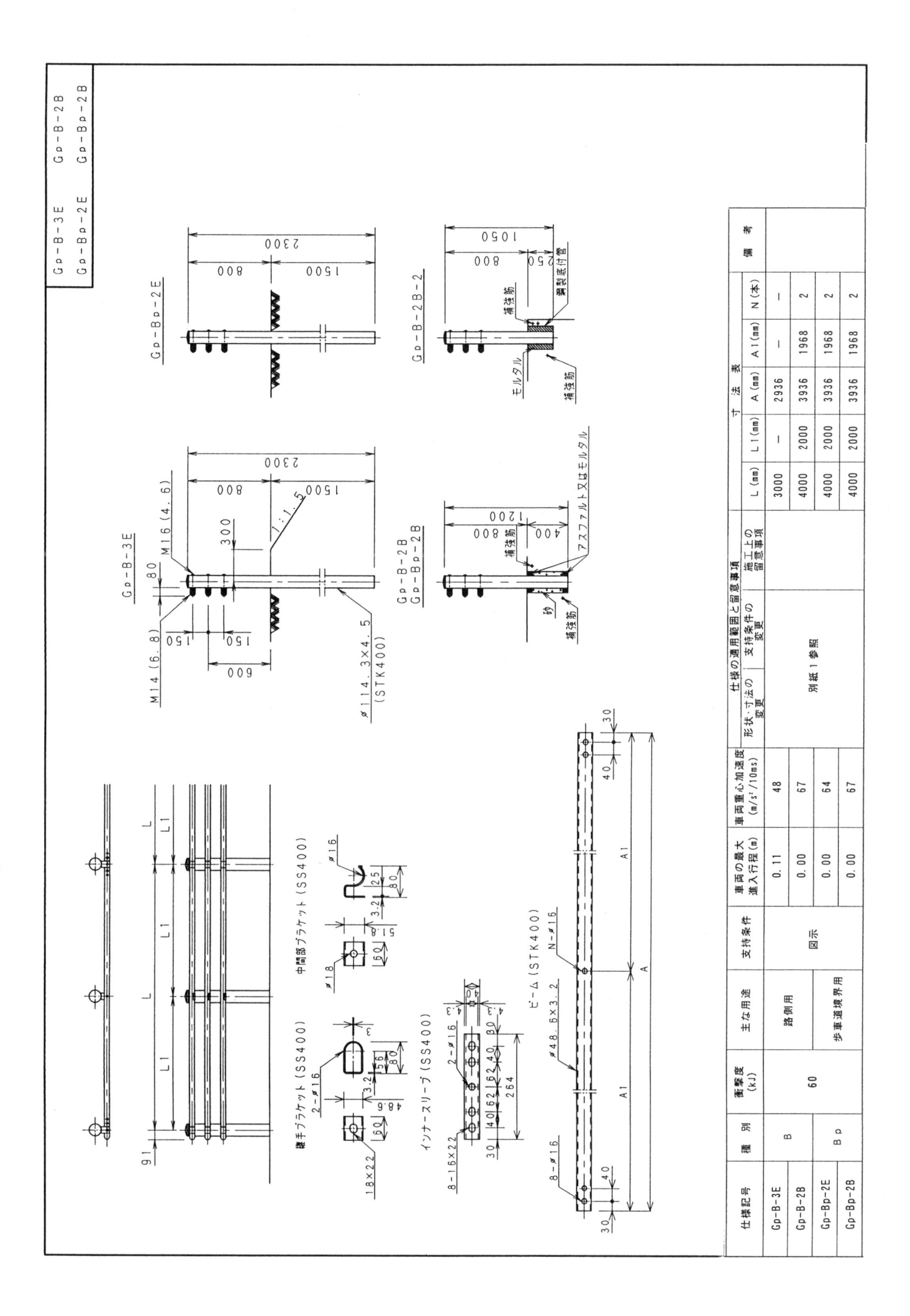

仕様記号	種別		衝撃度 (kJ)	主な用途	支持条件	車両の最大 進入行程 (m)	車両重心加速度 (m/s²/10ms)	仕様の適用範囲と留意事項		施工上の 留意事項	寸法表			
								形状・寸法の 変更	支持条件の 変更		L (mm)	L1 (mm)	A (mm)	A1 (mm)	N (本)
Gp-B-3E	B		60	路側用	図示	0.11	48	別紙1参照			3000	—	2936	—	—
Gp-B-2B	B		60	路側用	図示	0.00	67	別紙1参照			4000	2000	3936	1968	2
Gp-Bp-2E	Bp		60	歩車道境界用	図示	0.00	64	別紙1参照			4000	2000	3936	1968	2
Gp-Bp-2B	Bp		60	歩車道境界用	図示	0.00	67	別紙1参照			4000	2000	3936	1968	2

—27—

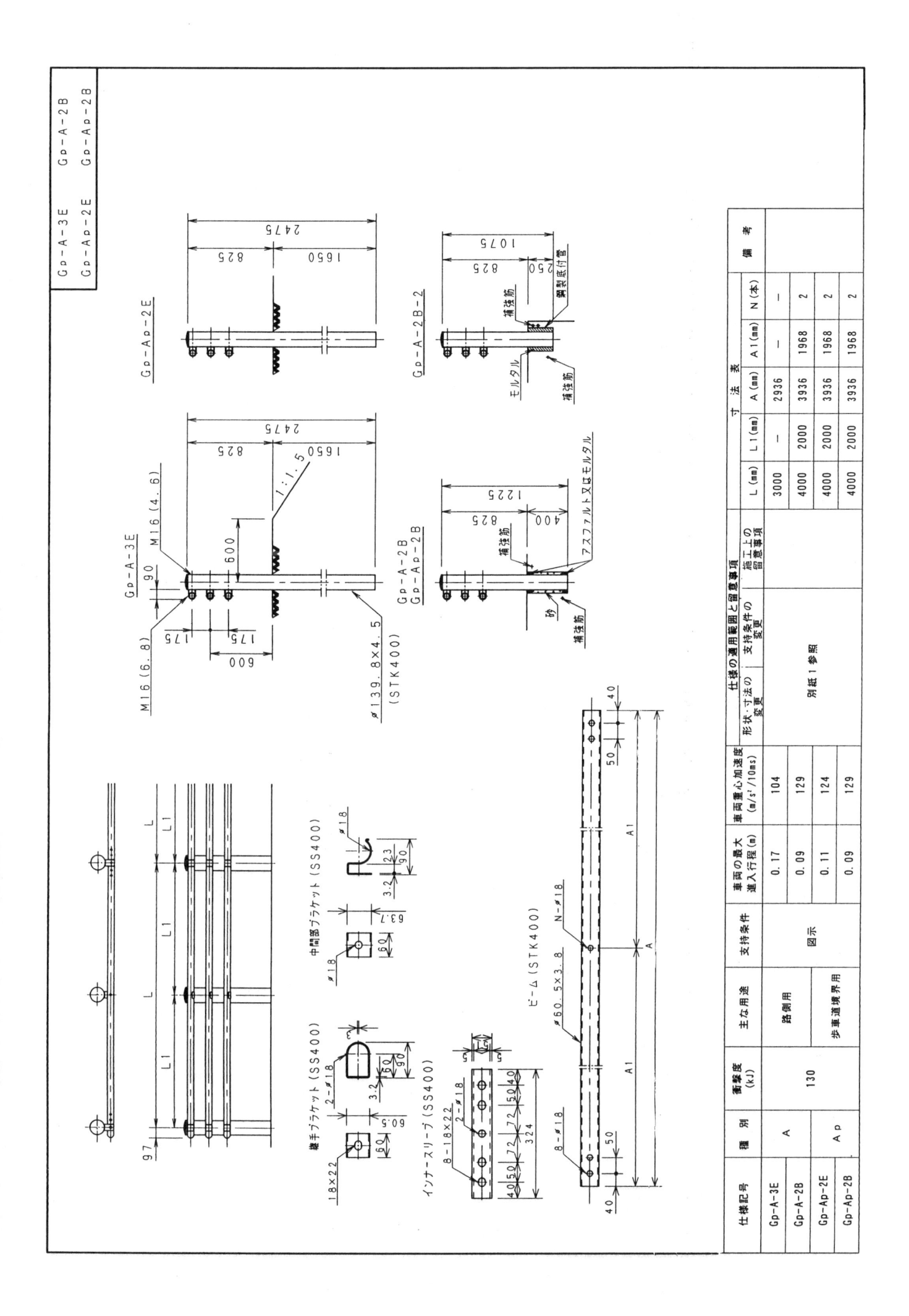

仕様記号	種別	衝撃度 (kJ)	主な用途	支持条件	車両の最大進入行程(m)	車両重心加速度(m/s²/10ms)	仕様の適用範囲と留意事項			寸法表			
							形状・寸法の変更	支持条件の変更	施工上の留意事項	L(mm)	L1(mm)	A(mm)	A1(mm)	N(本)
Gp-A-3E	A	130	路側用	図示	0.17	104	別紙1参照			3000	—	2936	—	—
Gp-A-2B	A	130	路側用	図示	0.09	129	別紙1参照			4000	2000	3936	1968	2
Gp-Ap-2E	Ap	130	歩車道境界用	図示	0.11	124	別紙1参照			4000	2000	3936	1968	2
Gp-Ap-2B	Ap	130	歩車道境界用	図示	0.09	129	別紙1参照			4000	2000	3936	1968	2

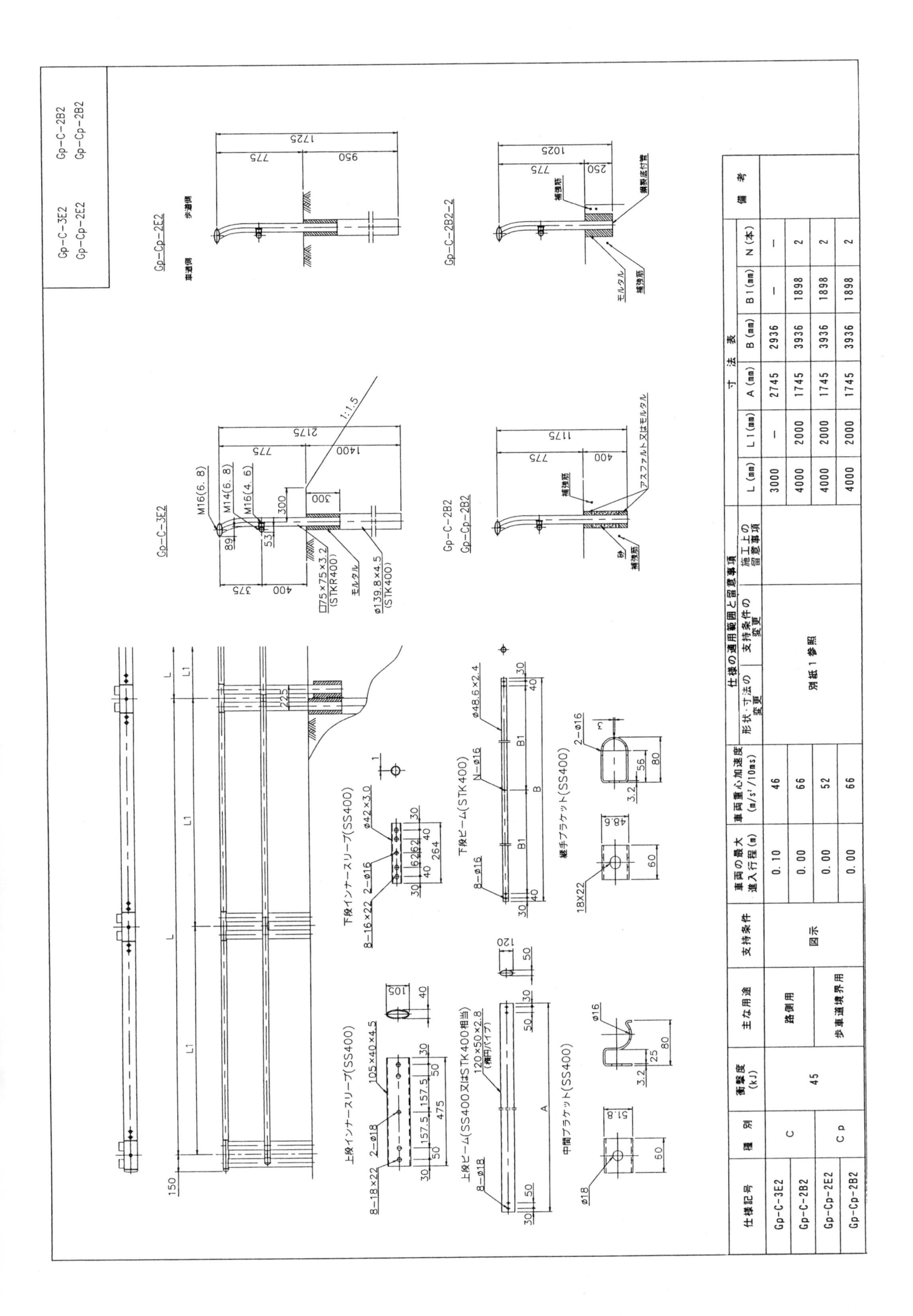

仕様記号	種別	衝撃度 (kJ)	主な用途	支持条件	車両の最大進入行程 (m)	車両重心加速度 (m/s²/10ms)	仕様の適用範囲と留意事項			寸法表				
							形状・寸法の変更	支持条件の変更	施工上の留意事項	L (mm)	L1 (mm)	A (mm)	B (mm)	B1 (mm)	N (本)
Gp-C-3E2	C	45	路側用	図示	0.10	46	別紙1参照			3000	—	2745	2936	—	—
Gp-C-2B2					0.00	66				4000	2000	1745	3936	1898	2
Gp-Cp-2E2	Cp		歩車道境界用		0.00	52				4000	2000	1745	3936	1898	2
Gp-Cp-2B2					0.00	66				4000	2000	1745	3936	1898	2

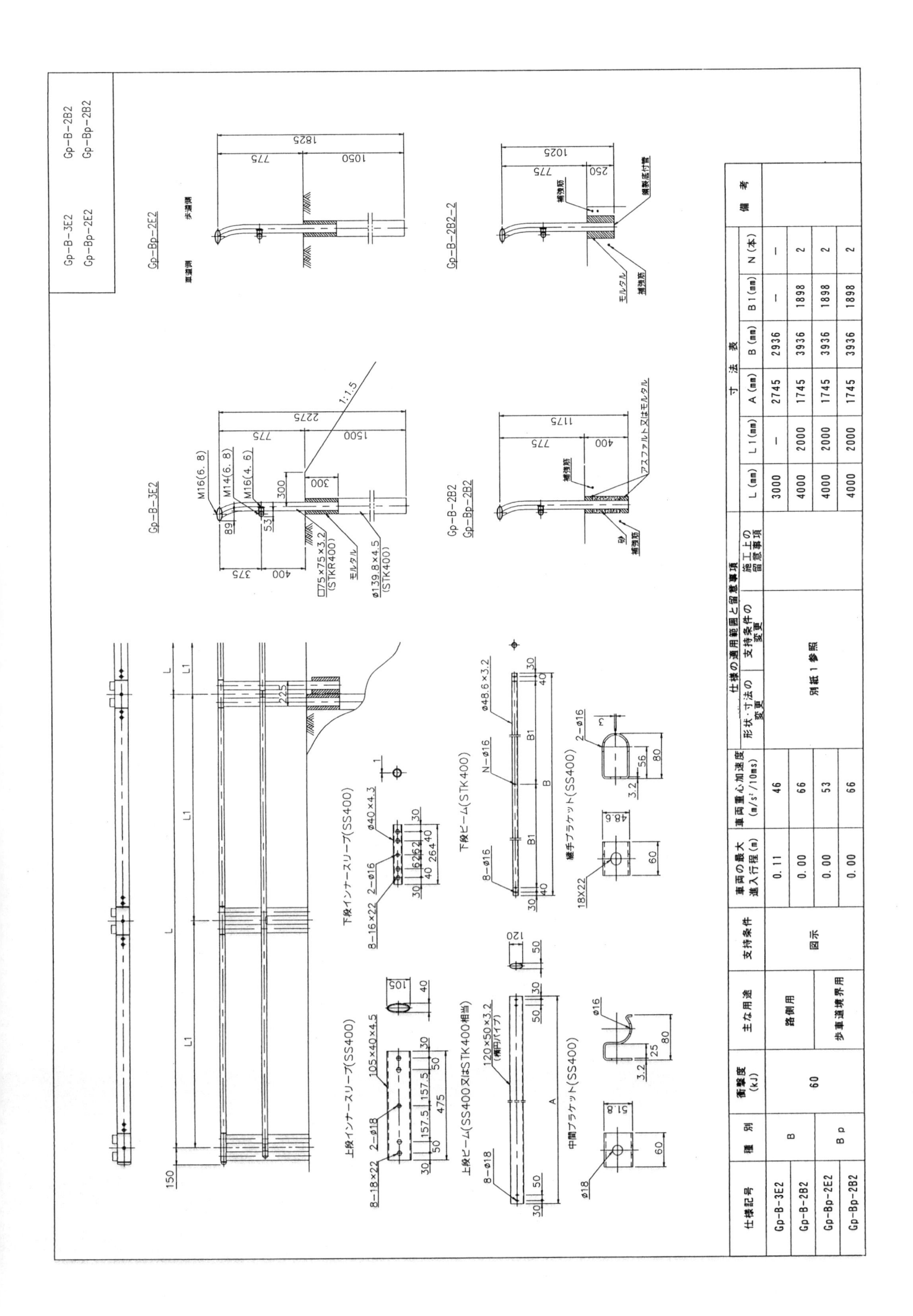

仕様記号	種別	衝撃度 (kJ)	主な用途	支持条件	車両の最大進入行程 (m)	車両重心加速度 (m/s²/10ms)	仕様の適用範囲と留意事項			寸法表				
							形状・寸法の変更	支持条件の変更	施工上の留意事項	L (mm)	L1 (mm)	A (mm)	B (mm)	B1 (mm)	N (本)
Gp-B-3E2	B	60	路側用	図示	0.11	46	別紙1参照			3000	—	2745	2936	—	—
Gp-B-2B2	B	60	路側用	図示	0.00	66				4000	2000	1745	3936	1898	2
Gp-Bp-2E2	Bp	60	歩車道境界用	図示	0.00	53				4000	2000	1745	3936	1898	2
Gp-Bp-2B2	Bp	60	歩車道境界用	図示	0.00	66				4000	2000	1745	3936	1898	2

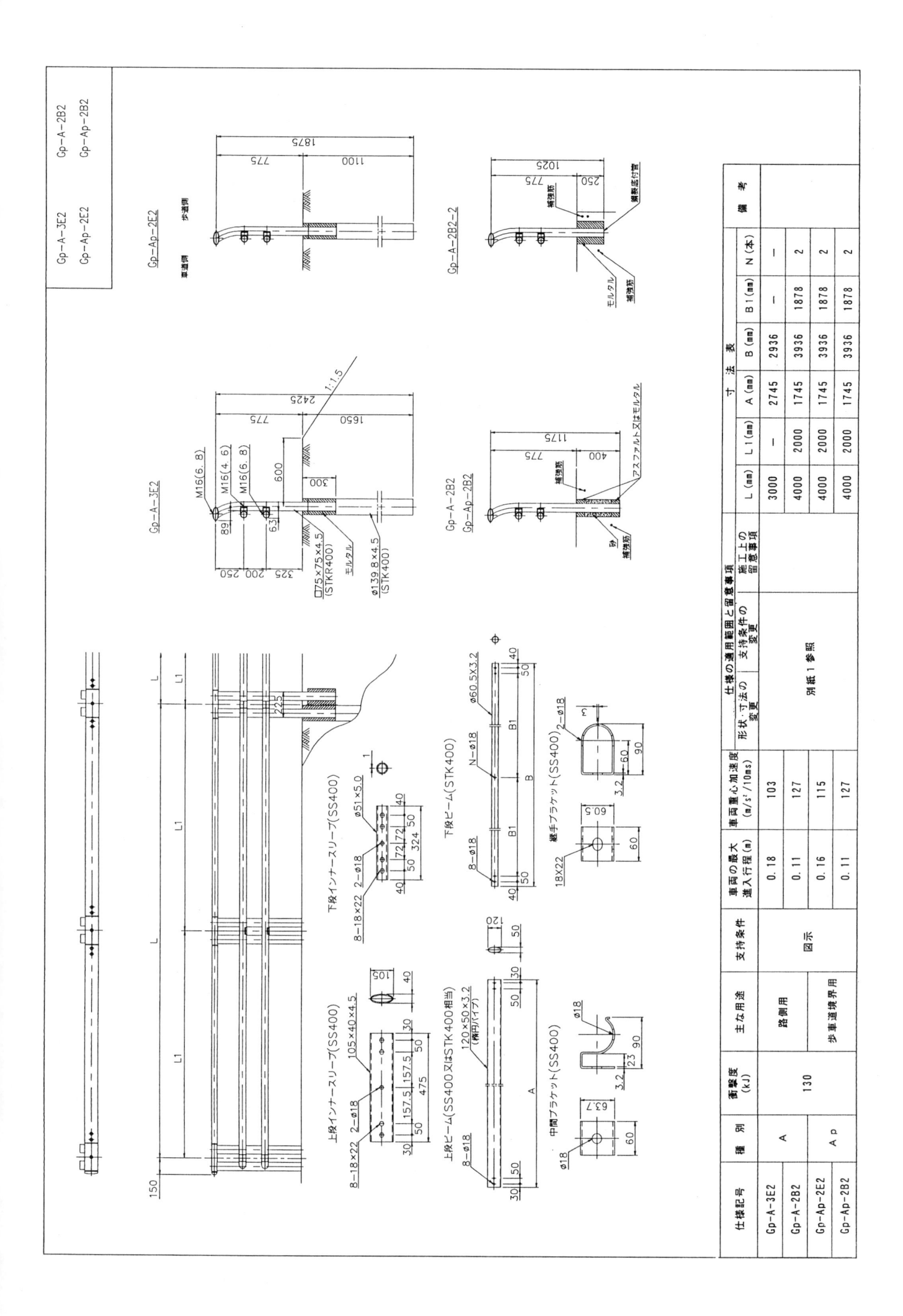

仕様記号	種別		衝撃度 (kJ)	主な用途	支持条件	車両の最大進入行程 (m)	車両重心加速度 (m/s²/10ms)	仕様の適用範囲と留意事項			寸法表				
								形状・寸法の変更	支持条件の変更	施工上の留意事項	L (mm)	L1 (mm)	A (mm)	B (mm)	B1 (mm)	N (本)
Gp-A-3E2	A		130	路側用	図示	0.18	103	別紙1参照			3000	—	2745	2936	—	—
Gp-A-2B2	A		130	路側用	図示	0.11	127	別紙1参照			4000	2000	1745	3936	1878	2
Gp-Ap-2E2	Ap		130	歩車道境界用	図示	0.16	115	別紙1参照			4000	2000	1745	3936	1878	2
Gp-Ap-2B2	Ap		130	歩車道境界用	図示	0.11	127	別紙1参照			4000	2000	1745	3936	1878	2

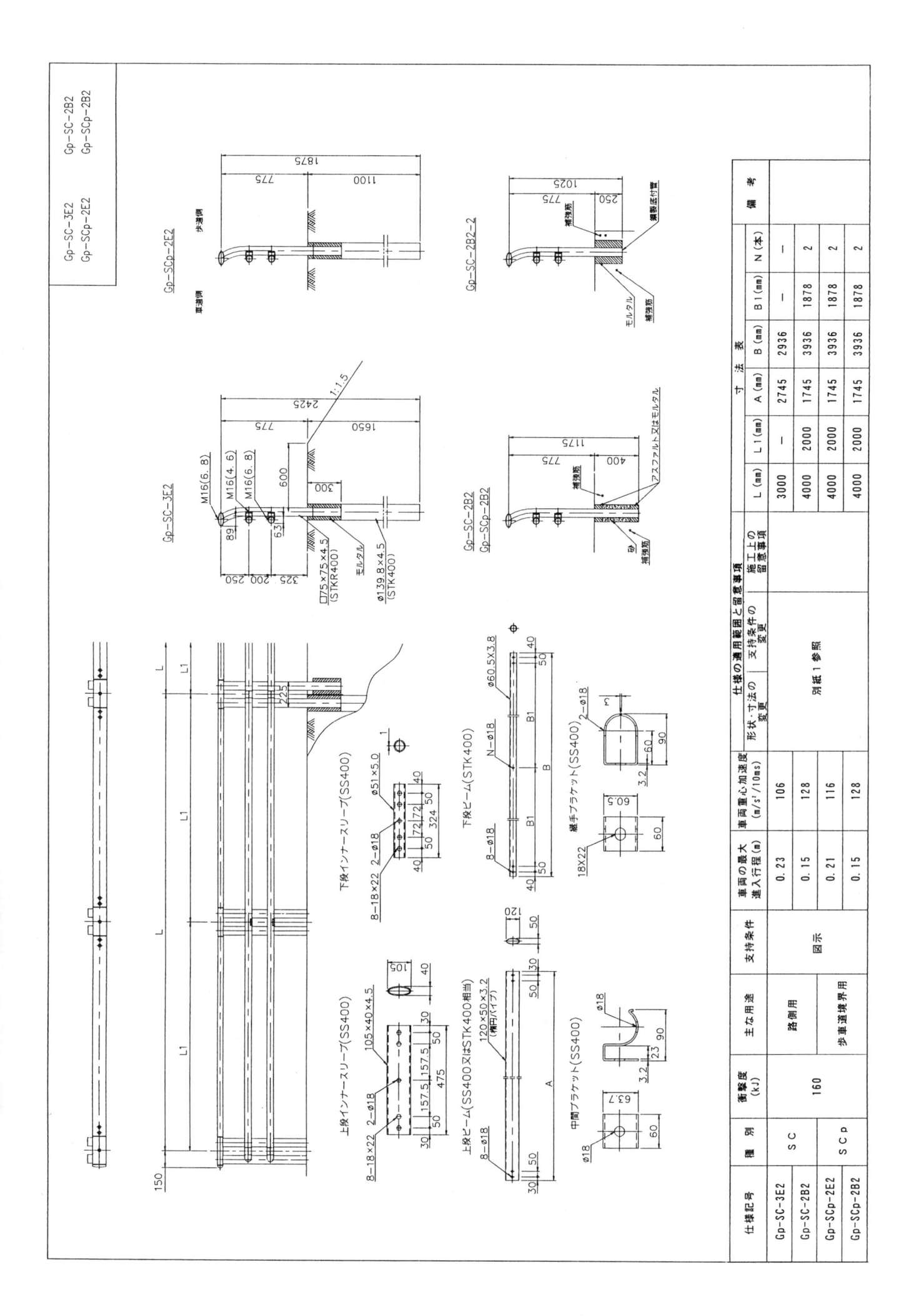

仕様記号	種別	衝撃度 (kJ)	主な用途	支持条件	車両の最大進入行程(m)	車両重心加速度 (m/s²/10ms)	仕様の適用範囲と留意事項		寸法表				
							形状・寸法の変更事項	施工上の支持条件の留意事項	L(mm)	L1(mm)	A(mm)	B(mm)	B1(mm)	N(本)
Gp-SC-3E2	SC	160	路側用	図示	0.23	106	別紙1参照		3000	—	2745	2936	—	—
Gp-SC-2B2	SC	160	路側用	図示	0.15	128	別紙1参照		4000	2000	1745	3936	1878	2
Gp-SCp-2E2	SCp	160	歩車道境界用	図示	0.21	116	別紙1参照		4000	2000	1745	3936	1878	2
Gp-SCp-2B2	SCp	160	歩車道境界用	図示	0.15	128	別紙1参照		4000	2000	1745	3936	1878	2

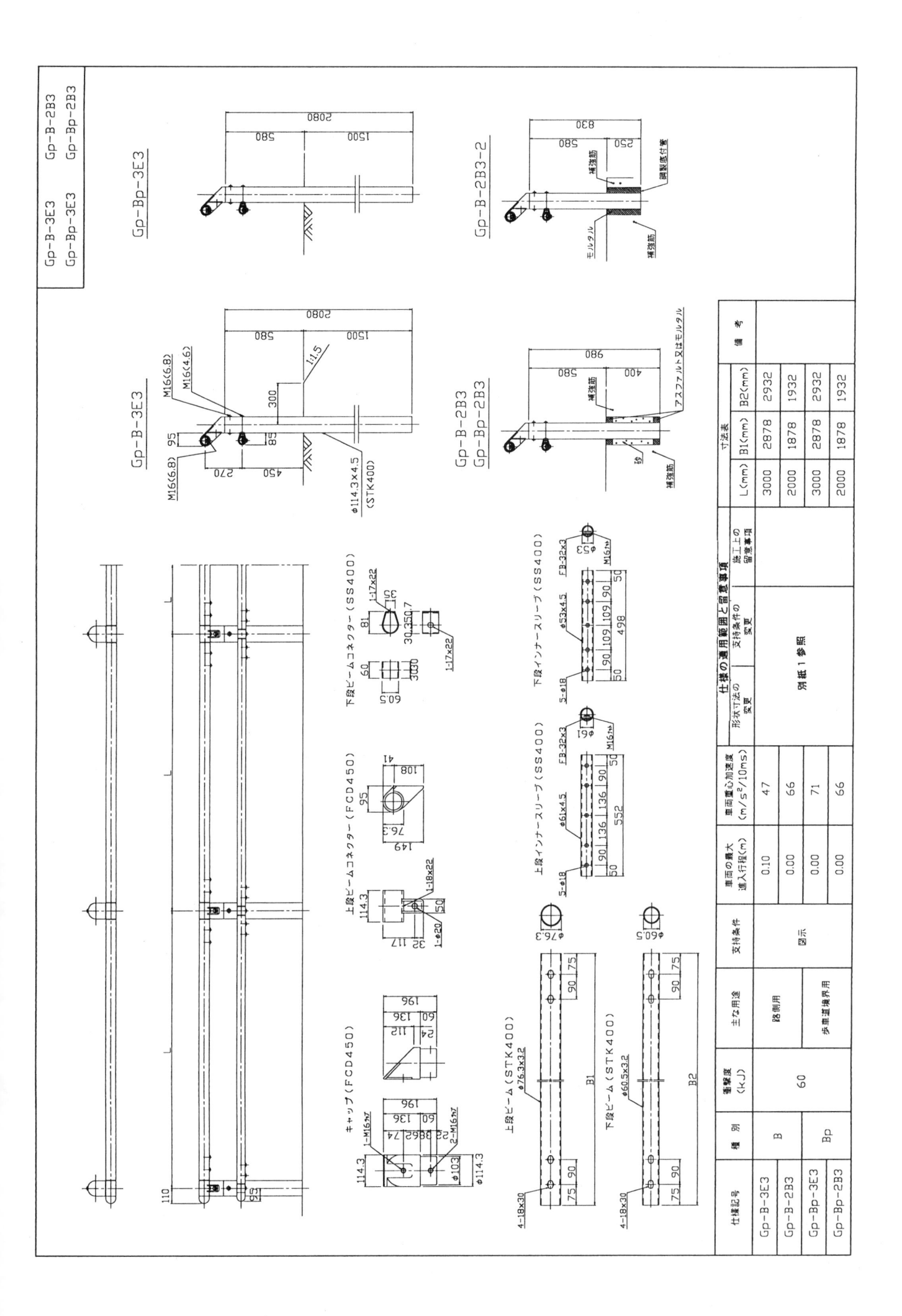

仕様記号	種別	衝撃度 (kJ)	主な用途	支持条件	車両重心加速度 (m/s²(10ms))	車両の最大進入行程(m)	仕様の適用範囲と留意事項			寸法表		
							形状寸法の変更	支持条件の変更	施工上の留意事項	L(mm)	B1(mm)	B2(mm)
Gp-B-3E3	B	60	路側用	図示	47	0.10	別紙1参照			3000	2878	2932
Gp-B-2B3					66	0.00				2000	1878	1932
Gp-Bp-3E3	Bp		歩車道境界用		71	0.00				3000	2878	2932
Gp-Bp-2B3					66	0.00				2000	1878	1932

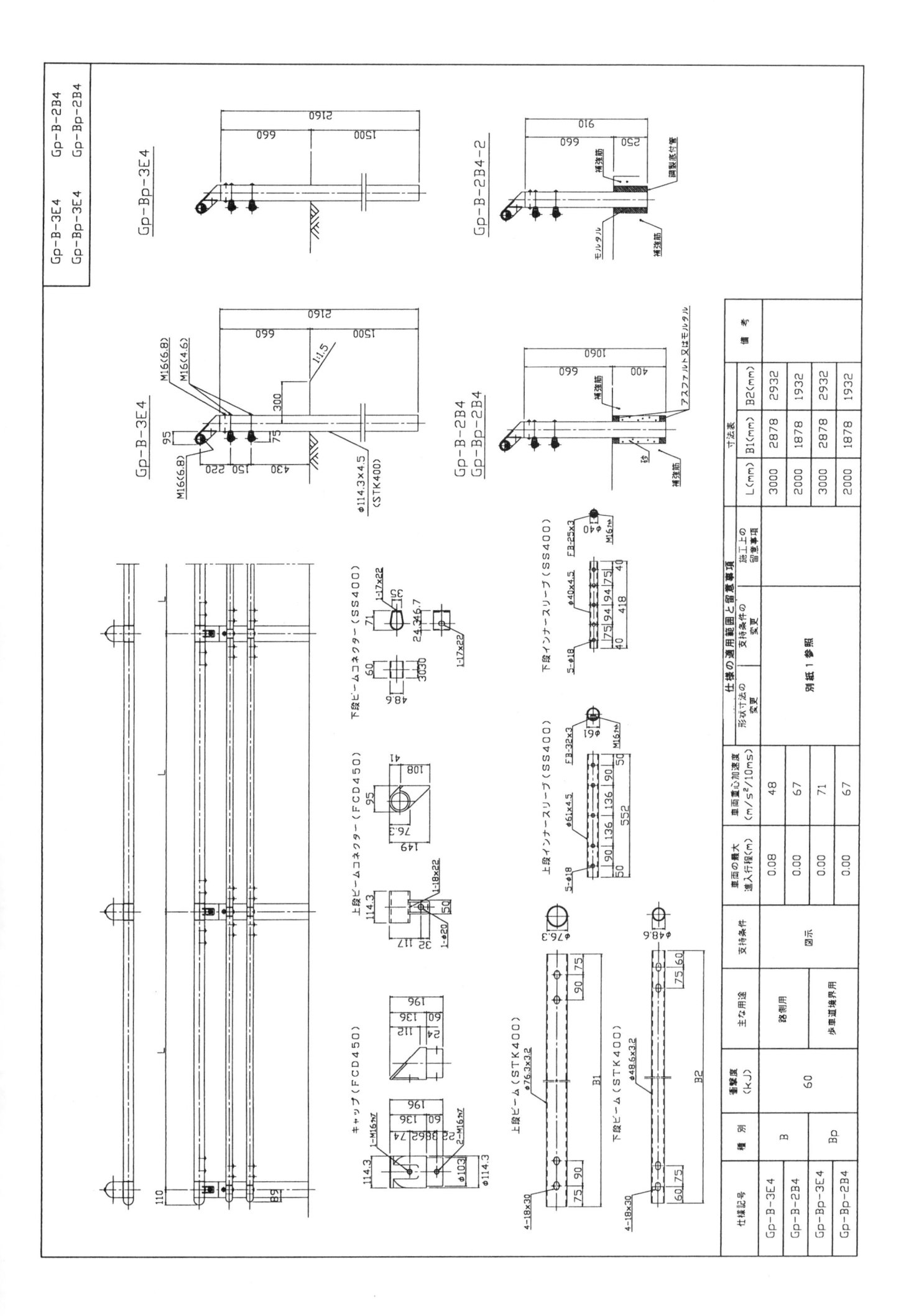

仕様記号	種別	衝撃度 (kJ)	主な用途	支持条件	車両の最大進入行程(m)	車両重心加速度 (m/s²/10ms)	仕様の適用範囲と留意事項			備考
							形状寸法の変更	支持条件の変更	施工上の留意事項	
Gp-B-3E4	B	60	路側用	図示	0.08	48	別紙1参照			
Gp-B-2B4	B	60	路側用	図示	0.00	67				
Gp-Bp-3E4	Bp	60	歩車道境界用	図示	0.00	71				
Gp-Bp-2B4	Bp	60	歩車道境界用	図示	0.00	67				

寸法表

仕様記号	L(mm)	B1(mm)	B2(mm)
Gp-B-3E4	3000	2878	2932
Gp-B-2B4	2000	1878	1932
Gp-Bp-3E4	3000	2878	2932
Gp-Bp-2B4	2000	1878	1932

-34-

Gb-Bm-2E　Gb-Bm-2B

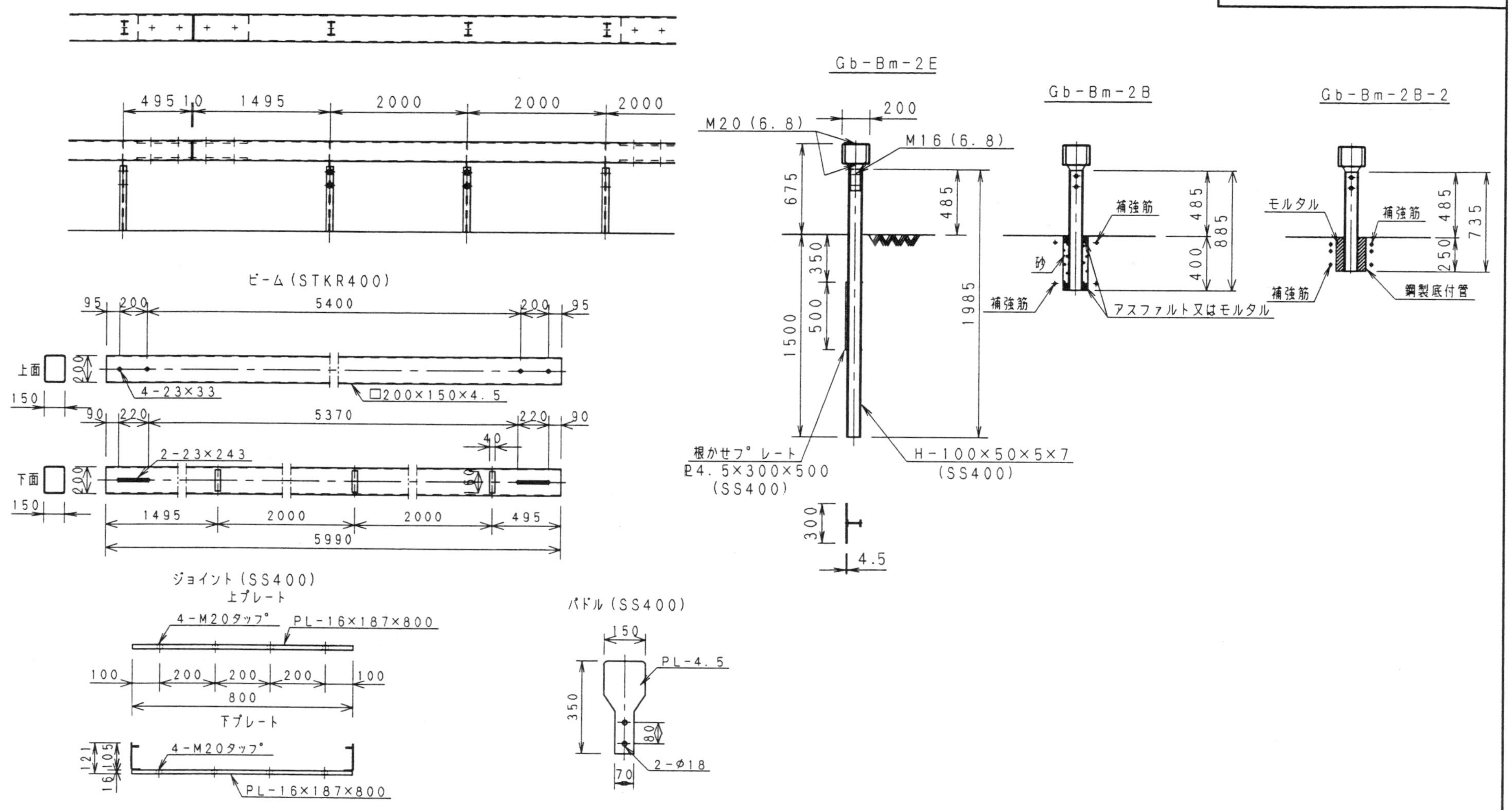

仕様記号	種別	衝撃度 (kJ)	主な用途	支持条件	車両の最大進入行程(m)	車両重心加速度 (m/s^2/10ms)	仕様の適用範囲と留意事項 形状・寸法の変更	支持条件の変更	施工上の留意事項	備考
Gb-Bm-2E	Bm	60	分離帯用	図示	0.00	68	別紙1参照			
Gb-Bm-2B					0.00	69				

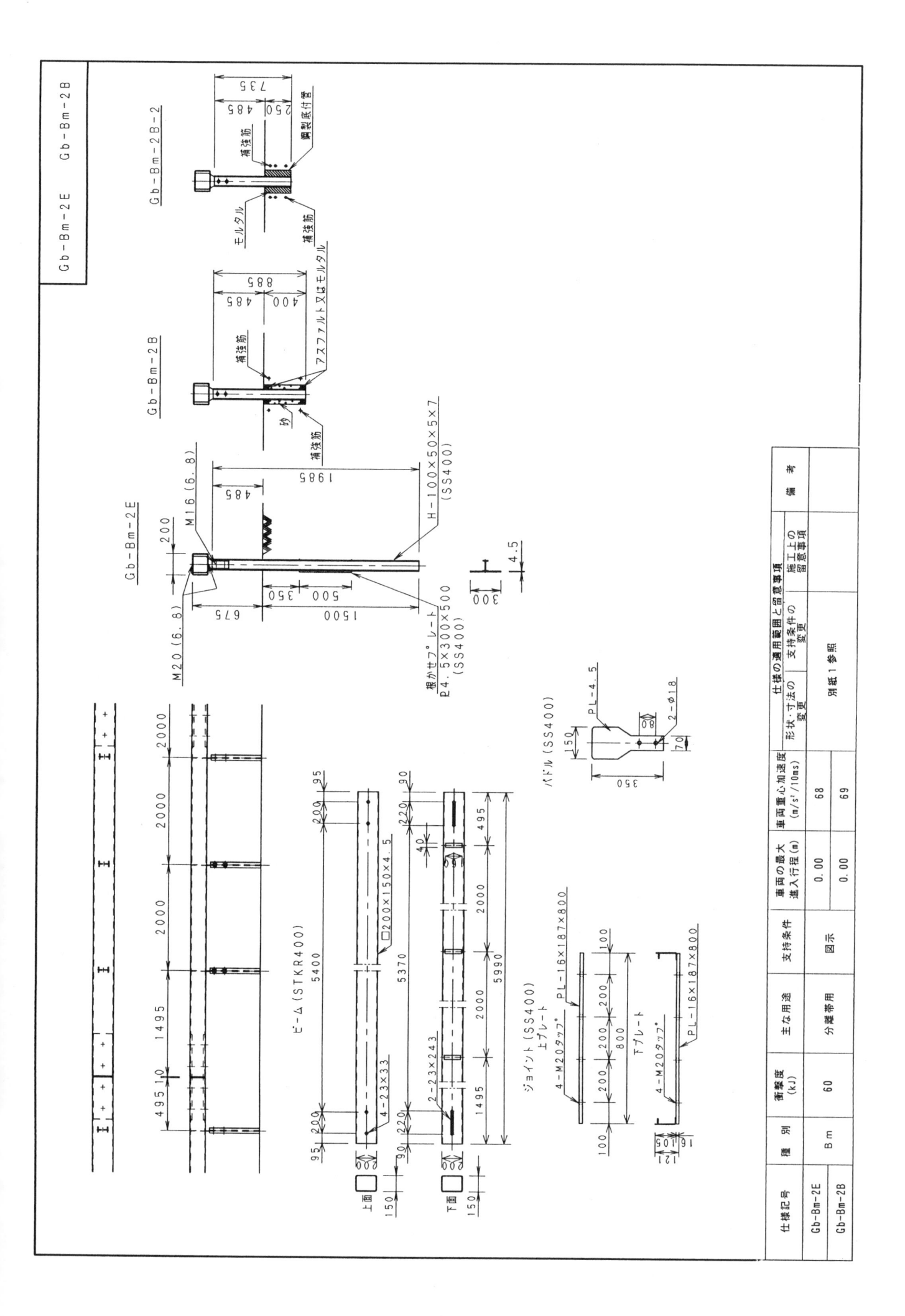

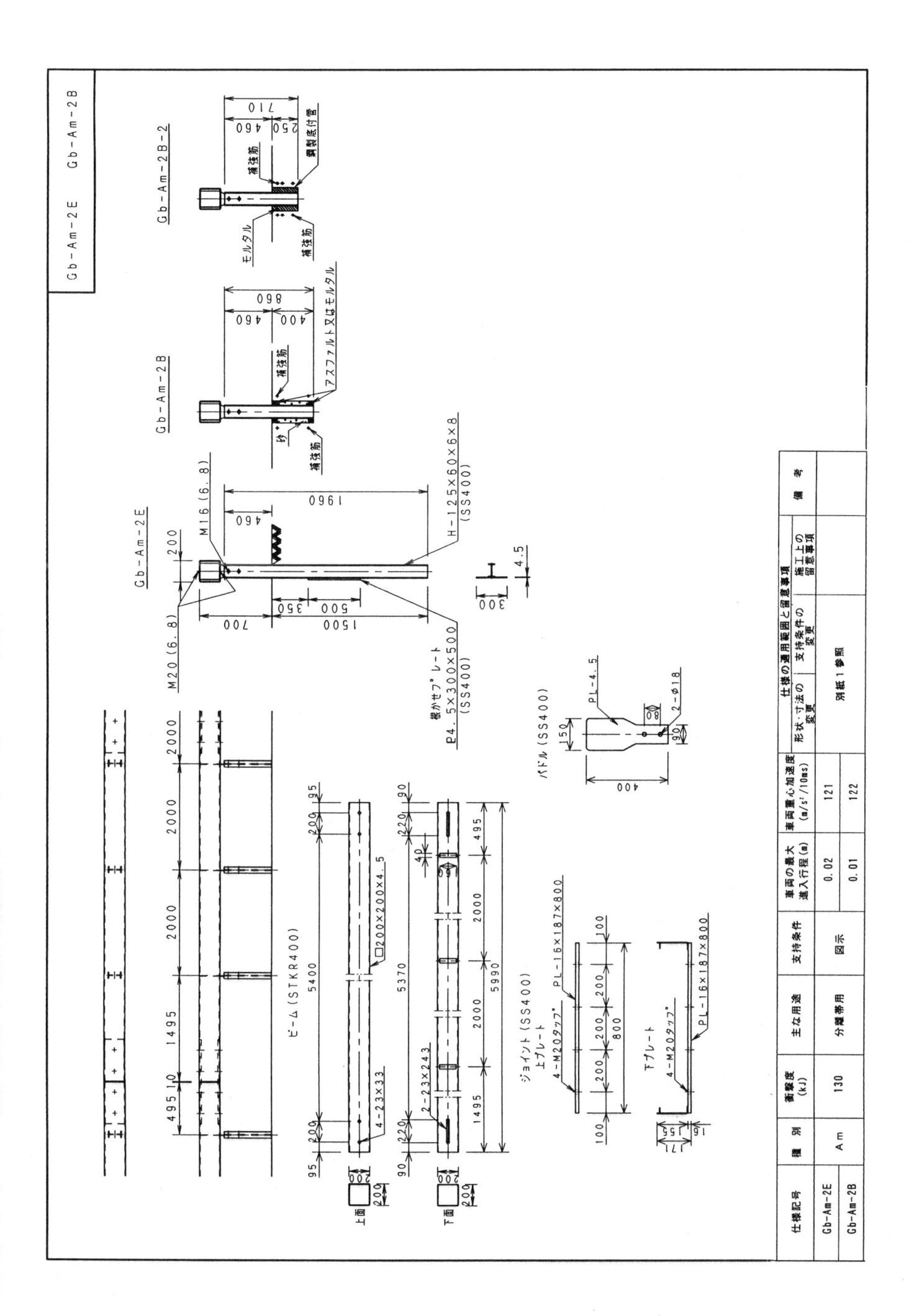

仕様記号	種別	衝撃度 (kJ)	主な用途	支持条件	車両の最大進入行程 (m)	車両重心加速度 (m/s²/10ms)	仕様の運用範囲と留意事項		
							形状・寸法の変更	支持条件の変更	施工上の留意事項
Gb-Am-2E	Am	130	分離帯用	図示	0.02	121	別紙1参照		
Gb-Am-2B					0.01	122			

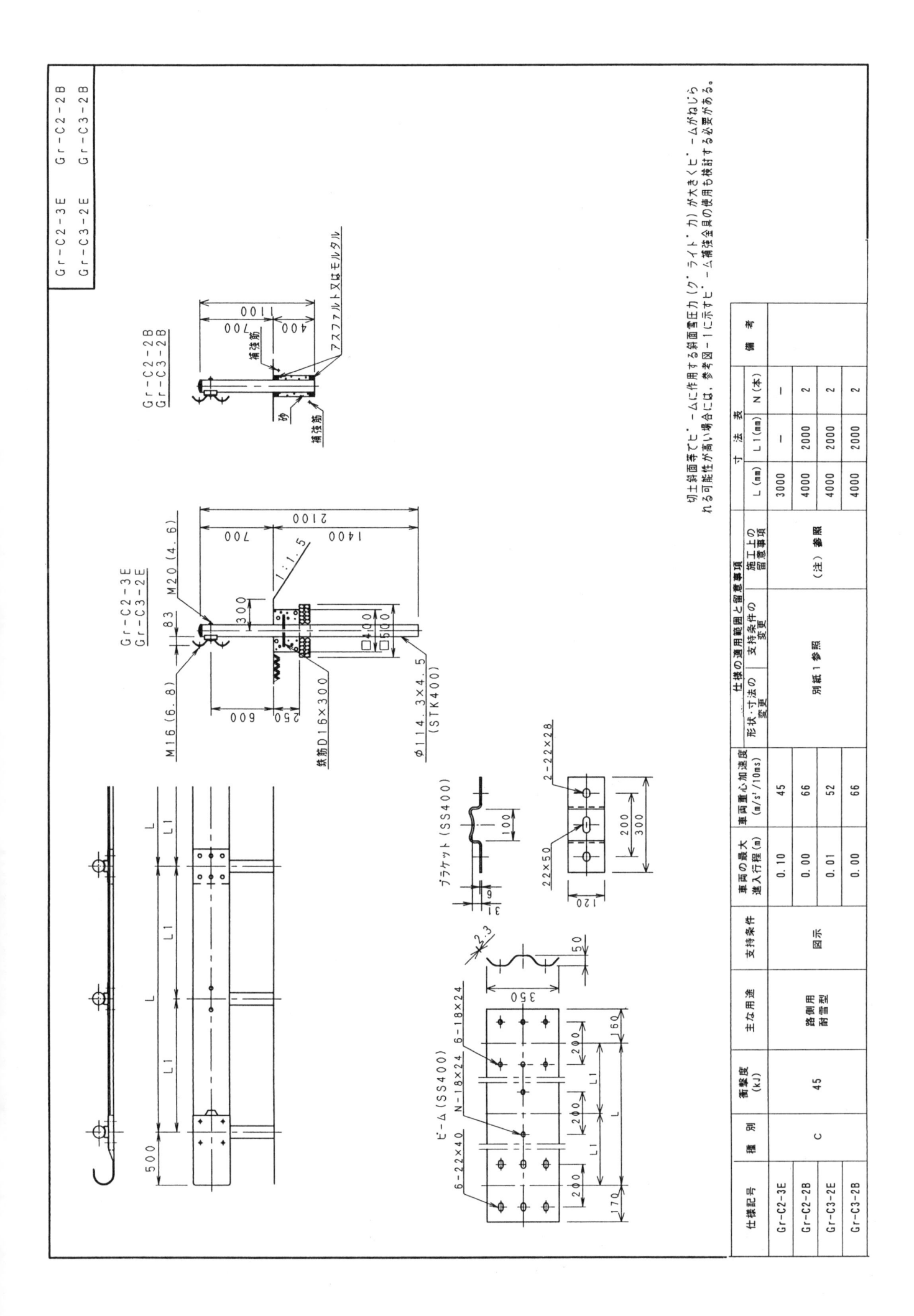

仕様記号	種別	衝撃度 (kJ)	主な用途	支持条件	車両の最大進入行程 (m)	車両重心加速度 (m/s²/10ms)	仕様の適用範囲と留意事項			寸法表		
							形状・寸法の変更	支持条件の変更	施工上の留意事項	L (mm)	L1 (mm)	N (本)
Gr-C2-3E	C	45	路側用耐雪型	図示	0.10	45	別紙1 参照		(注) 参照	3000	−	−
Gr-C2-2B					0.00	66				4000	2000	2
Gr-C3-2E					0.01	52				4000	2000	2
Gr-C3-2B					0.00	66				4000	2000	2

切土斜面等でビームに作用する斜面雪圧力(グライド力)が大きくビームがねじられる可能性が高い場合には、参考図-1に示すビーム補強金具の使用も検討する必要がある。

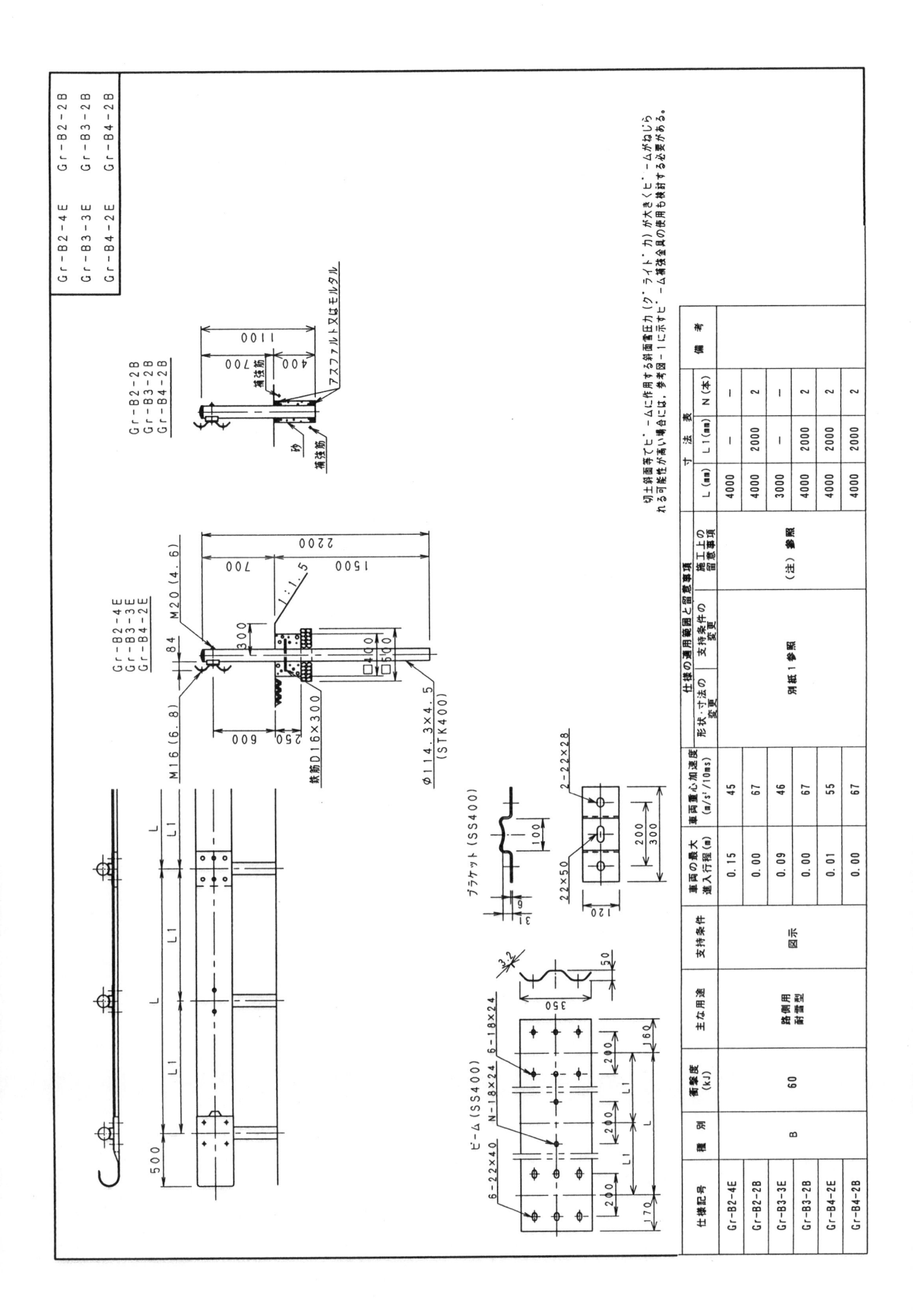

仕様記号	種別	衝撃度 (kJ)	主な用途	支持条件	車両の最大進入行程 (m)	車両重心加速度 (m/s²/10ms)	仕様の適用範囲と留意事項			寸法表			備考
							形状・寸法の変更	支持条件の変更	施工上の留意事項	L(mm)	L1(mm)	N(本)	
Gr-B2-4E	B	60	路側用耐雪型	図示	0.15	45	別紙1参照		(注)参照	4000	—	—	
Gr-B2-2B					0.00	67				4000	2000	2	
Gr-B3-3E					0.09	46				3000	—	—	
Gr-B3-2B					0.01	67				4000	2000	2	
Gr-B4-2E					0.00	55				4000	2000	2	
Gr-B4-2B					0.00	67				4000	2000	2	

切土斜面等でビームに作用する斜面圧力(プラライト力)が大きくビームがねじれる可能性が高い場合は、参考図-1に示すビーム補強金具の使用も検討する必要がある。

寸法表

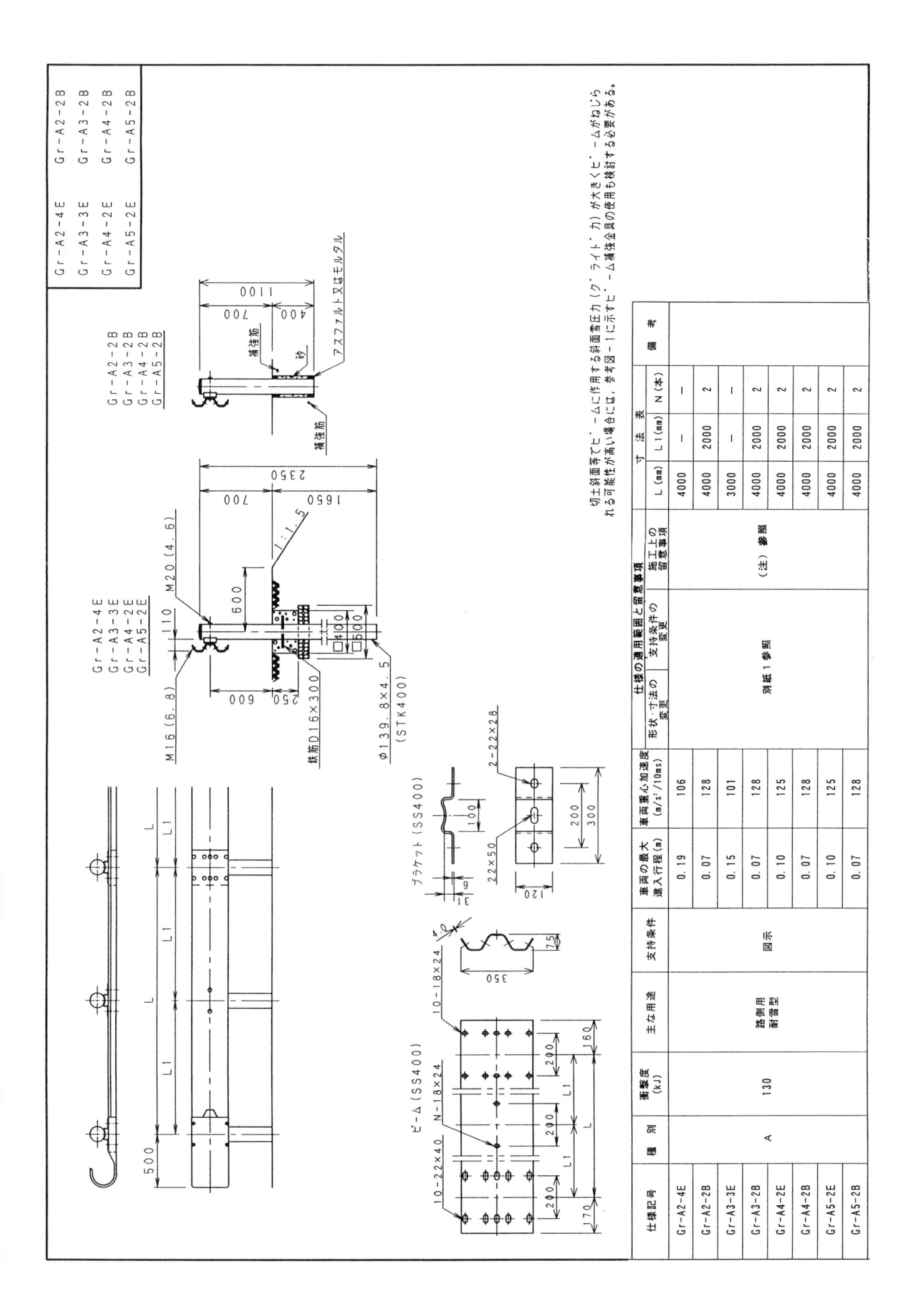

仕様記号	種別	衝撃度(kJ)	主な用途	支持条件	車両の最大進入行程(m)	車両重心加速度(m/s²/10ms)	仕様の適用範囲と留意事項			寸法表		備考
							形状・寸法の変更	支持条件の変更	施工上の留意事項	L(mm)	L1(mm) N(本)	
Gr-A2-4E	A	130	路側用耐雪型	図示	0.19	106	別紙1参照		(注)参照	4000	— —	
Gr-A2-2B					0.07	128				4000	2000 2	
Gr-A3-3E					0.15	101				3000	— —	
Gr-A3-2B					0.07	128				4000	2000 2	
Gr-A4-2E					0.10	125				4000	2000 2	
Gr-A4-2B					0.07	128				4000	2000 2	
Gr-A5-2E					0.10	125				4000	2000 2	
Gr-A5-2B					0.07	128				4000	2000 2	

切土斜面等でビームに作用する斜面雪圧力(グライドカ)が大きくビームがねじれる可能性が高い場合には、参考図-1に示すビーム補強金具の使用も検討する必要がある。

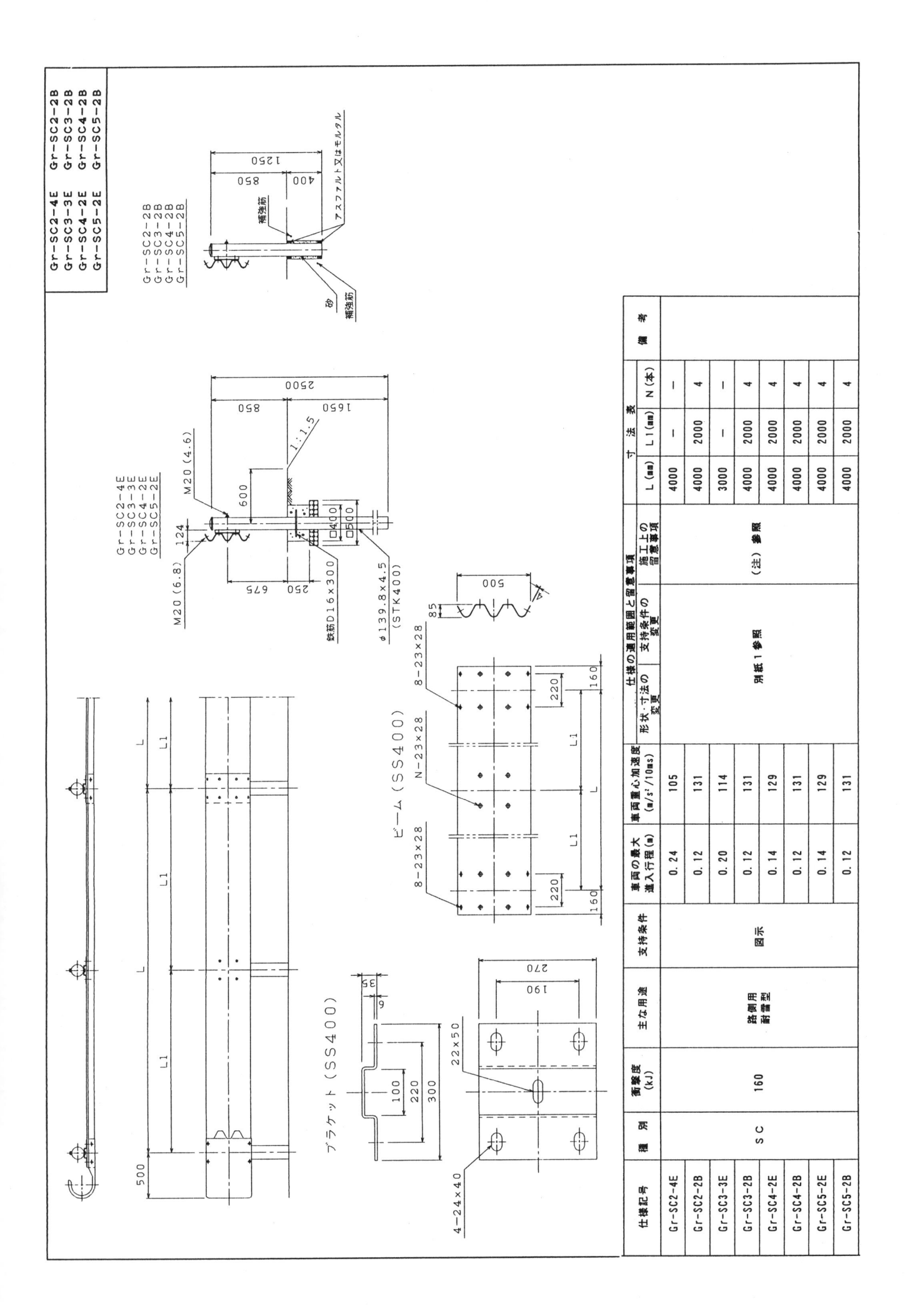

仕様記号	種別	衝撃度 (kJ)	主な用途	支持条件	車両の最大進入行程 (m)	車両重心加速度 (m/s²/10ms)	仕様の適用範囲と留意事項 形状・寸法の変更	支持条件の変更	施工上の留意事項	寸法表 L (mm)	L1 (mm)	N (本)	備考
Gr-SC2-4E	SC	160	路側用耐雪型	図示	0.24	105	別紙1参照		(注) 参照	4000	—	—	
Gr-SC2-2B					0.12	131				4000	2000	4	
Gr-SC3-3E					0.20	114				3000	—	—	
Gr-SC3-2B					0.12	131				4000	2000	4	
Gr-SC4-2E					0.14	129				4000	2000	4	
Gr-SC4-2B					0.12	131				4000	2000	4	
Gr-SC5-2E					0.14	129				4000	2000	4	
Gr-SC5-2B					0.12	131				4000	2000	4	

寸法表

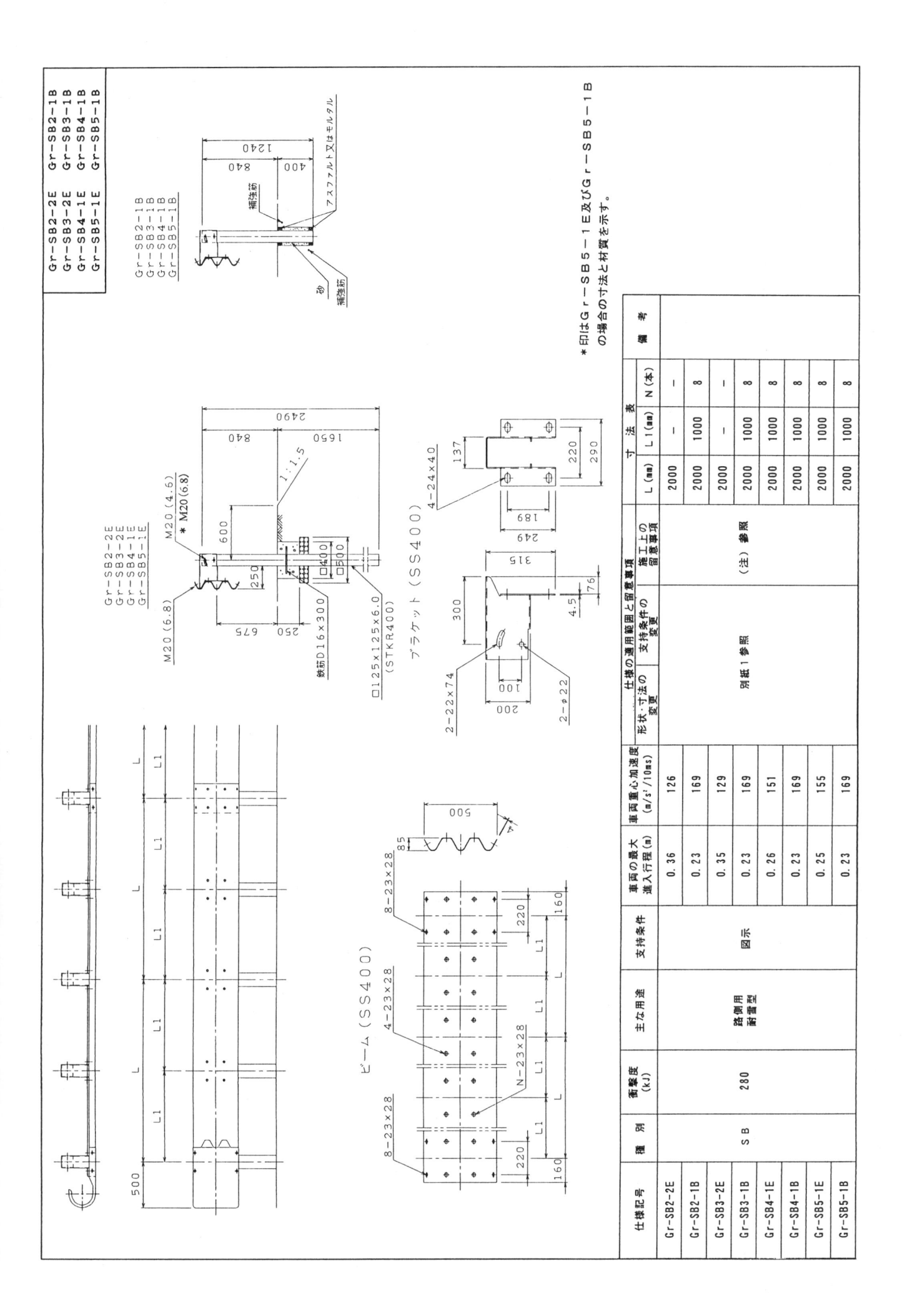

仕様記号	種別	衝撃度 (kJ)	主な用途	支持条件	車両の最大進入行程 (m)	車両重心加速度 (m/s²/10ms)	形状・寸法の変更	支持条件の変更	施工上の留意事項	L (mm)	L1 (mm)	N (本)	備考
Gr-SB2-2E	SB	280	路側用耐雪型	図示	0.36	126	別紙1参照		(注)参照	2000	−	−	
Gr-SB2-1B					0.23	169				2000	1000	8	
Gr-SB3-2E					0.35	129				2000	−	−	
Gr-SB3-1B					0.23	169				2000	1000	8	
Gr-SB4-1E					0.26	151				2000	1000	8	
Gr-SB4-1B					0.23	169				2000	1000	8	
Gr-SB5-1E					0.25	155				2000	1000	8	
Gr-SB5-1B					0.23	169				2000	1000	8	

＊印はGr-SB5-1E及びGr-SB5-1Bの場合の寸法と材質を示す。

- 41 -

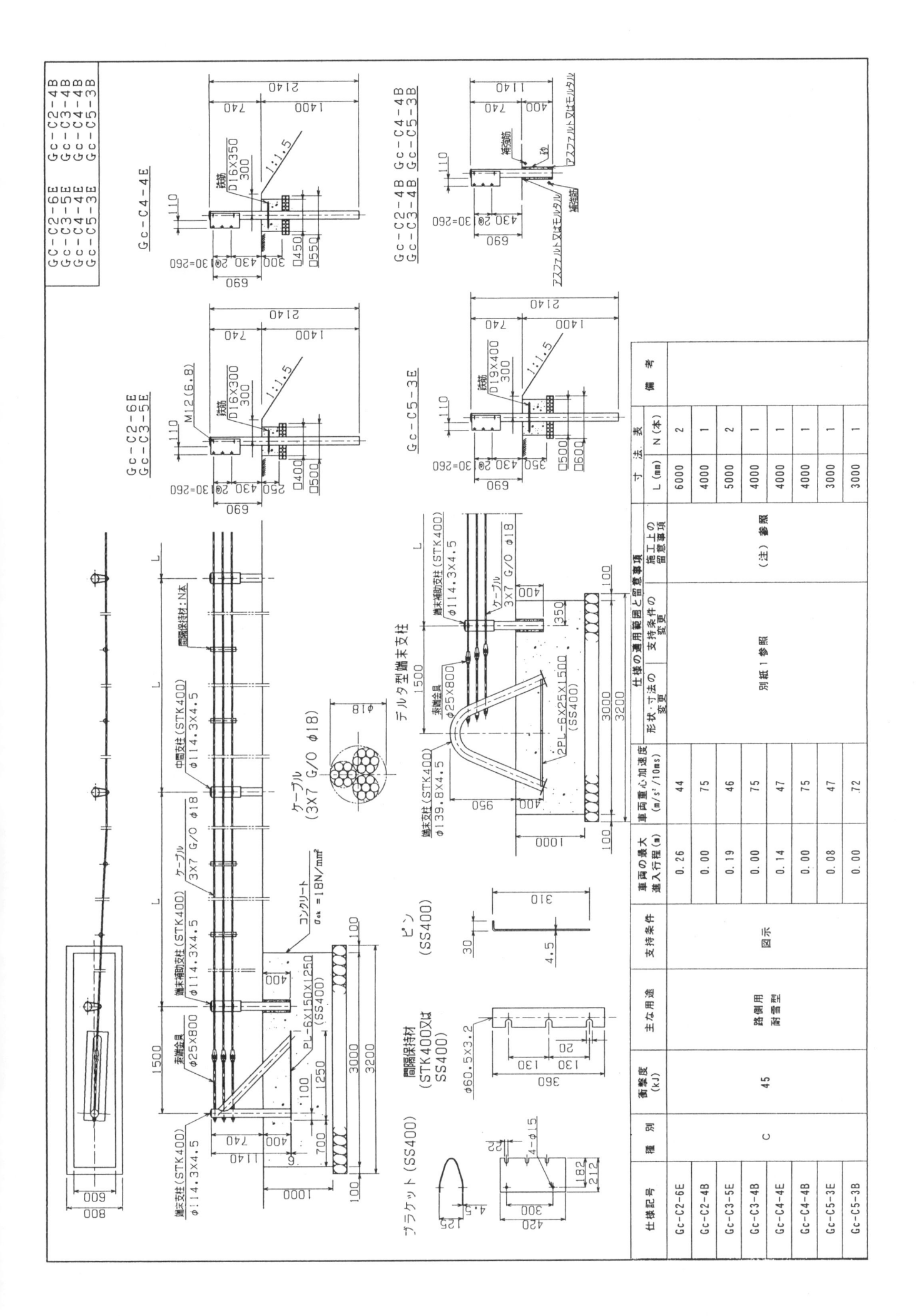

仕様記号	種別	衝撃度 (kJ)	主な用途	支持条件	車両の最大進入行程 (m)	車両重心加速度 (m/s²/10ms)	仕様の適用範囲と留意事項			寸法表	
							形状・寸法の変更	支持条件の変更	施工上の留意事項	L (mm)	N (本)
Gc-C2-6E	C	45	路側用 耐雪型	図示	0.26	44	別紙1参照		(注) 参照	6000	2
Gc-C2-4B					0.00	75				4000	1
Gc-C3-5E					0.19	46				5000	2
Gc-C3-4B					0.00	75				4000	1
Gc-C4-4E					0.14	47				4000	1
Gc-C4-4B					0.00	75				4000	1
Gc-C5-3E					0.08	47				3000	1
Gc-C5-3B					0.00	.72				3000	1

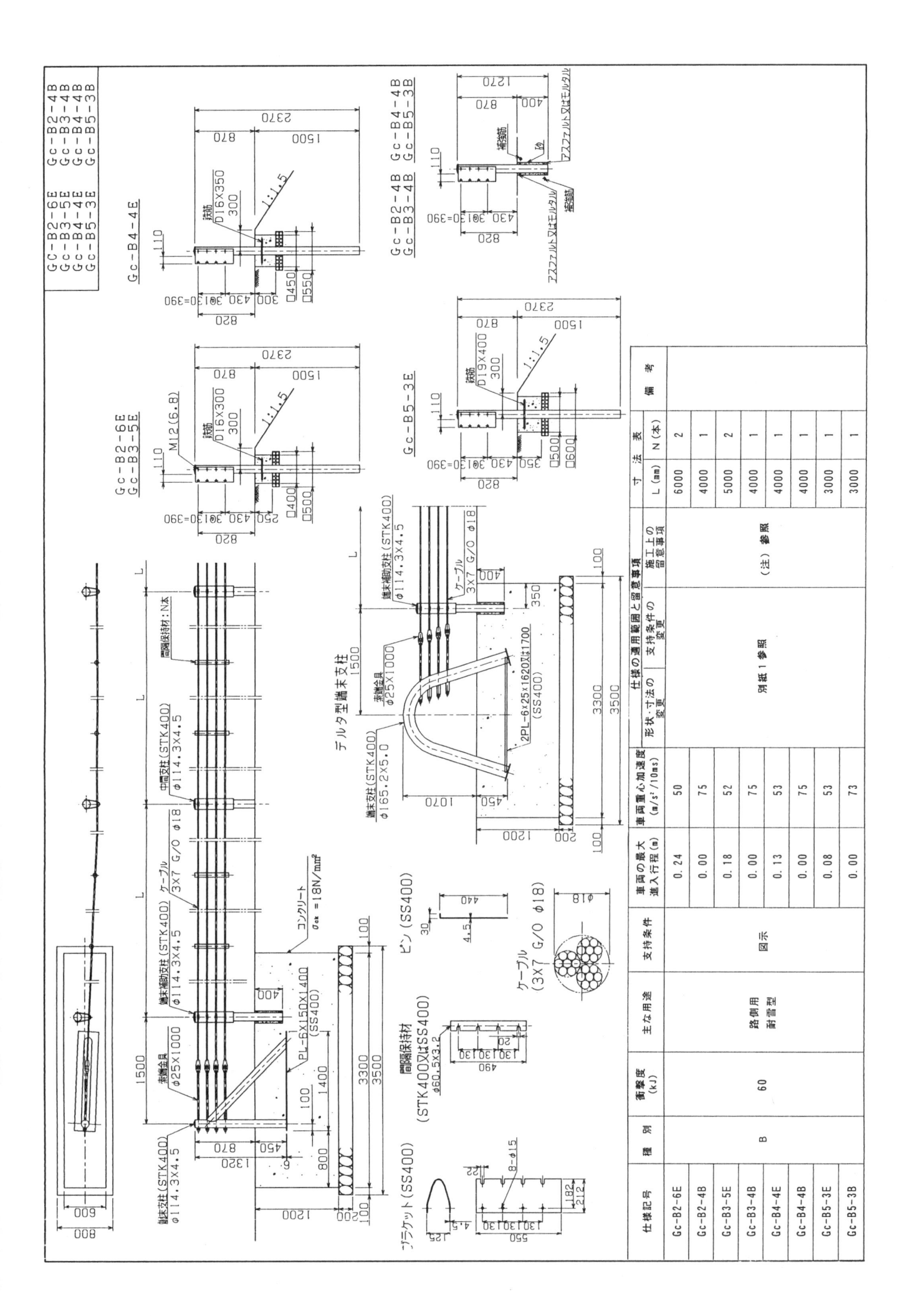

仕様記号	種別	衝撃度 (kJ)	主な用途	支持条件	車両の最大進入行程 (m)	車両重心加速度 (m/s²/10ms)	仕様の適用範囲と留意事項		備考
							形状・寸法の変更	支持条件の変更	寸法表 L(mm) / N(本)
Gc-B2-6E	B	60	路側用 耐雪型	図示	0.24	50	別紙1参照	(注)参照	6000 / 2
Gc-B2-4B					0.00	75			4000 / 1
Gc-B3-5E					0.18	52			5000 / 2
Gc-B3-4B					0.00	75			4000 / 1
Gc-B4-4E					0.13	53			4000 / 1
Gc-B4-4B					0.00	75			4000 / 1
Gc-B5-3E					0.08	53			3000 / 1
Gc-B5-3B					0.00	73			3000 / 1

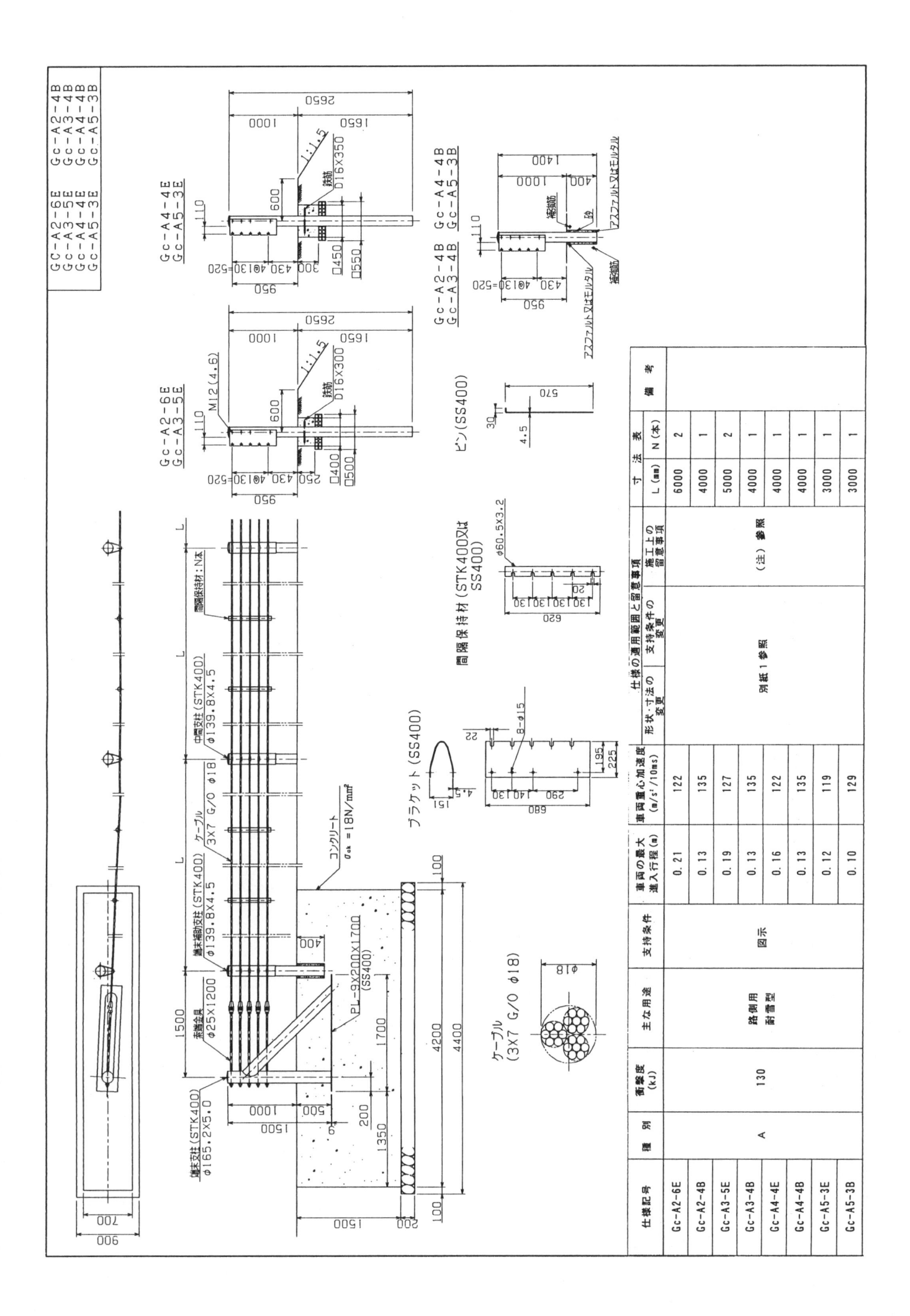

仕様記号	種別	衝撃度 (kJ)	主な用途	支持条件	車両の最大進入行程 (m)	車両重心加速度 (m/s²/10ms)	仕様の適用範囲図と留意事項			寸法表	
							形状・寸法の変更	支持条件の変更	施工上の留意事項	L (mm)	N (本)
Gc-A2-6E	A	130	路側用耐雪型	図示	0.21	122				6000	2
Gc-A2-4B					0.13	135	別紙1参照		(注) 参照	4000	1
Gc-A3-5E					0.19	127				5000	2
Gc-A3-4B					0.13	135				4000	1
Gc-A4-4E					0.16	122				4000	1
Gc-A4-4B					0.13	135				4000	1
Gc-A5-3E					0.12	119				3000	1
Gc-A5-3B					0.10	129				3000	1

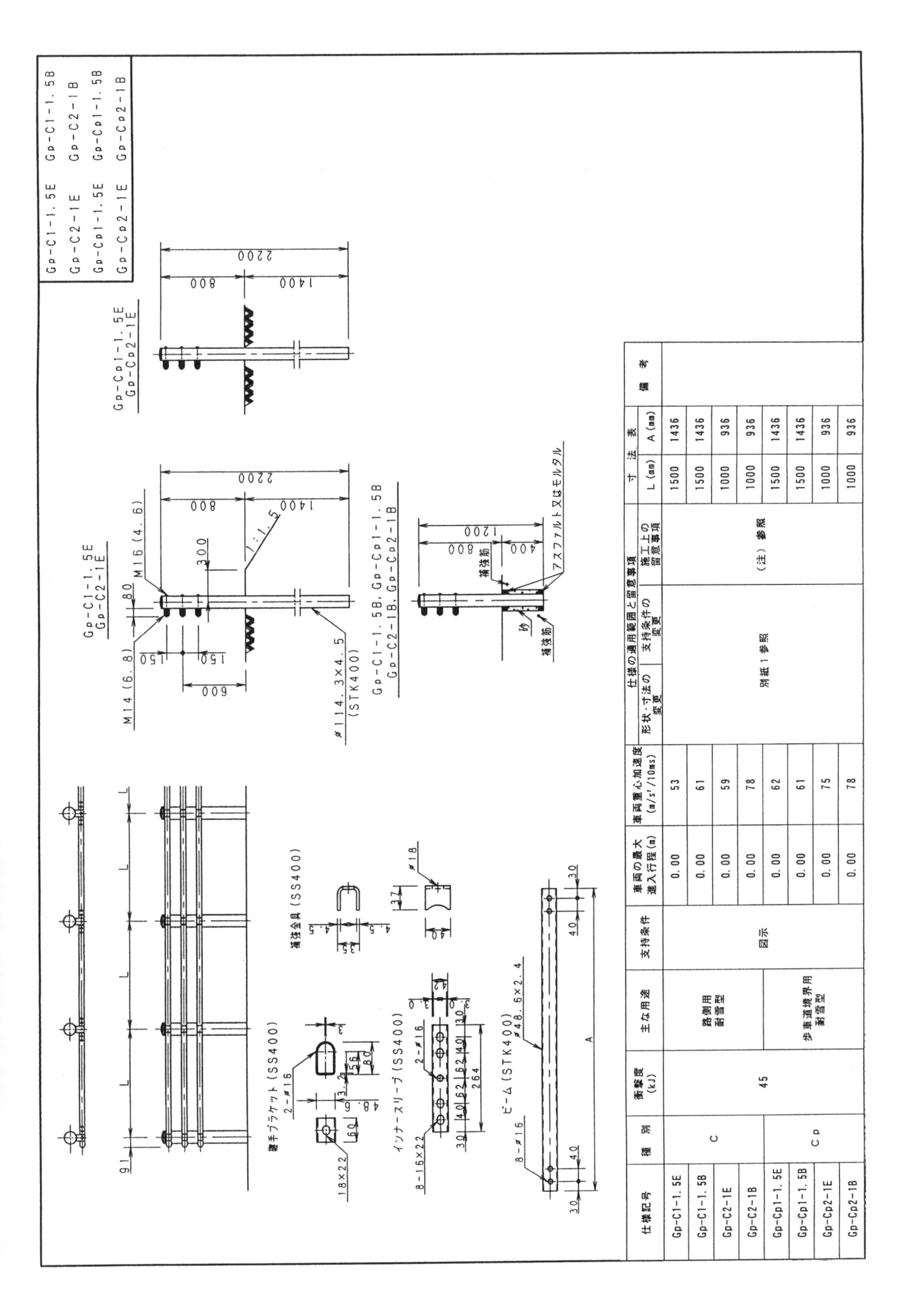

仕様記号	種別	衝撃度 (kJ)	主な用途	支持条件	車両の最大進入行程 (m)	車両重心加速度 (m/s²/10ms)	形状・寸法の変更	支持条件の変更	仕様の適用範囲と留意事項 施工上の留意事項	寸 法 表 L (mm)	寸 法 表 A (mm)	備考
Gp-C1-1.5E	C	45	路側用耐雪型	図示	0.00	53			(注) 参照	1500	1436	
Gp-C1-1.5B	C	45	路側用耐雪型	図示	0.00	61				1500	1436	
Gp-C2-1E	C	45	路側用耐雪型	図示	0.00	59				1000	936	
Gp-C2-1B	C	45	路側用耐雪型	図示	0.00	78				1000	936	
Gp-Cp1-1.5E	Cp	45	歩車道境界用耐雪型	図示	0.00	62	別紙1参照			1500	1436	
Gp-Cp1-1.5B	Cp	45	歩車道境界用耐雪型	図示	0.00	61				1500	1436	
Gp-Cp2-1E	Cp	45	歩車道境界用耐雪型	図示	0.00	75				1000	936	
Gp-Cp2-1B	Cp	45	歩車道境界用耐雪型	図示	0.00	78				1000	936	

寸法表

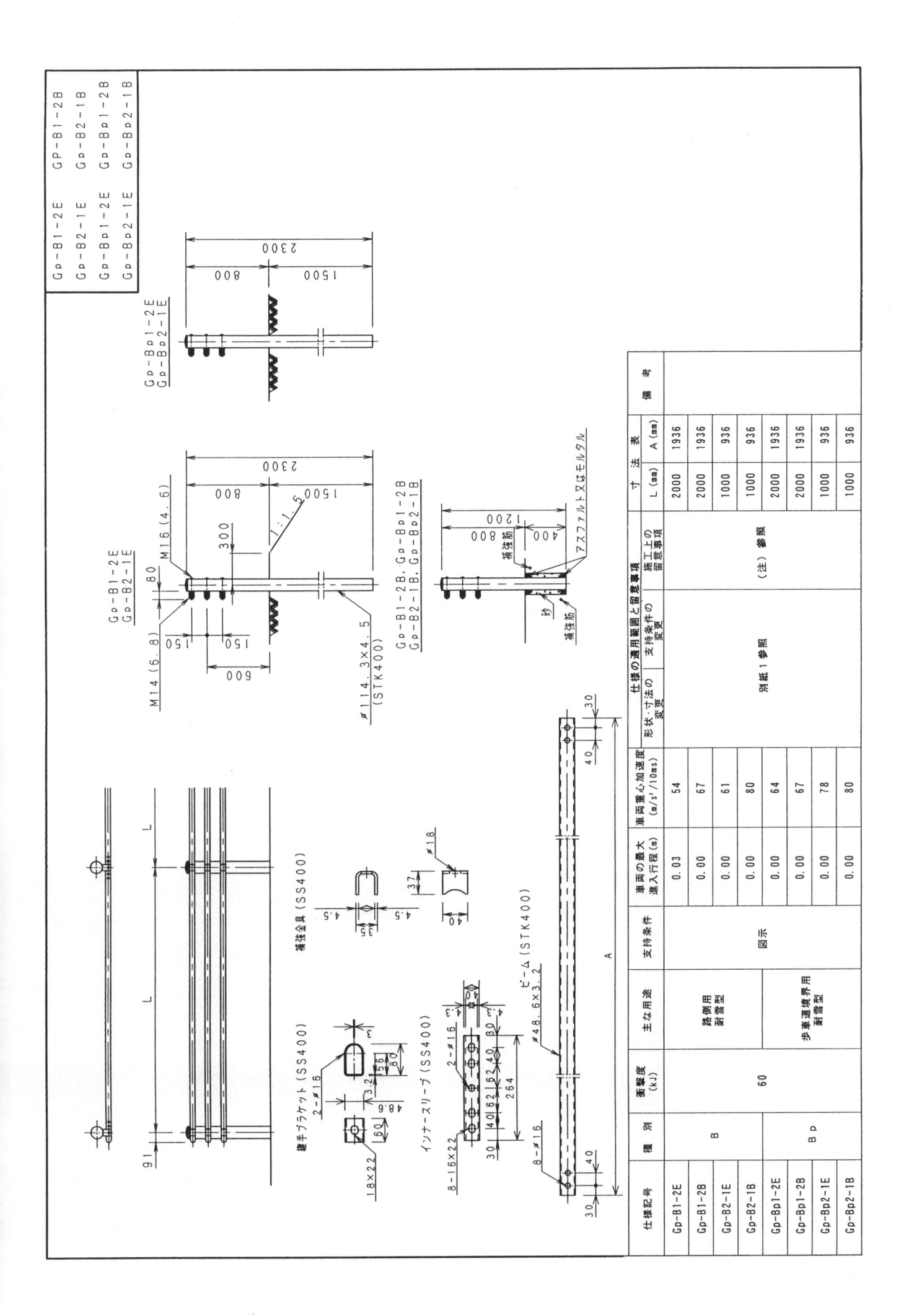

仕様記号	種別	衝撃度 (kJ)	主な用途	支持条件	車両の最大進入行程 (m)	車両重心加速度 (m/s²/10ms)	仕様の適用範囲と留意事項		寸法表	
							形状・寸法の変更	支持条件の変更	施工上の留意事項	L (mm)	A (mm)
Gp-B1-2E	B	60	路側用耐雪型	図示	0.03	54	別紙1参照		(注) 参照	2000	1936
Gp-B1-2B					0.00	67				2000	1936
Gp-B2-1E					0.00	61				1000	936
Gp-B2-1B					0.00	80				1000	936
Gp-Bp1-2E	Bp		歩車道境界用耐雪型		0.00	64				2000	1936
Gp-Bp1-2B					0.00	67				2000	1936
Gp-Bp2-1E					0.00	78				1000	936
Gp-Bp2-1B					0.00	80				1000	936

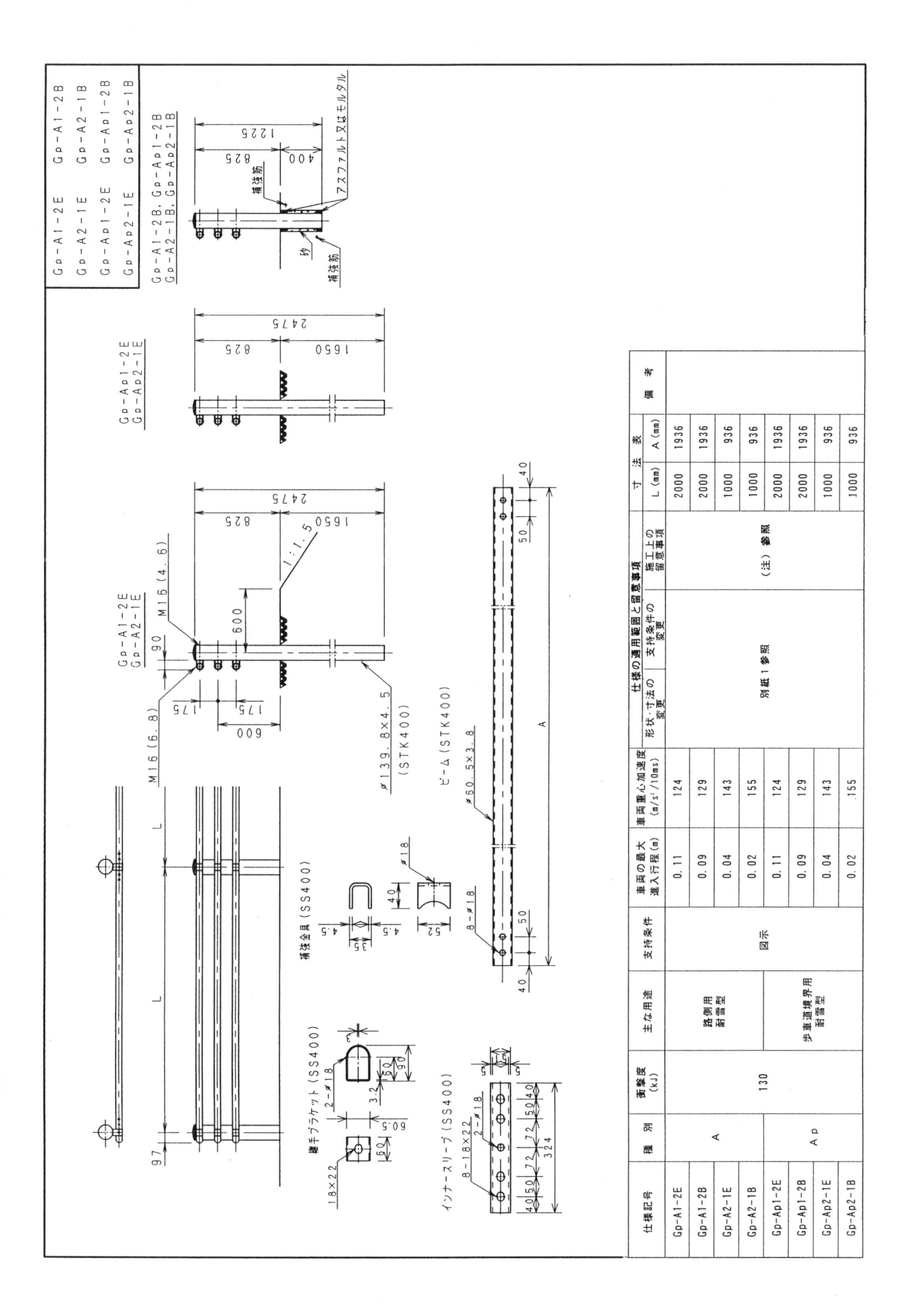

仕様記号	種別	衝撃度(kJ)	主な用途	支持条件	車両の最大進入行程(m)	車両重心加速度(m/s²/10ms)	仕様の適用範囲と留意事項			寸法表	
							形状・寸法の変更	支持方法の支持条件の変更	施工上の留意事項	L (mm)	A (mm)
Gp-A1-2E	A	130	路側用耐雪型	図示	0.11	124				2000	1936
Gp-A1-2B	A		路側用耐雪型		0.09	129		別紙1参照	(注)参照	2000	1936
Gp-A2-1E	A		路側用耐雪型		0.04	143				1000	936
Gp-A2-1B	A		路側用耐雪型		0.02	155				1000	936
Gp-Ap1-2E	Ap		歩車道境界型		0.11	124				2000	1936
Gp-Ap1-2B	Ap		歩車道境界型		0.09	129				2000	1936
Gp-Ap2-1E	Ap		歩車道境界型		0.04	143				1000	936
Gp-Ap2-1B	Ap		歩車道境界型		0.02	155				1000	936

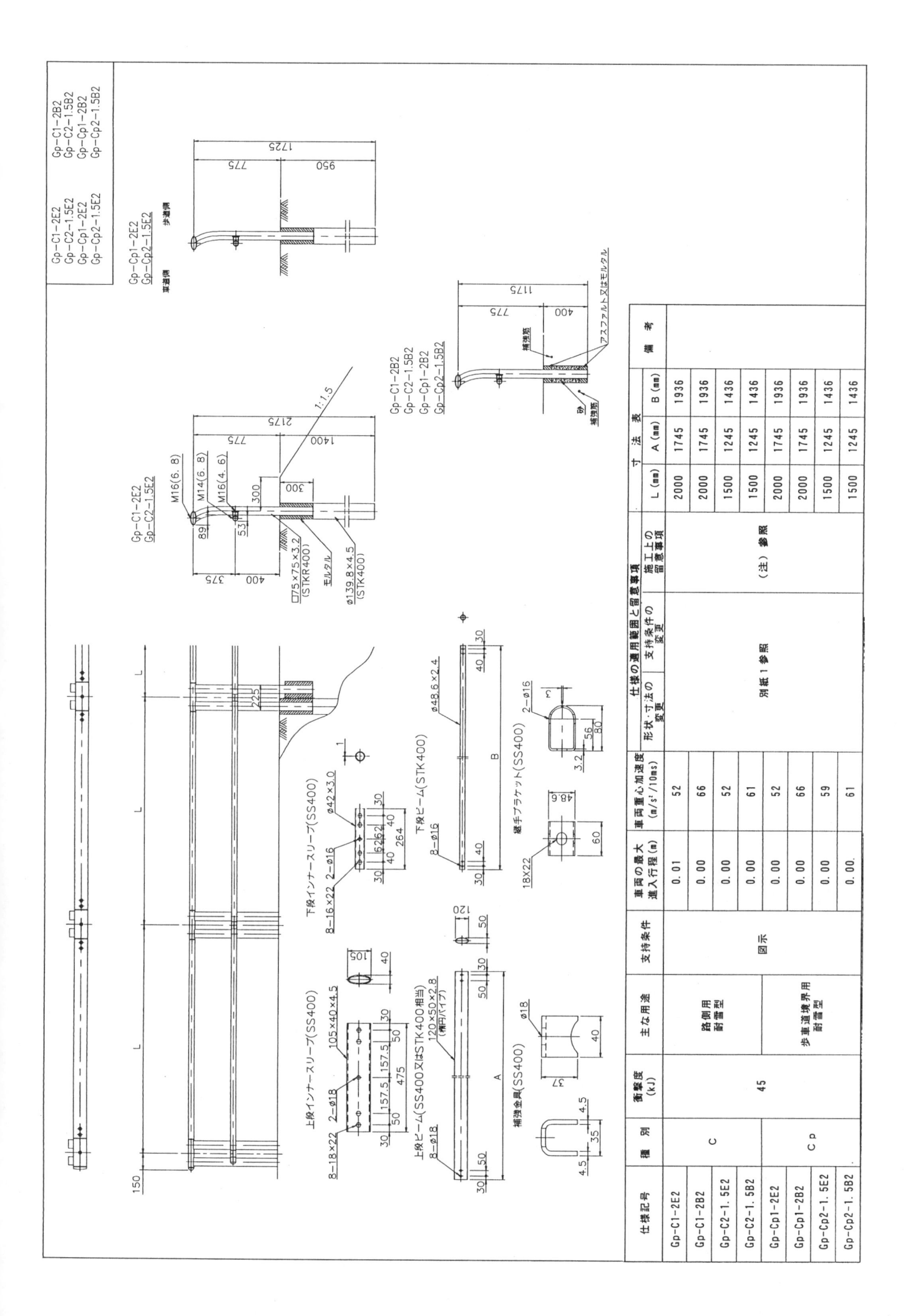

仕様記号	種別	衝撃度 (kJ)	主な用途	支持条件	車両の最大進入行程 (m)	車両重心加速度 (m/s²/10ms)	仕様の適用範囲と留意事項			施工上の留意事項	寸法表			備考
							形状・寸法の変更	支持方法の変更	車両条件の変更		L (mm)	A (mm)	B (mm)	
Gp-C1-2E2	C	45	路側用耐雪型	図示	0.01	52	別紙1参照			(注)参照	2000	1745	1936	
Gp-C1-2B2					0.00	66					2000	1745	1936	
Gp-C2-1.5E2					0.00	52					1500	1245	1436	
Gp-C2-1.5B2					0.00	61					1500	1245	1436	
Gp-Cp1-2E2	Cp		歩車道境界用耐雪型		0.00	52					2000	1745	1936	
Gp-Cp1-2B2					0.00	66					2000	1745	1936	
Gp-Cp2-1.5E2					0.00	59					1500	1245	1436	
Gp-Cp2-1.5B2					0.00	61					1500	1245	1436	

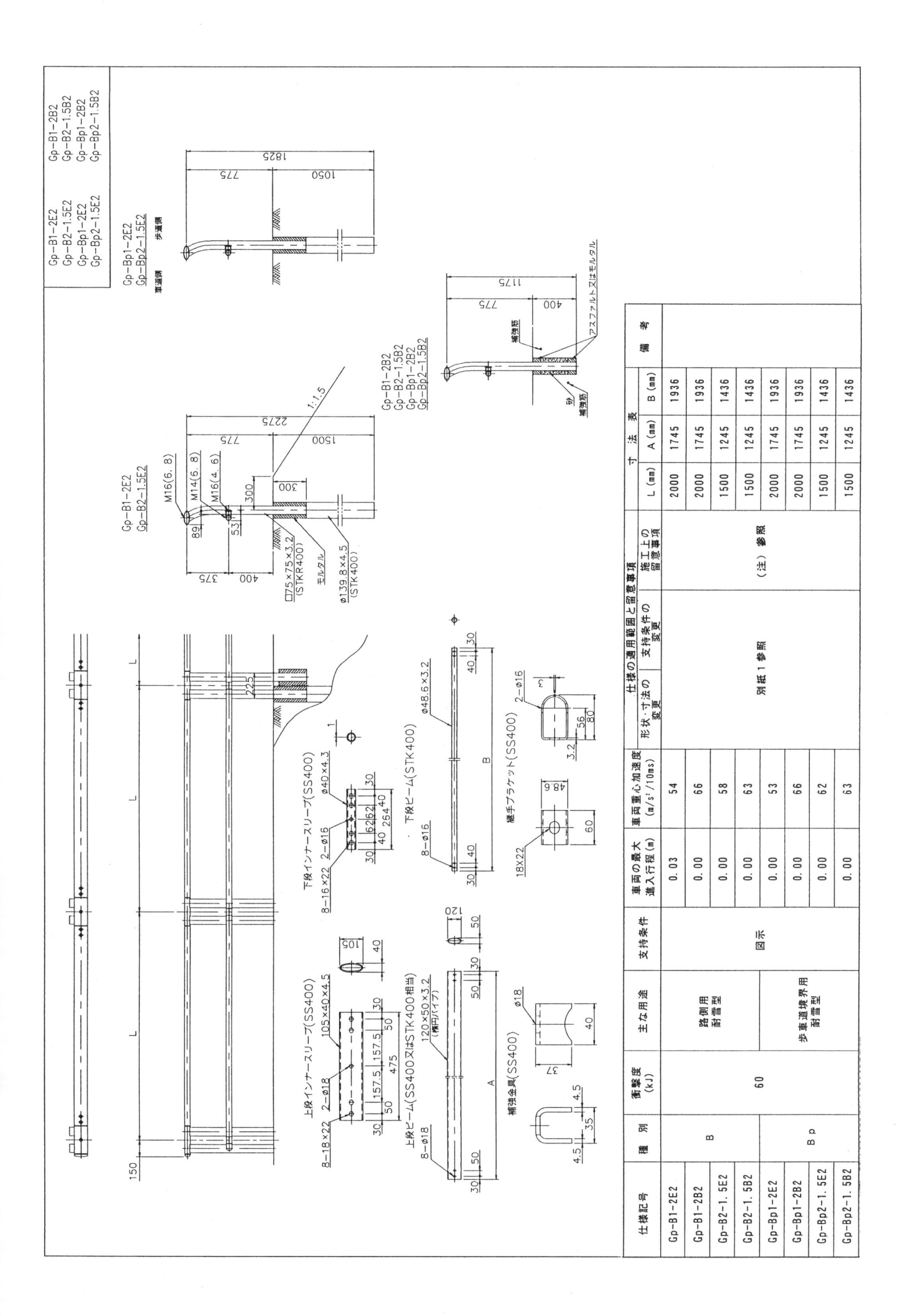

仕様記号	種別	衝撃度 (kJ)	主な用途	支持条件	車両の最大進入行程 (m)	車両重心加速度 (m/s²/10ms)	仕様の適用範囲と留意事項			寸法表		
							形状・寸法の変更	支持条件の変更	施工上の留意事項	L (mm)	A (mm)	B (mm)
Gp-B1-2E2	B	60	路側用耐雪型	図示	0.03	54				2000	1745	1936
Gp-B1-2B2	B	60	路側用耐雪型	図示	0.00	66				2000	1745	1936
Gp-B2-1.5E2	B	60	路側用耐雪型	図示	0.00	58	別紙1参照		(注) 参照	1500	1245	1436
Gp-B2-1.5B2	B	60	路側用耐雪型	図示	0.00	63				1500	1245	1436
Gp-Bp1-2E2	Bp	60	歩車道境界用耐雪型	図示	0.00	53				2000	1745	1936
Gp-Bp1-2B2	Bp	60	歩車道境界用耐雪型	図示	0.00	66				2000	1745	1936
Gp-Bp2-1.5E2	Bp	60	歩車道境界用耐雪型	図示	0.00	62				1500	1245	1436
Gp-Bp2-1.5B2	Bp	60	歩車道境界用耐雪型	図示	0.00	63				1500	1245	1436

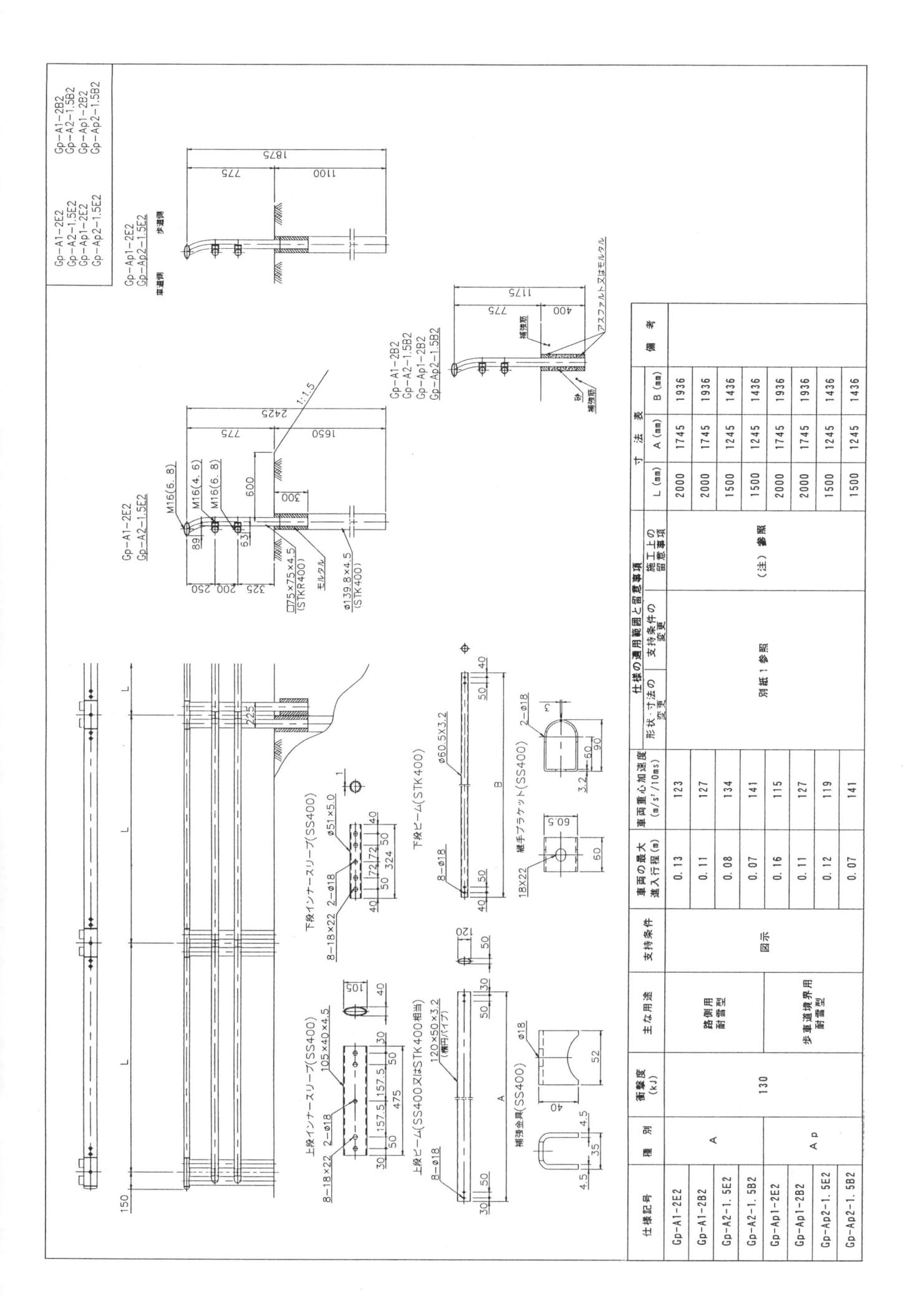

仕様記号	種別	主な用途	衝撃度 (kJ)	支持条件	車両の最大進入行程 (m)	車両重心加速度 (m/s²/10ms)	仕様の適用範囲と留意事項			寸法表			備考
							形状・寸法の変更	支持条件の変更	施工上の留意事項	L (mm)	A (mm)	B (mm)	
Gp-A1-2E2	A	路側用耐雪型	130	図示	0.13	123	別紙1 参照		(注)参照	2000	1745	1936	
Gp-A1-2B2	A	路側用耐雪型	130	図示	0.11	127				2000	1745	1936	
Gp-A2-1.5E2	A	路側用耐雪型	130	図示	0.08	134				1500	1245	1436	
Gp-A2-1.5B2	A	路側用耐雪型	130	図示	0.07	141				1500	1245	1436	
Gp-Ap1-2E2	Ap	歩車道境界用耐雪型	130	図示	0.16	115				2000	1745	1936	
Gp-Ap1-2B2	Ap	歩車道境界用耐雪型	130	図示	0.11	127				2000	1745	1936	
Gp-Ap2-1.5E2	Ap	歩車道境界用耐雪型	130	図示	0.12	119				1500	1245	1436	
Gp-Ap2-1.5B2	Ap	歩車道境界用耐雪型	130	図示	0.07	141				1500	1245	1436	

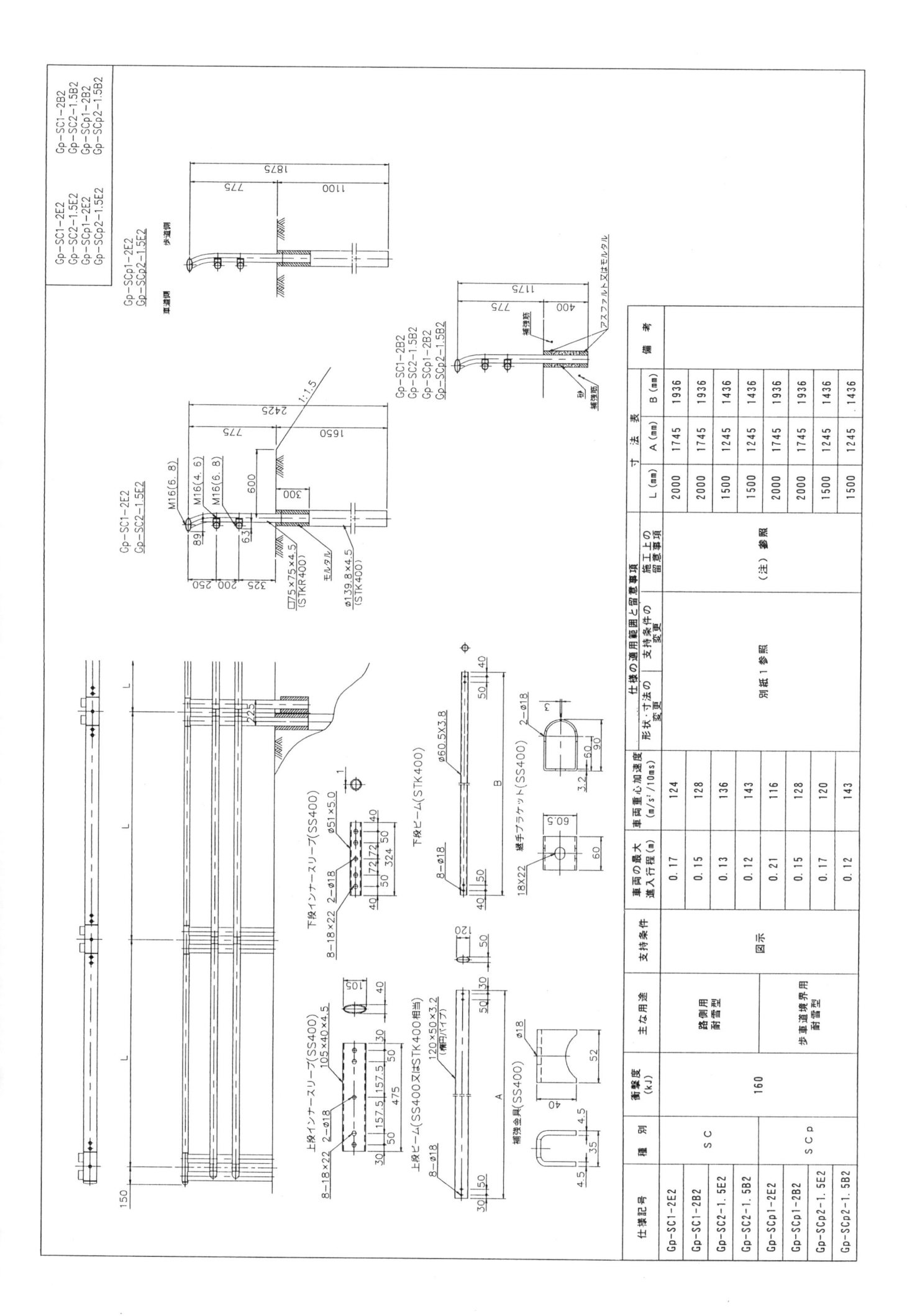

仕様記号	種別	衝撃度 (kJ)	主な用途	支持条件	車両の最大進入行程 (m)	車両重心加速度 (m/s²/10ms)	仕様の適用範囲と留意事項			寸法表		
							形状・寸法の変更	支持条件の変更	施工上の留意事項	L (mm)	A (mm)	B (mm)
Gp-SC1-2E2	SC	160	路側用耐雪型	図示	0.17	124	別紙1参照		(注)参照	2000	1745	1936
Gp-SC1-2B2	SC	160	路側用耐雪型	図示	0.15	128				2000	1745	1936
Gp-SC2-1.5E2	SC	160	路側用耐雪型	図示	0.13	136				1500	1245	1436
Gp-SC2-1.5B2	SC	160	路側用耐雪型	図示	0.12	143				1500	1245	1436
Gp-SCp1-2E2	SCp	160	歩車道境界用耐雪型	図示	0.21	116				2000	1745	1936
Gp-SCp1-2B2	SCp	160	歩車道境界用耐雪型	図示	0.15	128				2000	1745	1936
Gp-SCp2-1.5E2	SCp	160	歩車道境界用耐雪型	図示	0.17	120				1500	1245	1436
Gp-SCp2-1.5B2	SCp	160	歩車道境界用耐雪型	図示	0.12	143				1500	1245	1436

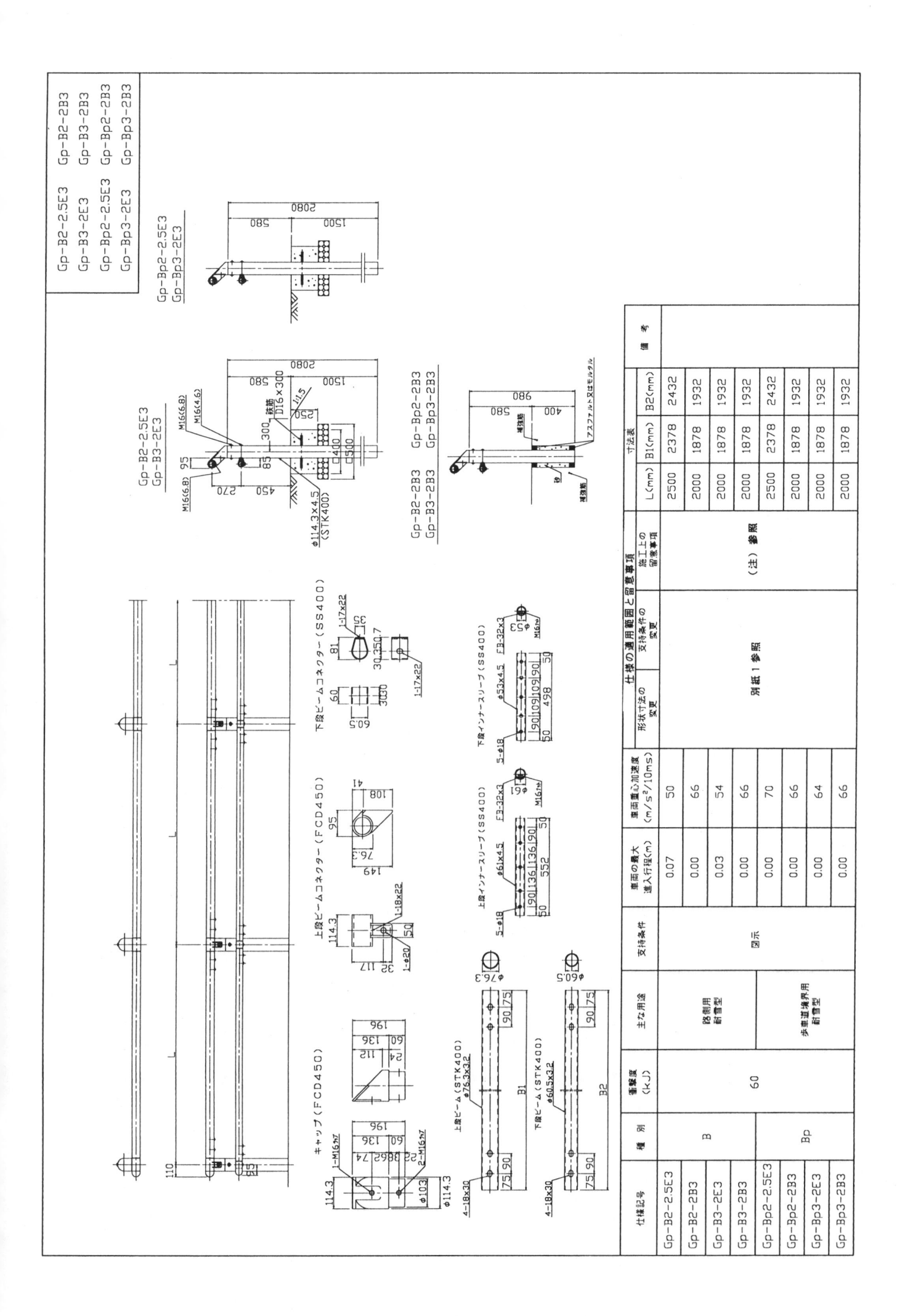

仕様記号	種別	衝撃度(kJ)	主な用途	支持条件	車両の最大進入行程(m)	車両重心加速度(m/s²/10ms)	仕様の適用範囲と留意事項			寸法表			備考
							形状寸法の変更	支持条件の変更	施工上の留意事項	L(mm)	B1(mm)	B2(mm)	
Gp-B2-2.5E3	B	60	路側用耐雪型	図示	0.07	50	別紙1参照		(注)参照	2500	2378	2432	
Gp-B2-2B3					0.00	66				2000	1878	1932	
Gp-B3-2E3					0.03	54				2000	1878	1932	
Gp-B3-2B3					0.00	66				2000	1878	1932	
Gp-Bp2-2.5E3	Bp		歩車道境界用耐雪型		0.00	70				2500	2378	2432	
Gp-Bp2-2B3					0.00	66				2000	1878	1932	
Gp-Bp3-2E3					0.00	64				2000	1878	1932	
Gp-Bp3-2B3					0.00	66				2000	1878	1932	

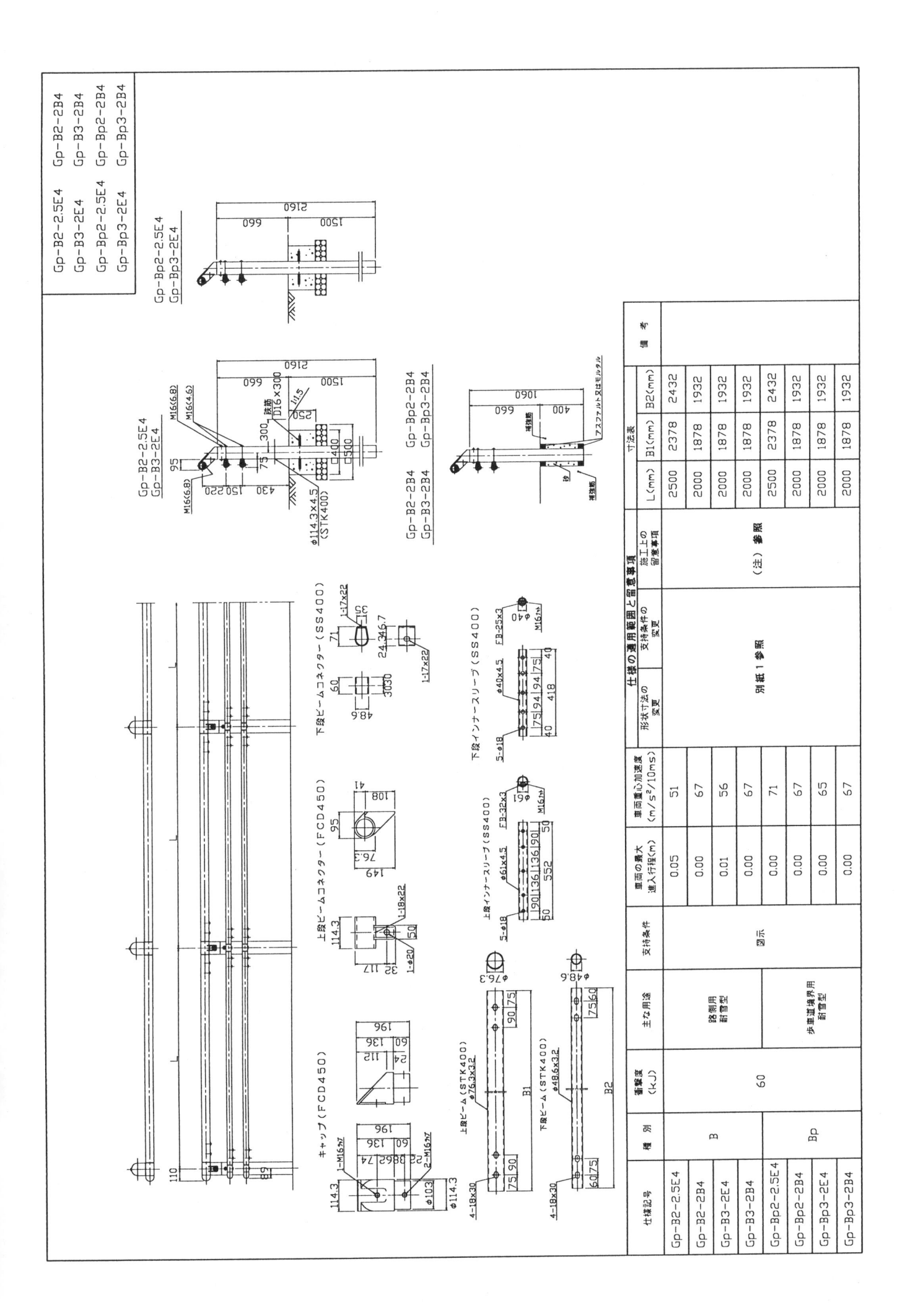

仕様記号	種別	衝撃度(kJ)	主な用途	支持条件	車両の最大進入行程(m)	車両重心加速度(m/s²/10ms)	仕様の適用範囲と留意事項			寸法表			備考
							形状寸法の変更	支持条件の変更	施工上の留意事項	L(mm)	B1(mm)	B2(mm)	
Gp-B2-2.5E4	B	60	路側用耐雪型	図示	0.05	51	別紙1参照			2500	2378	2432	(注)参照
Gp-B2-2B4					0.00	67				2000	1878	1932	
Gp-B3-2E4					0.01	56				2000	1878	1932	
Gp-B3-2B4					0.00	67				2000	1878	1932	
Gp-Bp2-2.5E4	Bp		歩道道境界用耐雪型		0.00	71				2500	2378	2432	
Gp-Bp2-2B4					0.00	67				2000	1878	1932	
Gp-Bp3-2E4					0.00	65				2000	1878	1932	
Gp-Bp3-2B4					0.00	67				2000	1878	1932	

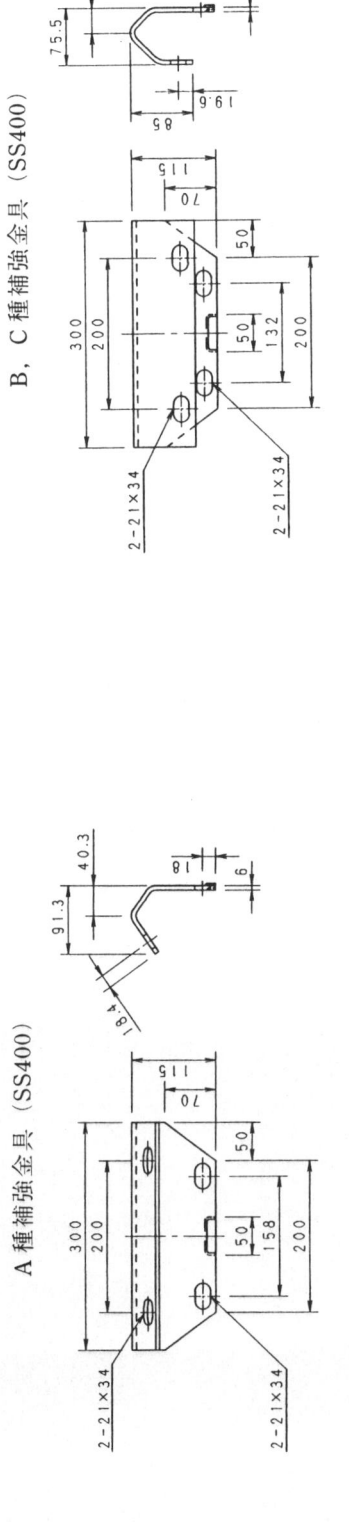

（注）耐雪型防護柵の適用

① 積雪ランクの区分は別表のとおりとする。各耐雪型防護柵は同表に示す積雪深に対応している。
② 各積雪深に対する構造諸元は平均密度 0.4t/m³ のときの値であり、0.4t/m³ 以外の時は平均密度の比で補正するものとする。ただし、1m以下の積雪深は補正対象としない。
③ 除雪した雪で防護柵上に堆雪することが予想される場合は、必要に応じ堆雪深を考慮する。
④ 路側用ガードレールで種別Bの積雪ランク5、種別Cの積雪ランク4、5については上級種別の使用を検討するものとする。
⑤ 路側用ガードレール、路側用ガードケーブルで積雪ランクが5を越える場所については、冬季のビーム、ケーブルの取外しの検討または別途構造について検討するものとする。
⑥ 路側用ガードレール(種別C、B、A)で切土斜面等でビームに作用する斜面雪圧力(グライドカ)が大きくビームがねじられる可能性の高い場合には、参考図-1に示す補強金具の使用も検討する必要がある。

A種用
補強金具取付け詳細図

B、C種用
補強金具取付け詳細図

A種補強金具（SS400）

B、C種補強金具（SS400）

参考図-1 耐雪型ガードレール補強金具

別表　耐雪型防護柵の適用

積雪ランク	積雪深(5年再現最大積雪深)	路側用ガードレール	路側用ガードケーブル	路側用ガードパイプ	歩車道境界用ガードパイプ
1	50cmを超え1m以下	標準型防護柵を適用することができる	標準型防護柵を適用することができる	Gp-C1-1.5E, Gp-C1-1.5B Gp-C1-2E2, Gp-C1-2B2 Gp-B1-2E, Gp-B1-2B Gp-B1-2E2, Gp-B1-2B2 Gp-A1-2E, Gp-A1-2B Gp-A1-2E2, Gp-A1-2B2 Gp-SC1-2E2, Gp-SC1-2B2 (次の標準型防護柵を適用することができる) Gp-B-3E3, Gp-B-2B3 Gp-B-3E4, Gp-B-2B4	Gp-Cp1-1.5E, Gp-Cp1-1.5B Gp-Cp1-2E2, Gp-Cp1-2B2 Gp-Bp1-2E, Gp-Bp1-2B Gp-Bp1-2E2, Gp-Bp1-2B2 Gp-Ap1-2E, Gp-Ap1-2B Gp-Ap1-2E2, Gp-Ap1-2B2 Gp-SCp1-2E2, Gp-SCp1-2B2 (次の標準型防護柵を適用することができる) Gp-Bp-3E3, Gp-Bp-2B3 Gp-Bp-3E4, Gp-Bp-2B4
2	1mを超え2m以下	Gr-C2-3E, Gr-C2-2B Gr-B2-4E, Gr-B2-2B Gr-A2-4E, Gr-A2-2B Gr-SC2-4E, Gr-SC2-2B Gr-SB2-2E, Gr-SB2-1B	Gc-C2-6E, Gc-C2-4B Gc-B2-6E, Gc-B2-4B Gc-A2-6E, Gc-A2-4B	Gp-C2-1E, Gp-C2-1B Gp-C2-1.5E2, Gp-C2-1.5B2 Gp-B2-1E, Gp-B2-1B Gp-B2-1.5E2, Gp-B2-1.5B2 Gp-B2-2.5E3, Gp-B2-2B3 Gp-B2-2.5E4, Gp-B2-2B4 Gp-A2-1E, Gp-A2-1B Gp-A2-1.5E2, Gp-A2-1.5B2 Gp-SC2-1.5E2 Gp-SC2-1.5B2	Gp-Cp2-1E, Gp-Cp2-1B Gp-Cp2-1.5E2 Gp-Cp2-1.5B2 Gp-Bp2-1E, Gp-Bp2-1B Gp-Bp2-1.5E2 Gp-Bp2-1.5B2 Gp-Bp2-2.5E3 Gp-Bp2-2B3 Gp-Bp2-2.5E4 Gp-Bp2-2B4 Gp-Ap2-1E, Gp-Ap2-1B Gp-Ap2-1.5E2 Gp-Ap2-1.5B2 Gp-SCp2-1.5E2 Gp-SCp2-1.5B2
3	2mを超え3m以下	Gr-C3-2E, Gr-C3-2B Gr-B3-3E, Gr-B3-2B Gr-A3-3E, Gr-A3-2B Gr-SC3-3E, Gr-SC3-2B Gr-SB3-2E, Gr-SB3-1B	Gc-C3-5E, Gc-C3-4B Gc-B3-5E, Gc-B3-4B Gc-A3-5E, Gc-A3-4B	Gp-B3-2E3, Gp-B3-2B3 Gp-B3-2E4, Gp-B3-2B4	Gp-Bp3-2E3, Gp-Bp3-2B3 Gp-Bp3-2E4, Gp-Bp3-2B4
4	3mを超え4m以下	Gr-B4-2E, Gr-B4-2B Gr-A4-2E, Gr-A4-2B Gr-SC4-2E, Gr-SC4-2B Gr-SB4-1E, Gr-SB4-1B	Gc-C4-4E, Gc-C4-4B Gc-B4-4E, Gc-B4-4B Gc-A4-4E, Gc-A4-4B		
5	4mを超え5m以下	Gr-A5-2E, Gr-A5-2B Gr-SC5-2E, Gr-SC5-2B Gr-SB5-1E, Gr-SB5-1B	Gc-C5-3E, Gc-C5-3B Gc-B5-3E, Gc-B5-3B Gc-A5-3E, Gc-A5-3B		

| 図面番号1/2 | Rr-SC-FE
Rr-SB-FE
Rr-SA-FE
Rr-SS-FE |

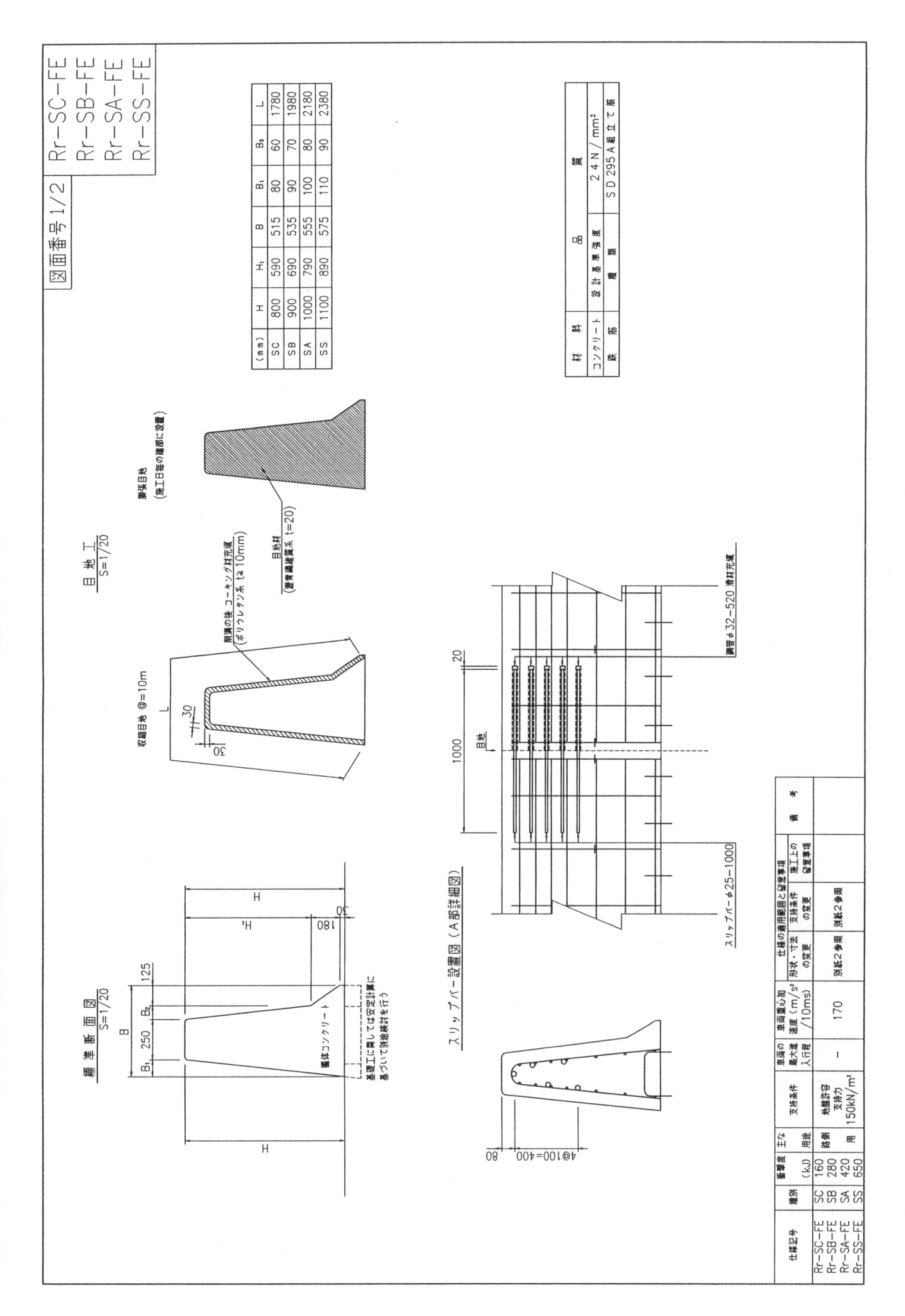

(mm)
	H	H₁	B	B₁	B₂	L
SC	800	590	515	80	60	1780
SB	900	690	535	90	70	1980
SA	1000	790	555	100	80	2180
SS	1100	890	575	110	90	2380

材料	品質
コンクリート	設計基準強度 24N/mm²
鉄筋	種類 SD295A 組立て筋

目地工
S=1/20

膨張目地
(施工日毎の端部に設置)

目地材
遮音緩衝材系 t=20

鋼溝の後ろコーキング材充填
(ポリウレタン系 t≧10mm)

収縮目地 @=10m

標準断面図
S=1/20

躯体コンクリート

基礎工に同じ
基礎工に同じとして安全計算に基づいて別途検討を行う

スリップバー設置図(A部詳細図)

目地

鋼管φ32-520 滑材充填

スリップバーφ25-1000

4@100=400

仕様記号	種別	主な用途	支持条件	車両の最大走入行程	車両重心の加速度(m/s²/10ms)	仕様の適用範囲と留意事項			備考
						形状・寸法の変更	支持条件の変更	施工上の留意事項	
Rr-SC-FE	SC	衝撃度(kJ) 160	故障用	地盤許容支持力 150kN/m²	—	170	別紙2参照	別紙2参照	
Rr-SB-FE	SB	280							
Rr-SA-FE	SA	420							
Rr-SS-FE	SS	650							

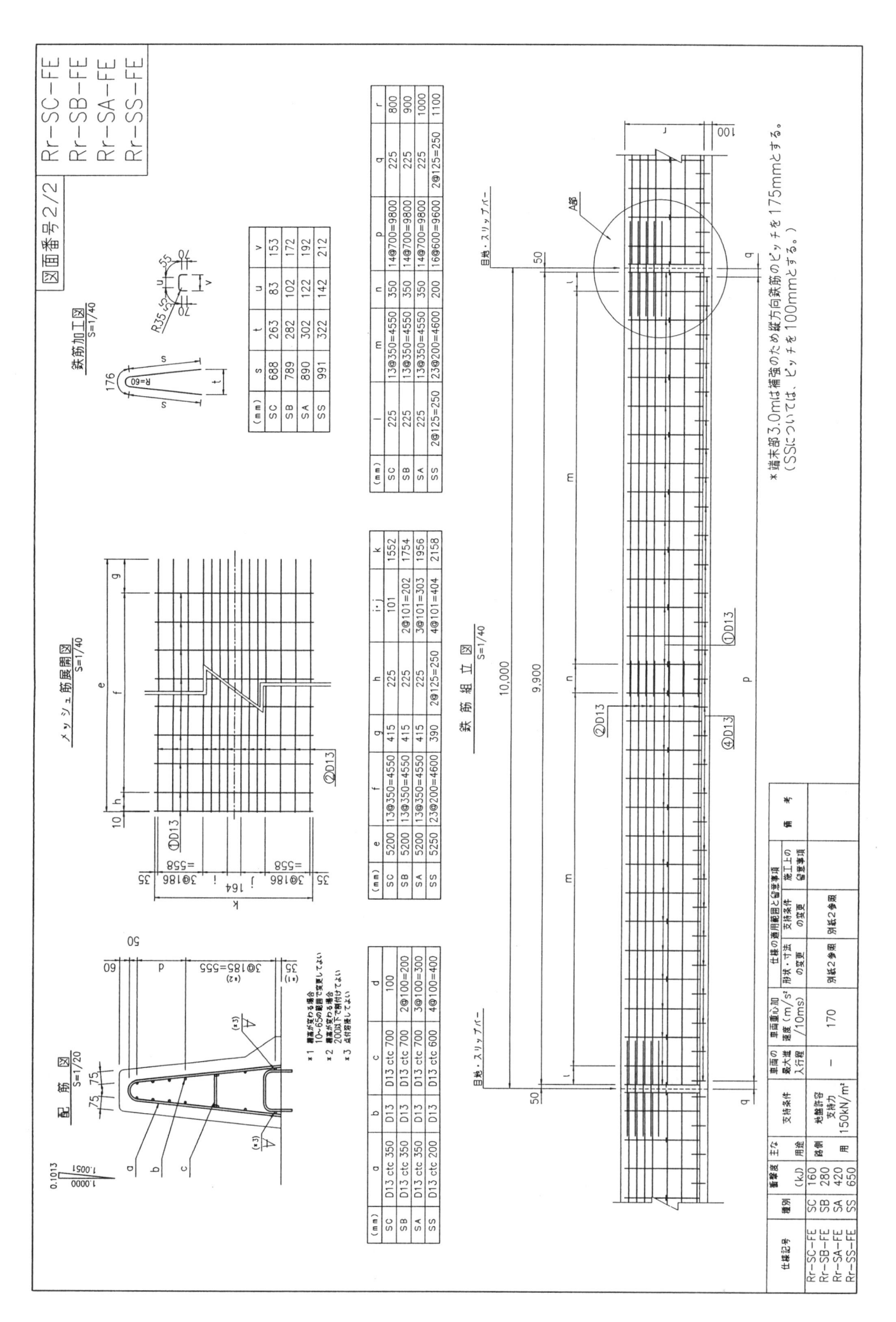

図面番号 2/2	Rr-SC-FE
	Rr-SB-FE
	Rr-SA-FE
	Rr-SS-FE

配筋図 S=1/20

(mm)	a	b	c	d
SC	D13 ctc 350	D13 ctc 700	D13 ctc 700	100
SB	D13 ctc 350	D13	D13 ctc 700	2@100=200
SA	D13 ctc 350	D13	D13 ctc 700	3@100=300
SS	D13 ctc 200	D13	D13 ctc 600	4@100=400

※1 鉄筋が変わる場合は10〜65の範囲で変更してよい
※2 鉄筋が変わる場合は200以下で割付けてよい
※3 点付け溶接してよい

メッシュ筋展開図 S=1/40

(mm)	e	f	g	h
SC	5200	13@350=4550	415	225
SB	5200	13@350=4550	415	225
SA	5200	13@350=4550	415	225
SS	5250	23@200=4600	390	2@125=250

(mm)	i・j	k
SC	101	1552
SB	2@101=202	1754
SA	3@101=303	1956
SS	4@101=404	2158

鉄筋加工図 S=1/40

(mm)	s	t	u	v
SC	688	263	83	153
SB	789	282	102	172
SA	890	302	122	192
SS	991	322	142	212

(mm)	l	m	n	q	r
SC	225	13@350=4550	350	225	800
SB	225	13@350=4550	350	225	900
SA	225	13@350=4550	350	225	1000
SS	2@125=250	23@200=4600	200	2@125=250	1100

鉄筋組立図 S=1/40

※端末部3.0mは補強のため縦方向鉄筋のピッチを175mmとする。
（SSについては、ピッチを100mmとする。）

仕様記号	種別	衝撃量(kJ)	主な用途	支持条件	車両の最大進入角度	車両重心加速度(m/s²/10ms)	仕様の適用範囲と留意事項 形状・寸法の変更	支持条件の変更	施工上の留意事項	備考
Rr-SC-FE	SC	160	路側用	地盤許容支持力 150kN/m²	—	170	別紙2参照	別紙2参照		
Rr-SB-FE	SB	280								
Rr-SA-FE	SA	420								
Rr-SS-FE	SS	650								

図面番号 1/2

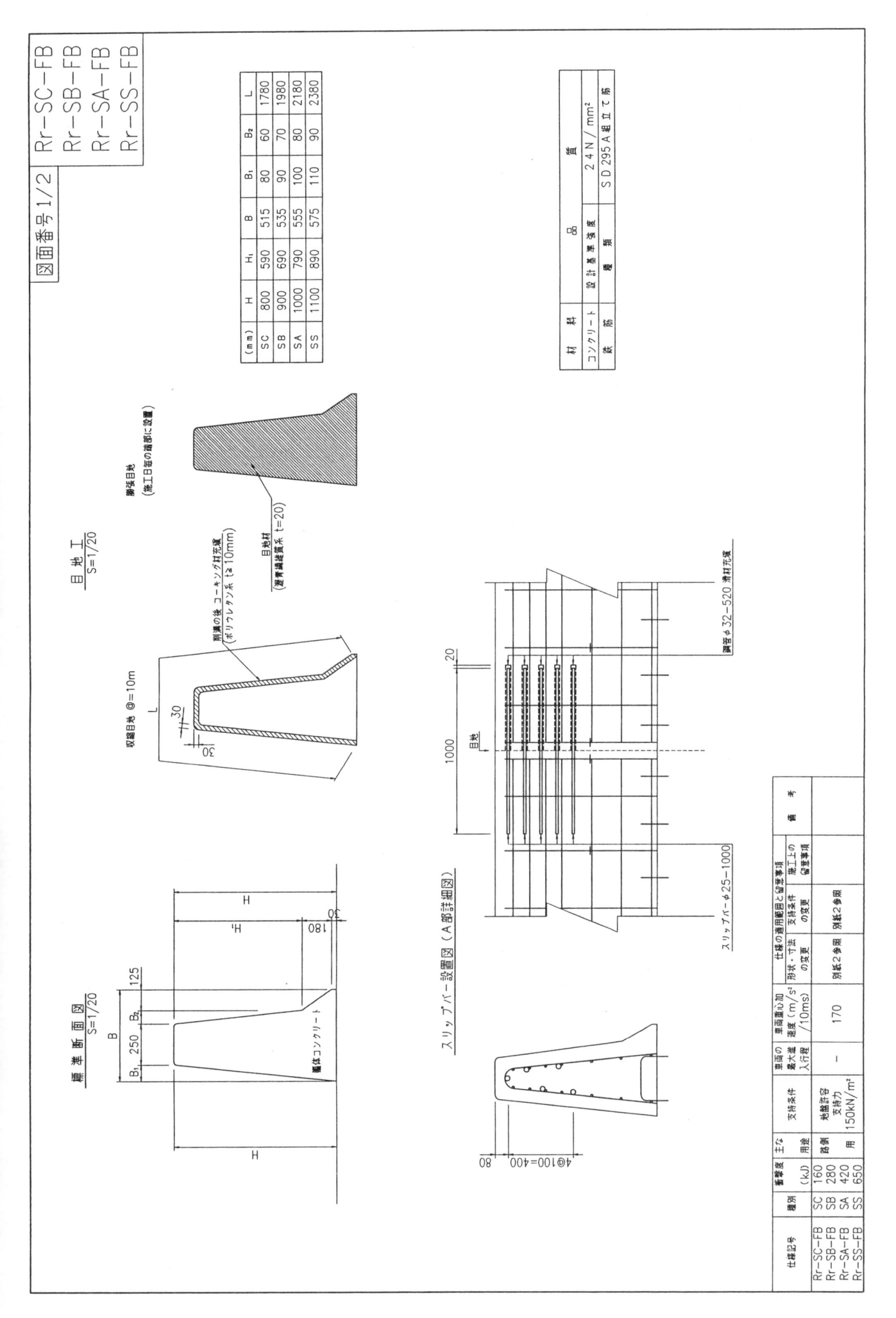

Rr-SC-FB	
Rr-SB-FB	
Rr-SA-FB	
Rr-SS-FB	

(mm)

	H	H_1	B	B_1	B_2	L
SC	800	590	515	80	60	1780
SB	900	690	535	90	70	1980
SA	1000	790	555	100	80	2180
SS	1100	890	575	110	90	2380

材料

材 料	品 質	
コンクリート	設計基準強度	24N/mm²
鉄 筋	種 類	SD295A 組立て筋

目地工 S=1/20

隅落目地
(施工目毎の端部に設置)

目地材
(運瀝清浄系 t=20)

削溝の後 コーキング材充填
(ポリウレタン系 t≧10mm)

収縮目地 @=10m

標準断面図 S=1/20

躯体コンクリート

スリップバー設置図（A部詳細図）

調音φ32-520 滑材充填

目地

スリップバーφ25-1000

4@100=400 80

仕様記号	種別	主な用途	支持条件	衝撃度 (kJ)	車両の最大進入行程	車両衝突加速度 (m/s²) (/10ms)	仕様の適用範囲と留意事項			備考
							形状・寸法の変更	支持条件の変更	施工上の留意事項	
Rr-SC-FB	SC	路側用	地盤許容支持力 150kN/m²	160	－	170	別紙2参照	別紙2参照		
Rr-SB-FB	SB			280						
Rr-SA-FB	SA			420						
Rr-SS-FB	SS			650						

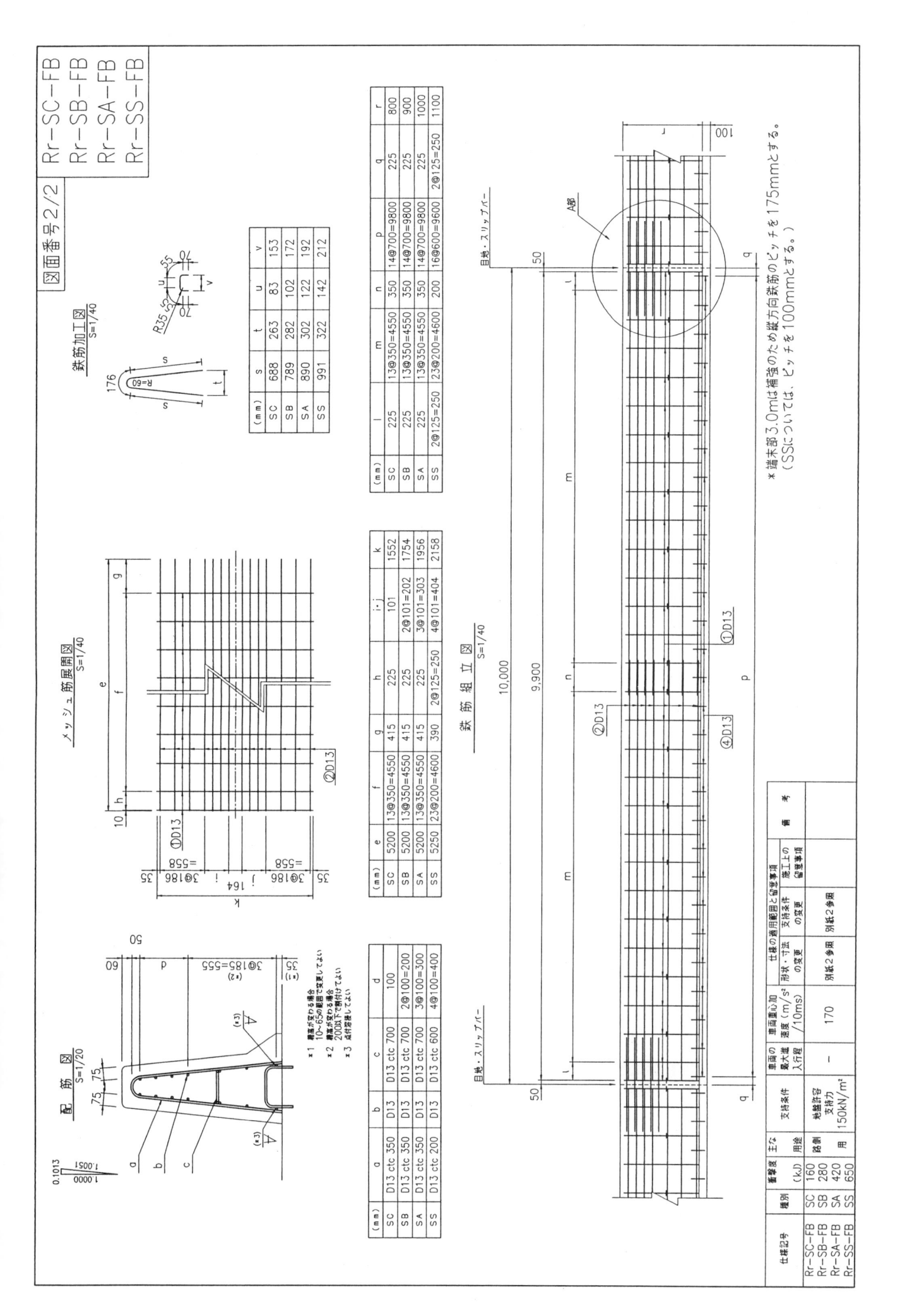

仕様記号	衝撃度 (kJ)	主な用途	支持条件	車両重心加 最大進入行程	車両重心加 速度(m/s² /10ms)	仕様の適用範囲と留意事項 形状・寸法の変更	仕様の適用範囲と留意事項 支持条件の変更	施工上の留意事項	備 考
Rr-SC-FB	160	路側用	地盤許容支持力 150kN/m²	—	170	別紙2参照	別紙2参照		
Rr-SB-FB	280								
Rr-SA-FB	420								
Rr-SS-FB	650								

配筋図 S=1/20

(mm)	a	b	c	d
SC	D13 ctc 350	D13	D13 ctc 700	100
SB	D13 ctc 350	D13	D13 ctc 700	2@100=200
SA	D13 ctc 350	D13	D13 ctc 700	3@100=300
SS	D13 ctc 200	D13	D13 ctc 600	4@100=400

※1 鉄筋が変わる場合 10~65の範囲で変更してよい
※2 鉄筋が変わる場合 200以下で割付けてよい
※3 点付溶接とする

メッシュ筋展開図 S=1/40

(mm)	e	f	g	h	i・j	k
SC	5200	13@350=4550	415	225	101	1552
SB	5200	13@350=4550	415	225	2@101=202	1754
SA	5200	13@350=4550	415	225	3@101=303	1956
SS	5250	23@200=4600	390	2@125=250	4@101=404	2158

鉄筋加工図 S=1/40

(mm)	s	t	u	v
SC	688	263	83	153
SB	789	282	102	172
SA	890	302	122	192
SS	991	322	142	212

(mm)	l	m	n	p	q	r
SC	225	13@350=4550	350	14@700=9800	225	800
SB	225	13@350=4550	350	14@700=9800	225	900
SA	225	13@350=4550	350	14@700=9800	225	1000
SS	2@125=250	23@200=4600	200	16@600=9600	2@125=250	1100

鉄筋組立図 S=1/40

※端末部3.0mは補強のため縦方向鉄筋のピッチを175mmとする。
(SSについては、ピッチを100mmとする。)

図面番号2/2	Rr-SC-FB
	Rr-SB-FB
	Rr-SA-FB
	Rr-SS-FB

図面番号 1/2	Rr-SCm-FE
	Rr-SBm-FE
	Rr-SAm-FE
	Rr-SSm-FE

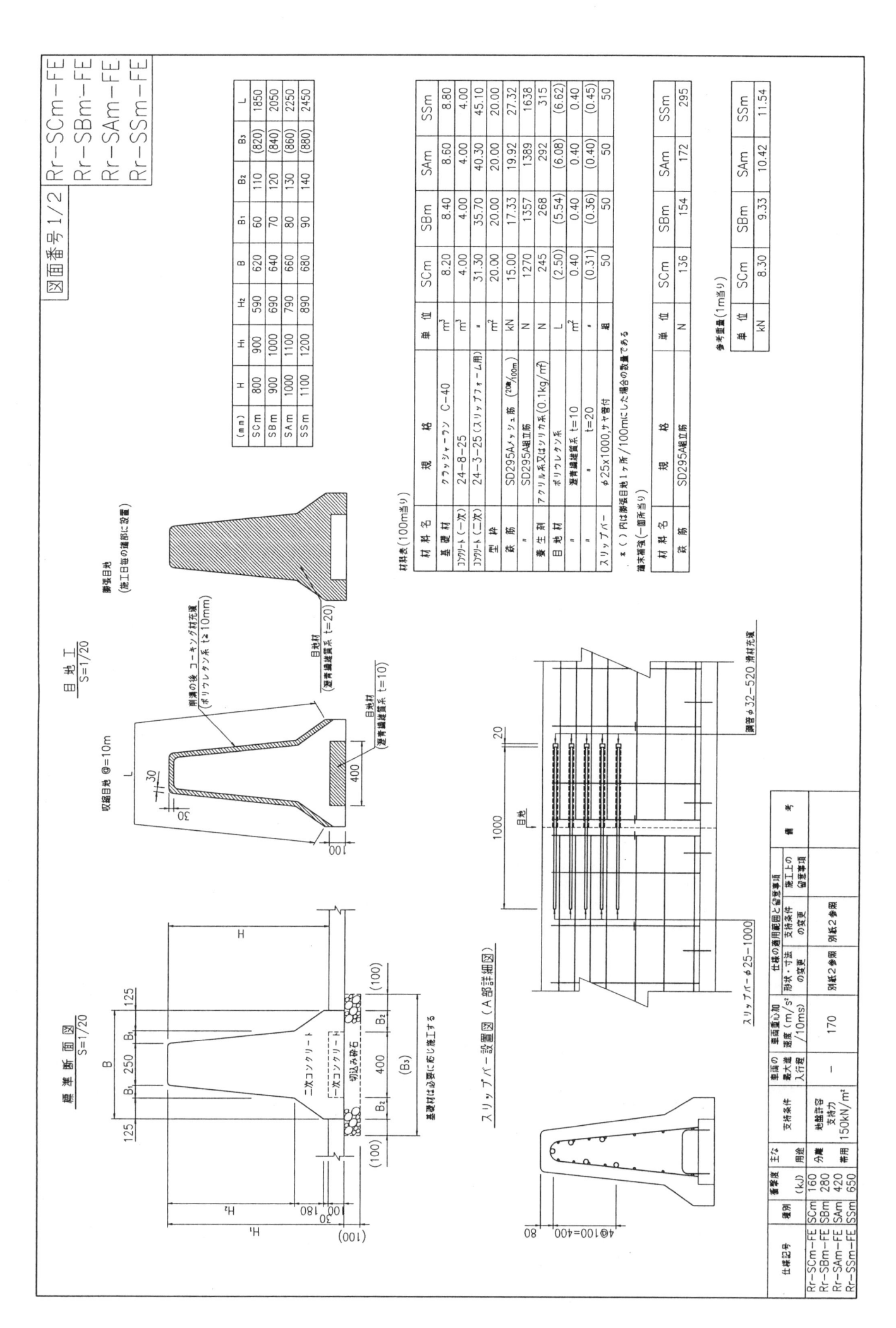

(mm)	H	H₁	H₂	B	B₁	B₂	B₃	L
SCm	800	900	590	620	60	110	(820)	1850
SBm	900	1000	690	640	70	120	(840)	2050
SAm	1000	1100	790	660	80	130	(860)	2250
SSm	1100	1200	890	680	90	140	(880)	2450

材料表(100m当り)

材料名	規格	単位	SCm	SBm	SAm	SSm
基礎材	クラッシャーラン C-40	m³	8.20	8.40	8.60	8.80
コンクリート(一次)	24-8-25	m³	4.00	4.00	4.00	4.00
コンクリート(二次)	24-3-25 (スリップフォーム用)	〃	31.30	35.70	40.30	45.10
型枠		m²	20.00	20.00	20.00	20.00
鉄筋	SD295Aメッシュ筋	kN	15.00	17.33	19.92	27.32
〃	SD295A組立筋	N	1270	1357	1389	1638
養生剤	アクリル系又はウレタン系(0.1kg/m²)	N	245	268	292	315
目地材	ポリウレタン系 t=10	L	(2.50)	(5.54)	(6.08)	(6.62)
〃	瀝青繊維質系 t=10	m²	0.40	0.40	0.40	0.40
〃	t=20	〃	(0.31)	(0.36)	(0.40)	(0.45)
スリップバー	φ25×1000,キャップ付	組	50	50	50	50

※( )内は膨張目地1ヶ所/100mにした場合の数量である

端末補強(一面当り)

材料名	規格	単位	SCm	SBm	SAm	SSm
鉄筋	SD295A組立筋	N	136	154	172	295

参考重量(1m当り)

	単位	SCm	SBm	SAm	SSm
	kN	8.30	9.33	10.42	11.54

目地工 S=1/20

伸縮目地 @=10m
収縮目地 @=10m

勝手目地
(施工日毎の端部に設置)

目地材
(瀝青繊維質系 t=20)

切溝の後コーキング材充填
(ポリウレタン系 t≧10mm)

目地材
(瀝青繊維質系 t=10)

標準断面図 S=1/20

一次コンクリート
二次コンクリート
切込み砕石

基礎材は必要に応じ施工する

スリップバー設置図 (A部詳細図)

調整 φ32-520 滑材充填
スリップバー φ25-1000

衝撃度	種別	主な用途	支持条件
(kJ)			
160	SCm	分流	地盤許容
280	SBm		支持力
420	SAm	常用	150kN/m²
650	SSm		

仕様記号	車両の追加	車両重心加	仕様の適用範囲と留意事項		施工上の
	最大進入	速度(m/s²	形状・寸法	支持条件	留意事項
	行程	/10ms)	の変更	の変更	
Rr-SCm-FE					
Rr-SBm-FE	—	170	別紙2参照	別紙2参照	
Rr-SAm-FE					
Rr-SSm-FE					

図面番号 2/2 Rr-SCm-FE / Rr-SBm-FE / Rr-SAm-FE / Rr-SSm-FE

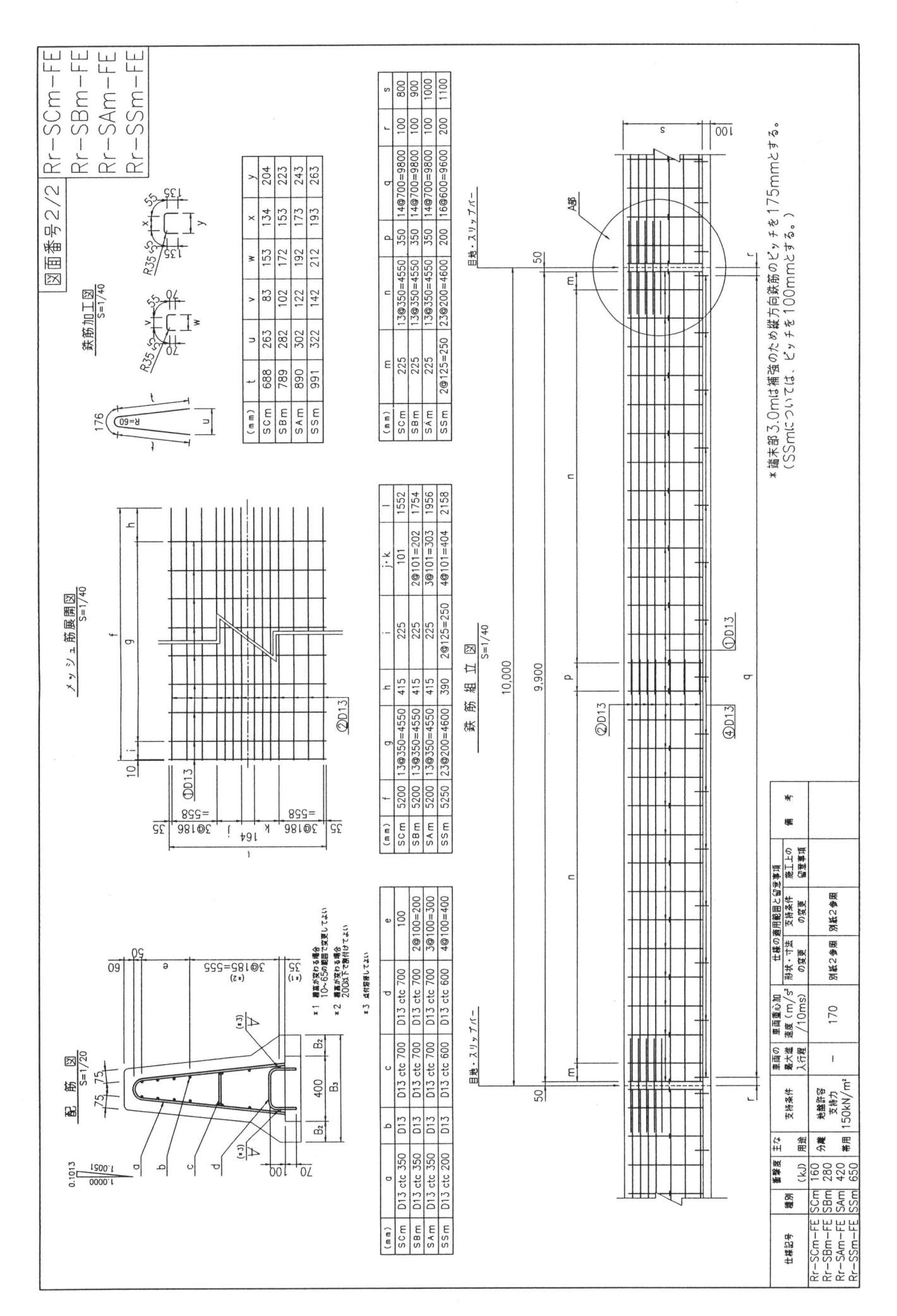

配筋図 S=1/20

鉄筋加工図 S=1/40

メッシュ筋展開図 S=1/40

鉄筋組立図 S=1/40

※端末部3.0mは補強のため縦方向鉄筋のピッチを175mmとする。
(SSmについては、ピッチを100mmとする。)

(mm)	a	b	c	d	e
SCm	D13 ctc 350	D13	D13 ctc 700	D13 ctc 700	100
SBm	D13 ctc 350	D13	D13 ctc 700	D13 ctc 700	2@100=200
SAm	D13 ctc 350	D13	D13 ctc 700	D13 ctc 700	3@100=300
SSm	D13 ctc 200	D13	D13 ctc 600	D13 ctc 600	4@100=400

※1 鋼量が変わる場合 10~65の範囲で変更してよい
※2 鋼量が変わる場合 200以下で割付てよい
※3 点付溶接してよい

(mm)	f	g	h	i	j	k	l
SCm	5200	13@350=4550	415	225		101	1552
SBm	5200	13@350=4550	415	225	2@101=202		1754
SAm	5200	13@350=4550	415	225	3@101=303		1956
SSm	5250	23@200=4600	390	2@125=250	4@101=404		2158

(mm)	t	u	v	w	x	y
SCm	688	263	83	153	134	204
SBm	789	282	102	172	153	223
SAm	890	302	122	192	173	243
SSm	991	322	142	212	193	263

(mm)	m	n	p	q	r	s
SCm	225	13@350=4550	350	14@700=9800	100	800
SBm	225	13@350=4550	350	14@700=9800	100	900
SAm	225	13@350=4550	350	14@700=9800	100	1000
SSm	2@125=250	23@200=4600	200	16@600=9600	200	1100

仕様記号	種別	主な用途	衝撃度 (kJ)	車両の最大速度入行程	車両重心の高速度 (m/s²) /10ms)	仕様の適用範囲図と留意事項			
						形状・寸法の変更	支持条件の変更	施工上の留意事項	備考
Rr-SCm-FE	SCm	分離	160	-	170	別紙2参照	別紙2参照		
Rr-SBm-FE	SBm		280						
Rr-SAm-FE	SAm	常用	420						
Rr-SSm-FE	SSm		650						

支持条件: 地盤許容支持力 150kN/m²

図面番号1/2	Rr-SC-SE
	Rr-SB-SE
	Rr-SA-SE
	Rr-SS-SE

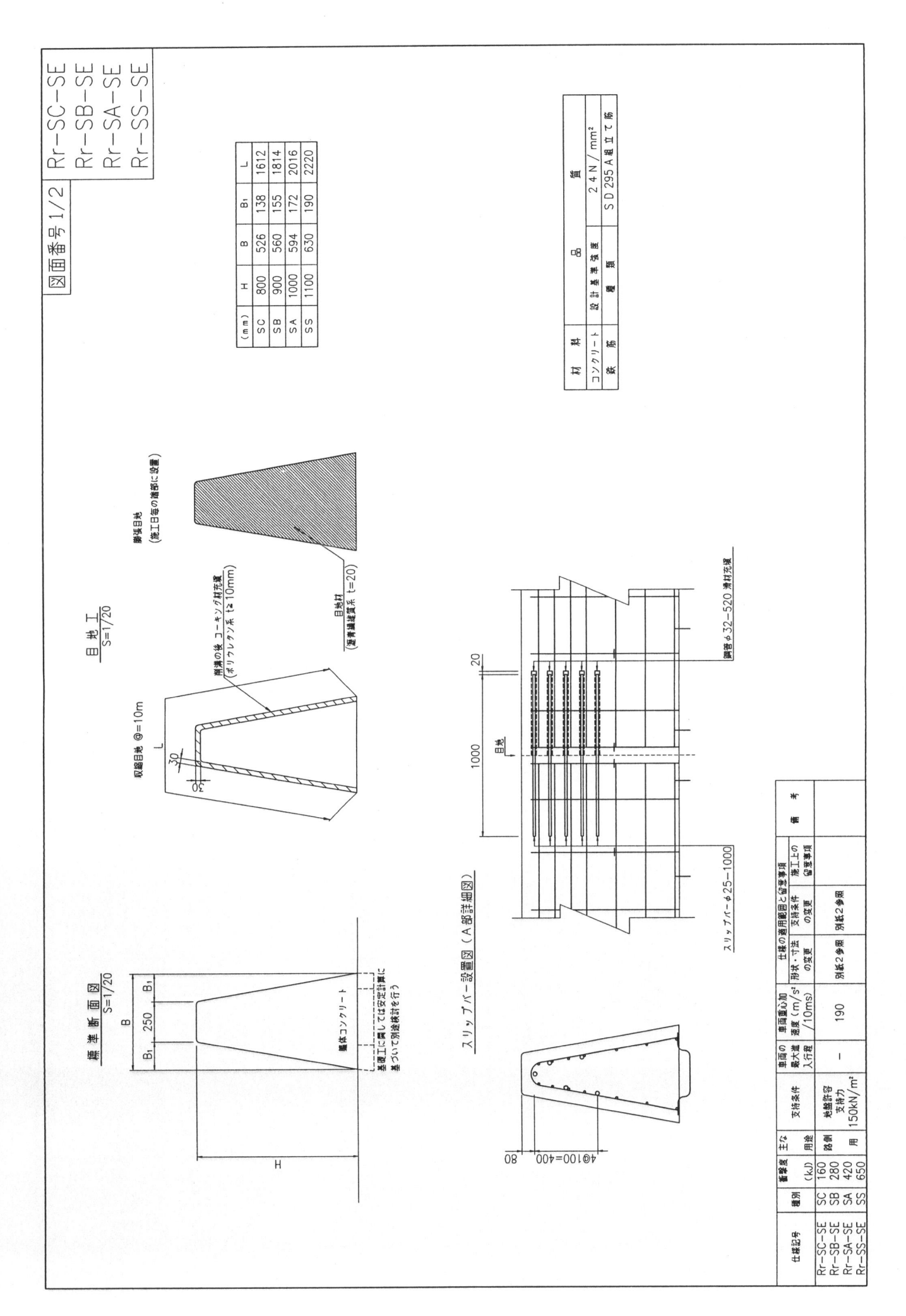

(mm)
	H	B	B₁	L
SC	800	526	138	1612
SB	900	560	155	1814
SA	1000	594	172	2016
SS	1100	630	190	2220

材料	品質
コンクリート	設計基準強度 24N/mm²
鉄筋	異形棒鋼 SD295A 組立て筋

目地工 S=1/20

施工日毎の端部に設置
膨張目地
収縮目地 @=10m
溝彫の後コーキング材充填（ポリウレタン系）(t=10mm)
目地材 t=20
（瀝青繊維質系）

標準断面図 S=1/20

躯体コンクリート
基礎工に関しては安定計算に基づいて別途検討を行う

スリッパー設置図（A部詳細図）

鋼管 φ32-520 滑材充填
スリッパー φ25-1000
目地
4@100=400

仕様記号	種別	主な用途	衝撃度(kJ)	支持条件	車両重心加速度最大値(m/s²)入力行程/10ms	仕様の適用範囲と留意事項 形状・寸法の変更	仕様の適用範囲と留意事項 支持条件の変更	仕様の適用範囲と留意事項 施工上の留意事項	備考
Rr-SC-SE	SC	路側用	160	地盤許容支持力 150kN/m²	- / 190	別紙2参照	別紙2参照		
Rr-SB-SE	SB		280						
Rr-SA-SE	SA		420						
Rr-SS-SE	SS		650						

図面番号 2/2 | Rr-SC-SE
Rr-SB-SE
Rr-SA-SE
Rr-SS-SE

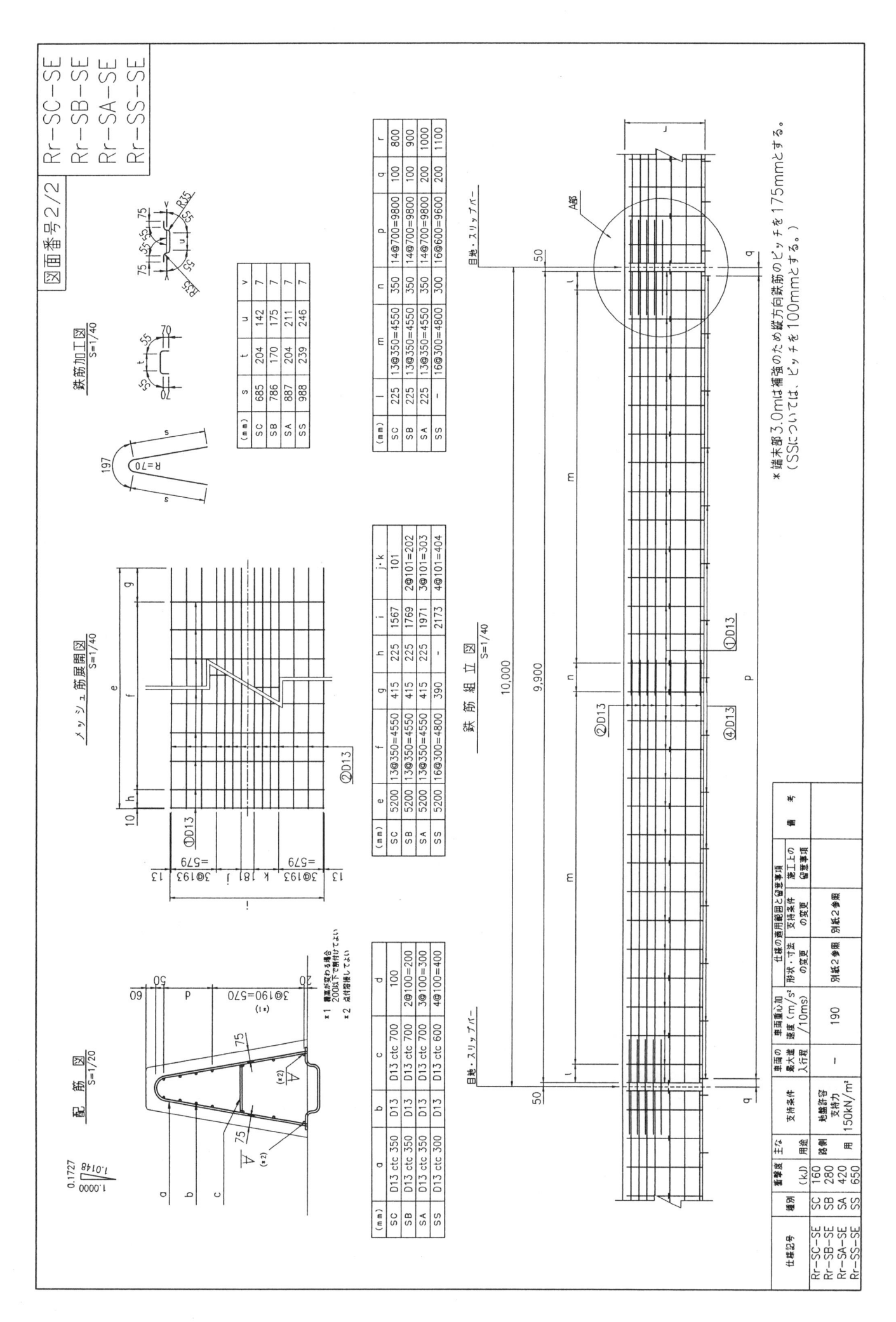

鉄筋加工図 S=1/40

(mm)	s	t	u	v
SC	685	204	142	7
SB	786	170	175	7
SA	887	204	211	7
SS	988	239	246	7

(mm)	l	m	n	p	q	r
SC	225	13@350=4550	350	14@700=9800	100	800
SB	225	13@350=4550	350	14@700=9800	100	900
SA	225	13@350=4550	350	14@700=9800	200	1000
SS	—	16@300=4800	300	16@600=9600	200	1100

メッシュ筋展開図 S=1/40

(mm)	e	f	g	h	i	j	k
SC	5200	13@350=4550	415	225	1567		101
SB	5200	13@350=4550	415	225	1769	2@101=202	
SA	5200	13@350=4550	415	225	1971	3@101=303	
SS	5200	16@300=4800	390	—	2173	4@101=404	

鉄筋組立図 S=1/40

*端末部3.0mは補強のため縦方向鉄筋のピッチを175mmとする。
(SSについては、ピッチを100mmとする。)

配筋図 S=1/20

(mm)	a	b	c	d
SC	D13 ctc 350	D13 ctc 700	D13 ctc 700	100
SB	D13 ctc 350	D13 ctc 700	D13 ctc 700	2@100=200
SA	D13 ctc 350	D13 ctc 700	D13 ctc 600	3@100=300
SS	D13 ctc 300	D13	D13	4@100=400

*1 躯体が変わる場合200以下で取付けてよい
*2 点付け溶接でよい

仕様記号	種別	衝撃度 (kJ)	主な用途	支持条件	車両の最大進入行程	車両重心加速度 (m/s²) /10ms	仕様の適用範囲と留意事項			施工上の留意事項	備考
							形状・寸法の変更	支持条件の変更			
Rr-SC-SE	SC	160	改剛用	地盤許容支持力 150kN/m²	—	190	別紙2参照	別紙2参照		別紙2参照	
Rr-SB-SE	SB	280									
Rr-SA-SE	SA	420									
Rr-SS-SE	SS	650									

図面番号 1/2　Rr-SC-SB / Rr-SB-SB / Rr-SA-SB / Rr-SS-SB

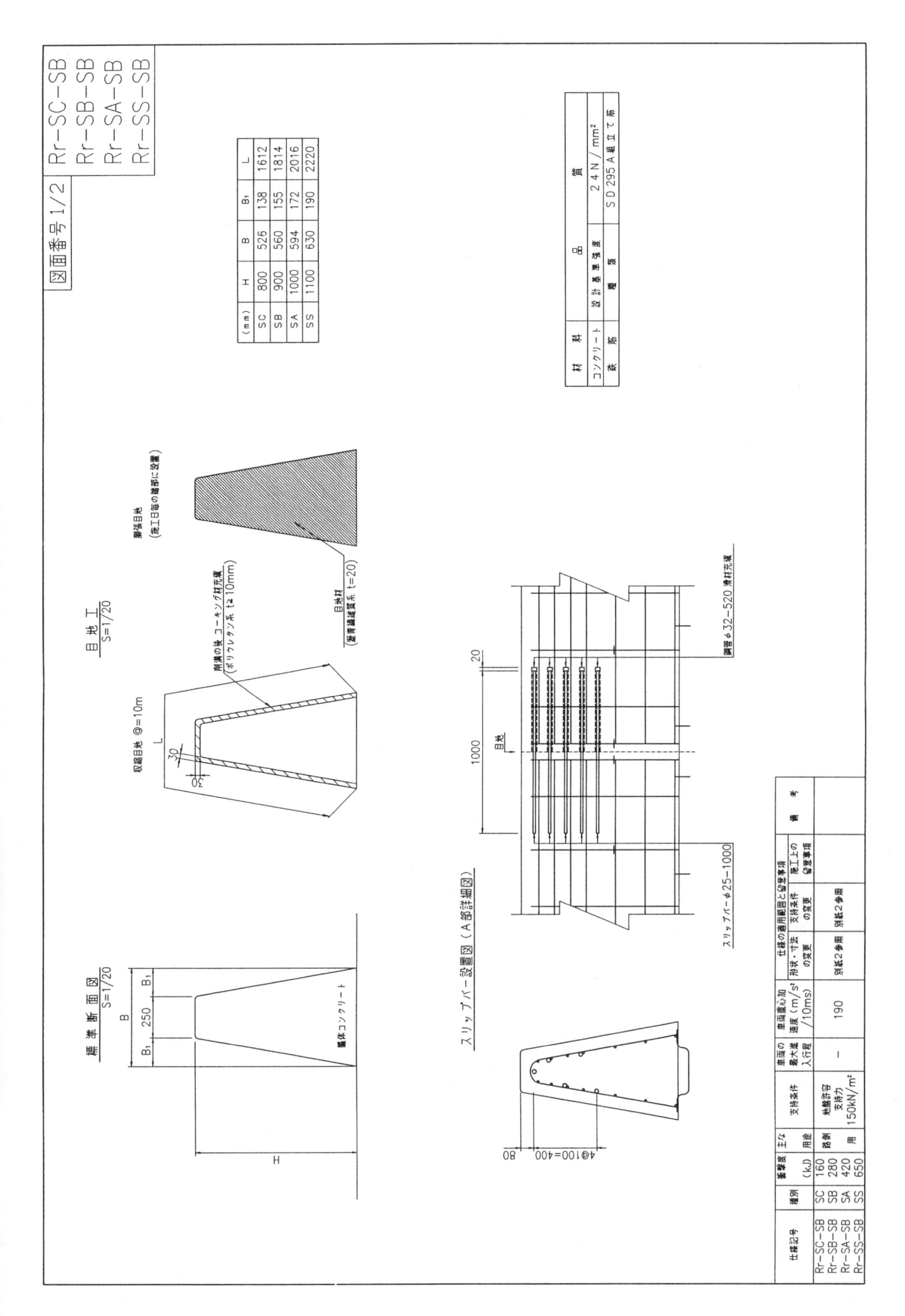

(mm)

	H	B	B₁	L
SC	800	526	138	1612
SB	900	560	155	1814
SA	1000	594	172	2016
SS	1100	630	190	2220

材料	品質
コンクリート	設計基準強度 24N/mm²
鉄筋	種類　SD295A 組立て筋

標準断面図　S=1/20

目地工　S=1/20

収縮目地 @=10m

剛接の後コーキング材充填（ポリウレタン系 t≧10mm）

目地材（発泡樹脂質系 t=20）

膨張目地（施工日毎の端部に設置）

スリップバー設置図（A部詳細図）

鋼管 φ32-520 滑材充填

スリップバー φ25-1000

4@100=400　80

仕様記号	種別	衝撃度(kJ)	主な用途	支持条件	車両の最大進入行程	車両衝突速度(m/s²/10ms)	仕様の適用範囲と留意事項			備考
							形状・寸法の変更	支持条件の変更	施工上の留意事項	
Rr-SC-SB	SC	160	防護用	地盤許容支持力 150kN/m²	-	190	別紙2参照	別紙2参照		
Rr-SB-SB	SB	280								
Rr-SA-SB	SA	420								
Rr-SS-SB	SS	650								

仕様記号	Rr-SC-SB
	Rr-SB-SB
	Rr-SA-SB
	Rr-SS-SB

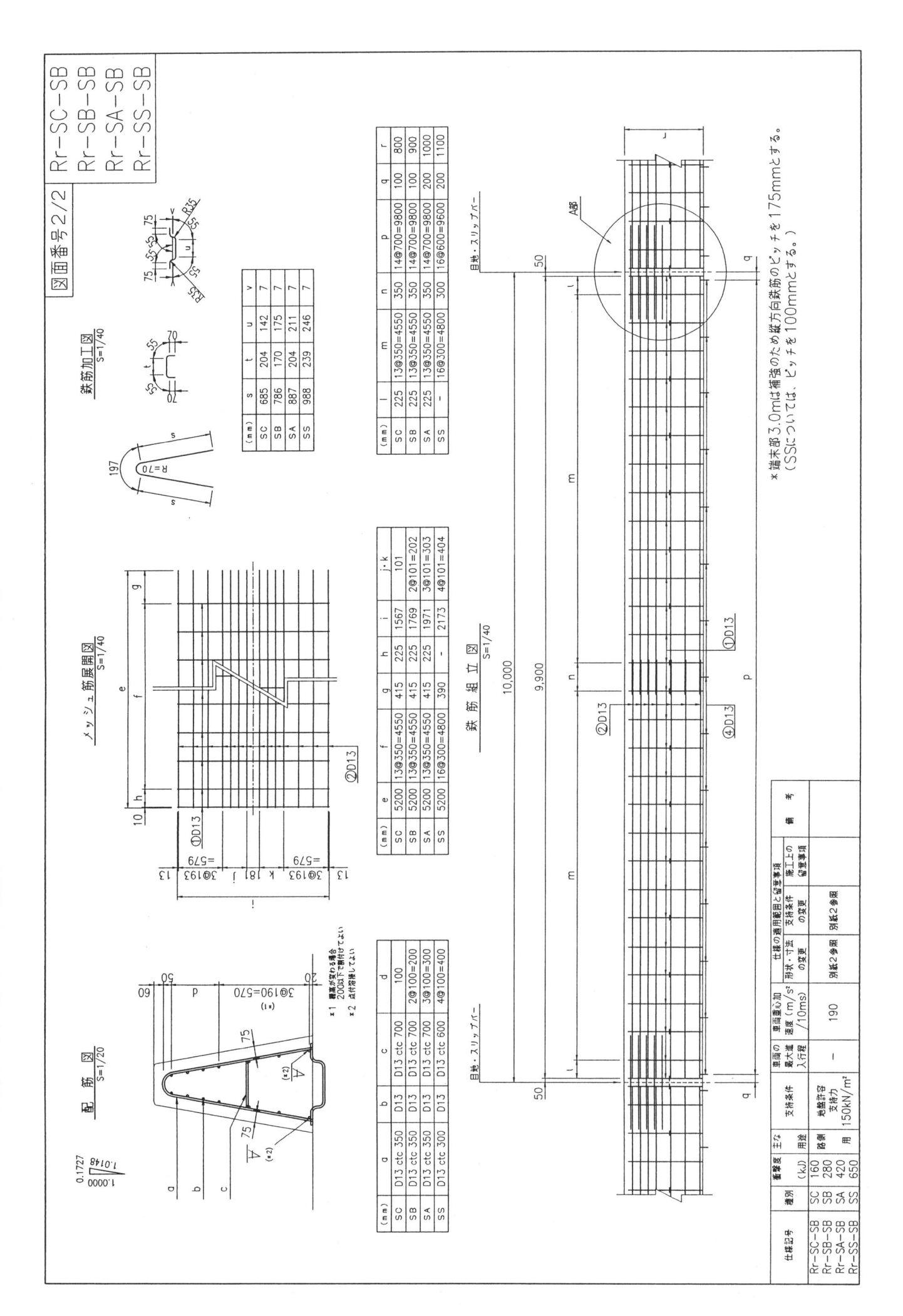

図面番号 2/2

鉄筋加工図 S=1/40

(mm)	s	t	u	v
SC	685	204	142	7
SB	786	170	175	7
SA	887	204	211	7
SS	988	239	246	7

メッシュ筋展開図 S=1/40

(mm)	e	f	g	h	i	j・k
SC	5200	13@350=4550	415	225	1567	101
SB	5200	13@350=4550	415	225	1769	2@101=202
SA	5200	13@350=4550	415	225	1971	3@101=303
SS	5200	16@300=4800	390	-	2173	4@101=404

配筋図 S=1/20

(mm)	a	b	c	d
SC	D13 ctc 350	D13	D13 ctc 700	100
SB	D13 ctc 350	D13	D13 ctc 700	2@100=200
SA	D13 ctc 350	D13	D13 ctc 700	3@100=300
SS	D13 ctc 300	D13	D13 ctc 600	4@100=400

*1 積雪が多い場合
200以下で取付けてください
*2 点付溶接しない

鉄筋組立図 S=1/40

(mm)	l	m	n	p	q	r
SC	225	13@350=4550	350	14@700=9800	100	800
SB	225	13@350=4550	350	14@700=9800	100	900
SA	225	13@350=4550	350	14@700=9800	200	1000
SS	-	16@300=4800	300	16@600=9600	200	1100

※端末部3.0mは補強のため縦方向鉄筋のピッチを175mmとする。
（SSについては、ピッチを100mmとする。）

衝撃度	種別	主な用途	支持条件	車両の最大進入行程	車両重量加速度(m/s²/10ms)	仕様の適用範囲と留意事項			備考
0.1727 1.0148 1.0000						形状・寸法の変更	支持条件の変更	施工上の留意事項	
	SC	160		地耐力許容支持力 150kN/m²	-	190	別紙2参照	別紙2参照	
	SB	280	設						
	SA	420	路 用						
	SS	650	用						

仕様記号
Rr-SC-SB
Rr-SB-SB
Rr-SA-SB
Rr-SS-SB

図面番号 1/2
Rr−SCm−SE
Rr−SBm−SE
Rr−SAm−SE
Rr−SSm−SE

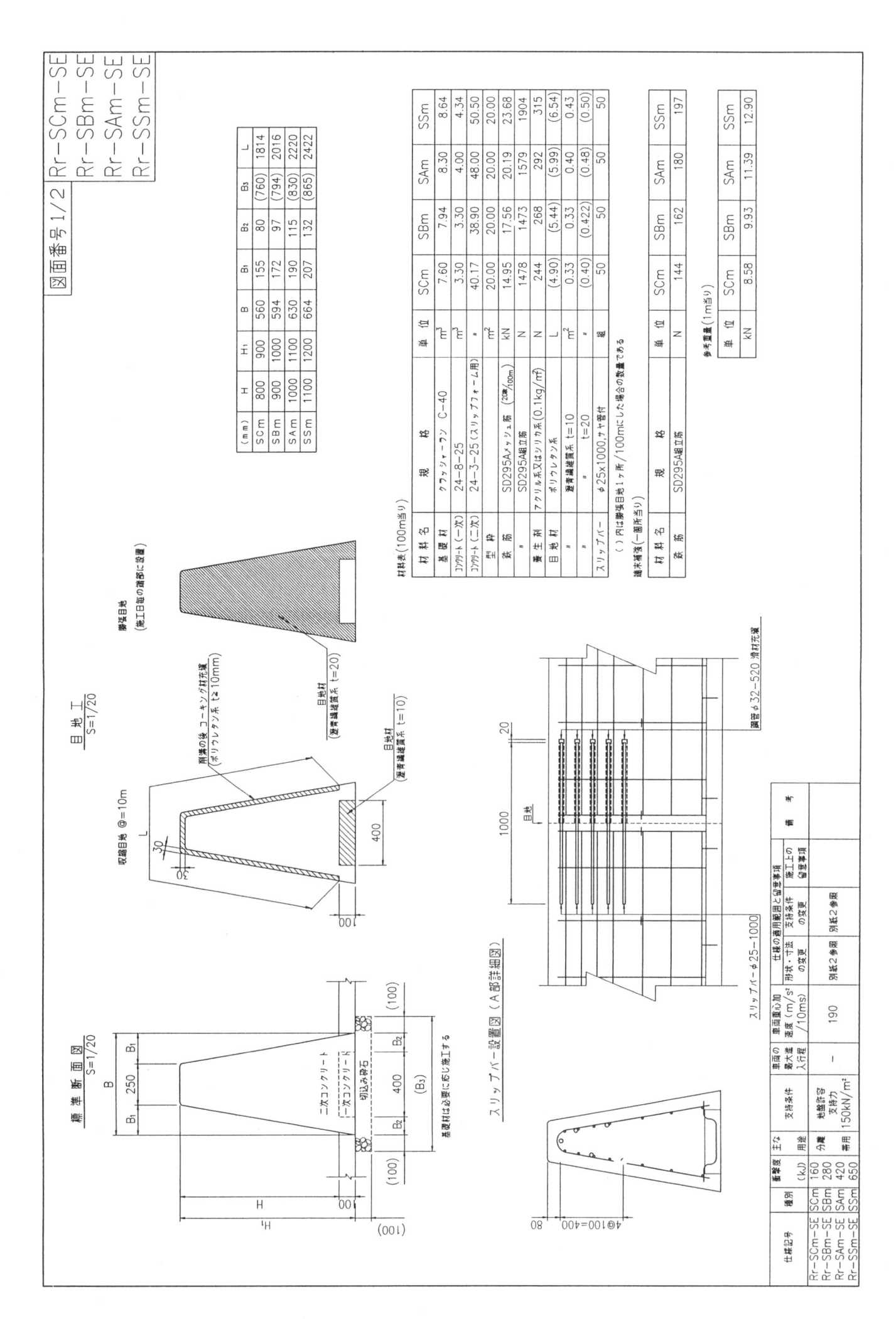

(mm)	H	H₁	B	B₁	B₂	B₃	L
SCm	800	900	560	155	80	(760)	1814
SBm	900	1000	594	172	97	(794)	2016
SAm	1000	1100	630	190	115	(830)	2220
SSm	1100	1200	664	207	132	(865)	2422

標準断面図
S=1/20

目地工
S=1/20

勝手目地
（施工日毎の箇所に設置）

削孔後のコーキング材充填
（ポリウレタン系 t≧10mm）

目地材
（瀝青繊維質系 t=10）

収縮目地 @=10m

目地材
（瀝青繊維質系 t=20）

スリップバー設置図（A部詳細図）

スリップバー φ25−1000

調音 φ32−520 滑材充填

材料表（100m当り）

材料名	規 格	単位	SCm	SBm	SAm	SSm
基礎材	クラッシャーラン C−40	m³	7.60	7.94	8.30	8.64
コンクリート（一次）	24−8−25	〃	3.30	3.30	4.00	4.34
コンクリート（二次）	24−3−25（スリップフォーム用）	〃	40.17	38.90	48.00	50.50
型枠		m²	20.00	20.00	20.00	20.00
鉄筋	SD295Aメッシュ筋（20㎏/100m）	kN	14.95	17.56	20.19	23.68
〃	SD295A組立筋	N	1478	1473	1579	1904
養生剤	アクリル系又はポゾリック系（0.1kg/m²）	N	244	268	292	315
〃	ポリウレタン系	L	(4.90)	(5.44)	(5.99)	(6.54)
〃	瀝青繊維質系 t=10	m²	0.33	0.33	0.40	0.43
目地材	〃 t=20	〃	(0.40)	(0.422)	(0.48)	(0.50)
スリップバー	φ25×1000,ｷｬｯﾌﾟ付	組	50	50	50	50

端末補強（一箇所当り）

材料名	規 格	単位	SCm	SBm	SAm	SSm
鉄筋	SD295A組立筋	N	144	162	180	197

参考重量（1m当り）

単位	SCm	SBm	SAm	SSm
kN	8.58	9.93	11.39	12.90

仕様記号	種別	主な用途		衝撃度(kJ)	車両の最大進入行程	車両重心加速度(m/s²/10ms)	支持条件 地盤許容支持力	仕様の適用範囲と留意事項			
		分離	常用					形状・寸法の変更	支持条件の変更	施工上の留意事項	備考
Rr−SCm−SE	SCm			160	−	190	地盤許容支持力 150kN/m²	別紙2参照	別紙2参照		
Rr−SBm−SE	SBm			280							
Rr−SAm−SE	SAm			420							
Rr−SSm−SE	SSm			650							

図面番号2/2

Rr−SCm−SE
Rr−SBm−SE
Rr−SAm−SE
Rr−SSm−SE

配筋図
S=1/20

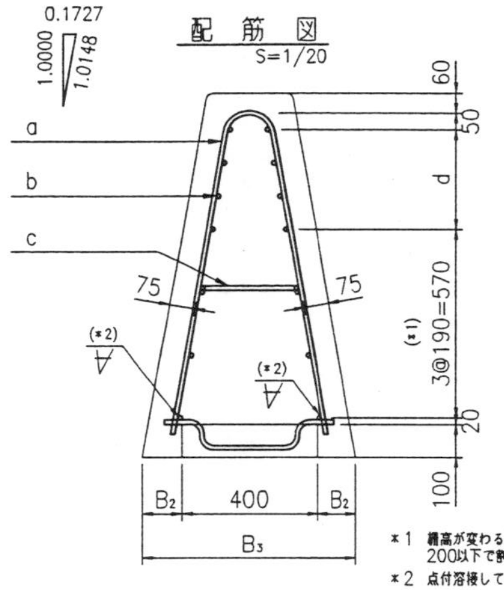

*1 鋼高が変わる場合
200以下で割付けてよい
*2 点付溶接してよい

(mm)	a	b	c	d
SCm	D13 ctc 350	D13	D13 ctc 700	100
SBm	D13 ctc 350	D13	D13 ctc 700	2@100=200
SAm	D13 ctc 350	D13	D13 ctc 700	3@100=300
SSm	D13 ctc 300	D13	D13 ctc 600	4@100=400

メッシュ筋展開図
S=1/40

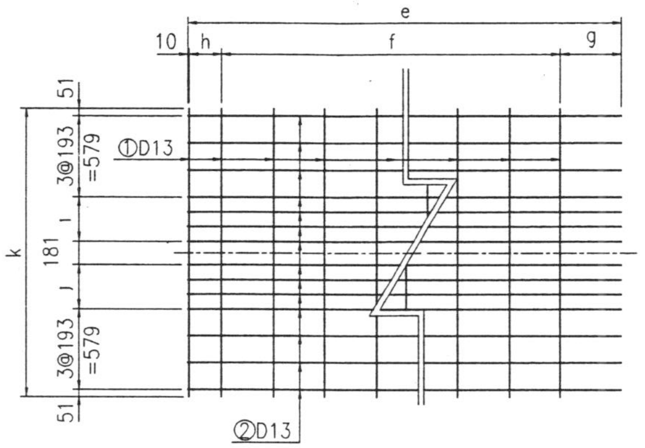

(mm)	e	f	g	h	i・j	k
SCm	5200	13@350=4550	415	225	101	1643
SBm	5200	13@350=4550	415	225	2@101=202	1845
SAm	5200	13@350=4550	415	225	3@101=303	2047
SSm	5200	16@300=4800	390	-	4@101=404	2249

鉄筋加工図
S=1/40

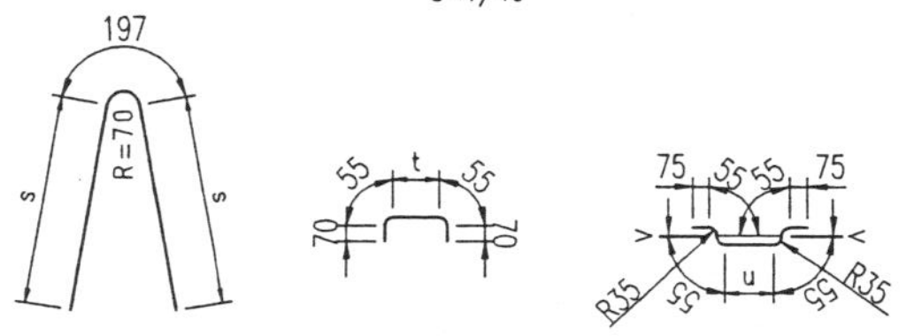

(mm)	s	t	u	v
SCm	723	204	142	7
SBm	824	170	175	7
SAm	925	204	211	7
SSm	1026	239	246	7

鉄筋組立図
S=1/40

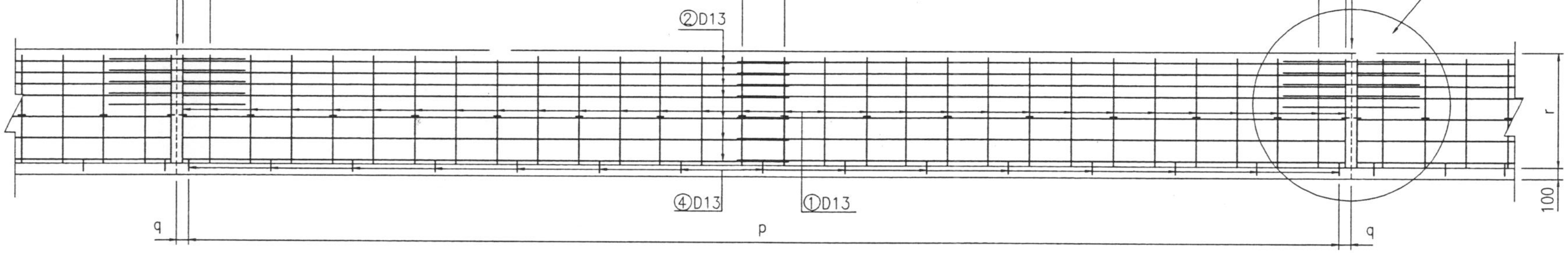

(mm)	l	m	n	p	q	r
SCm	225	13@350=4550	350	14@700=9800	100	800
SBm	225	13@350=4550	350	14@700=9800	100	900
SAm	225	13@350=4550	350	14@700=9800	200	1000
SSm	-	16@300=4800	300	16@600=9600	200	1100

*端末部3.0mは補強のため縦方向鉄筋のピッチを175mmとする。
(SSmについては、ピッチを100mmとする。)

仕様記号	種別	衝撃度 (kJ)	主な用途	支持条件	車両の最大進入行程	車両重心加速度 (m/s²/10ms)	仕様の適用範囲と留意事項 形状・寸法の変更	支持条件の変更	施工上の留意事項	備考
Rr−SCm−SE	SCm	160	分離	地盤許容支持力150kN/m²	−	190	別紙2参照	別紙2参照		
Rr−SBm−SE	SBm	280	常用							
Rr−SAm−SE	SAm	420								
Rr−SSm−SE	SSm	650								

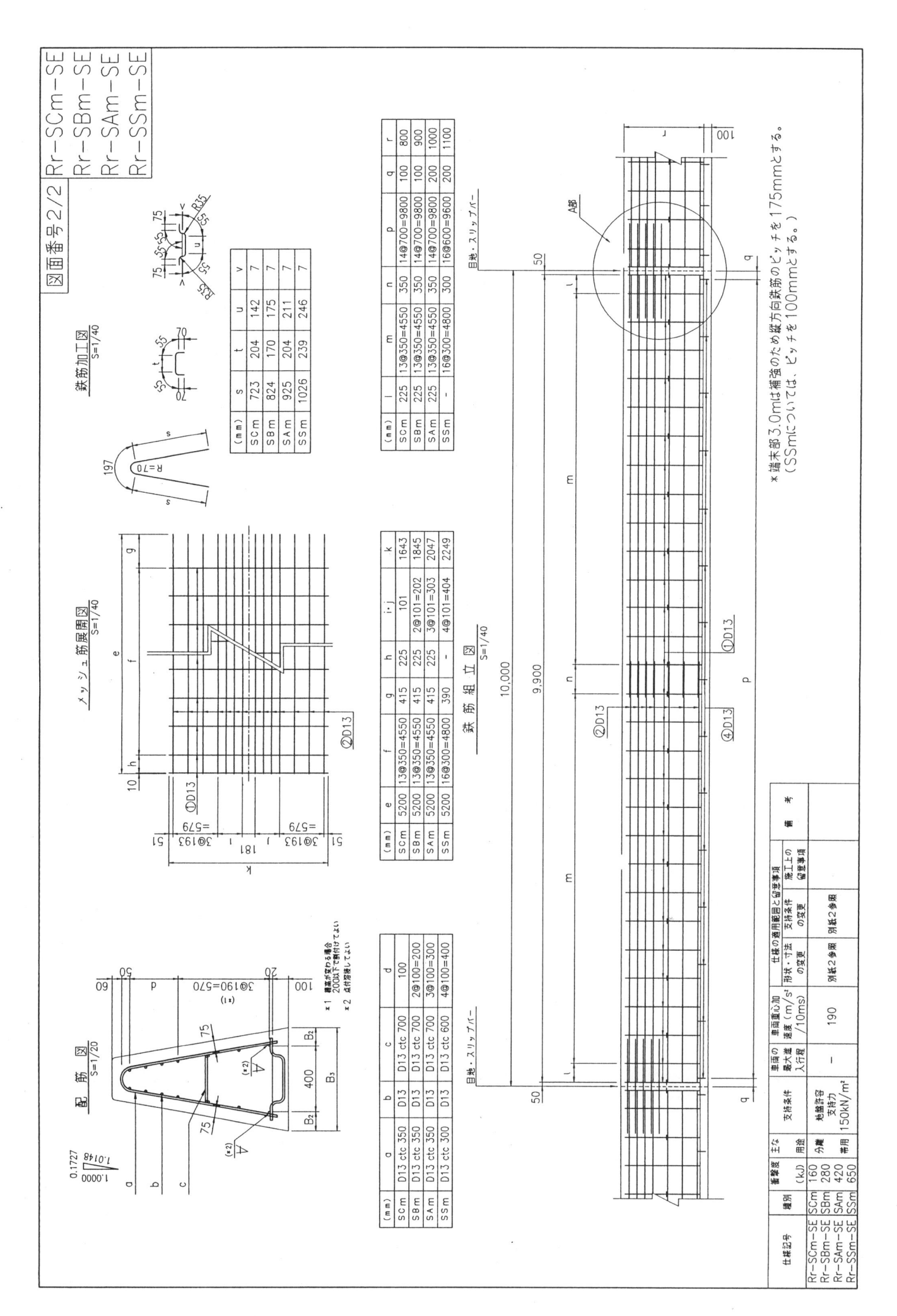

Rr-SC-WB
Rr-SB-WB
Rr-SA-WB
Rr-SS-WB

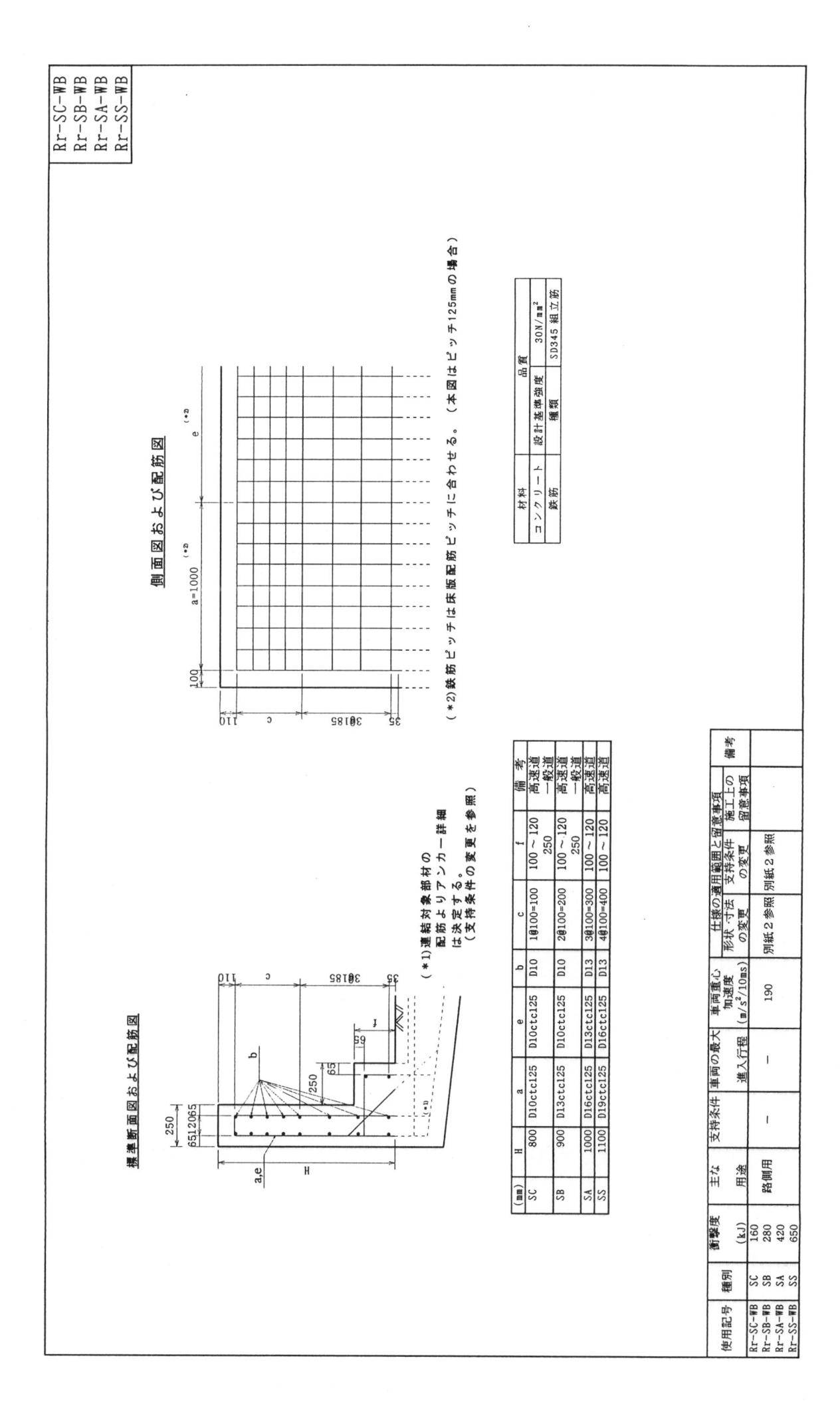

標準断面図および配筋図

側面図および配筋図

(*1) 連結対象部材の配筋よりアンカー詳細は決定する。
（支持条件の変更を参照）

(*2) 鉄筋ピッチは床版配筋ピッチに合わせる。（本図はピッチ125mmの場合）

材料	種類	設計基準強度	品質
コンクリート		30N/mm²	
鉄筋	組立筋		SD345

使用記号	種別	衝撃度 (kJ)	主な用途	支持条件	車両の最大進入行程	車両重心加速度 (m/s²/10ms)	形状・寸法の変更	支持条件の変更	施工上の留意事項	備考
Rr-SC-WB	SC	160	路側用		—	190	別紙2参照	別紙2参照		
Rr-SB-WB	SB	280								
Rr-SA-WB	SA	420								
Rr-SS-WB	SS	650								

(mm)	H	a	e	b	c	f	備考
SC	800	D10ctc125	D10ctc125	D10	1@100=100	100～120	高速道
					250	250	一般道
SB	900	D13ctc125	D10ctc125	D10	2@100=200	100～120	高速道
					250	250	一般道
SA	1000	D16ctc125	D13ctc125	D13	3@100=300	100～120	高速道
SS	1100	D19ctc125	D16ctc125	D13	4@100=400	100～120	高速道

プレキャスト防護柵路側用構造一般図
舗装埋込型Fタイプ

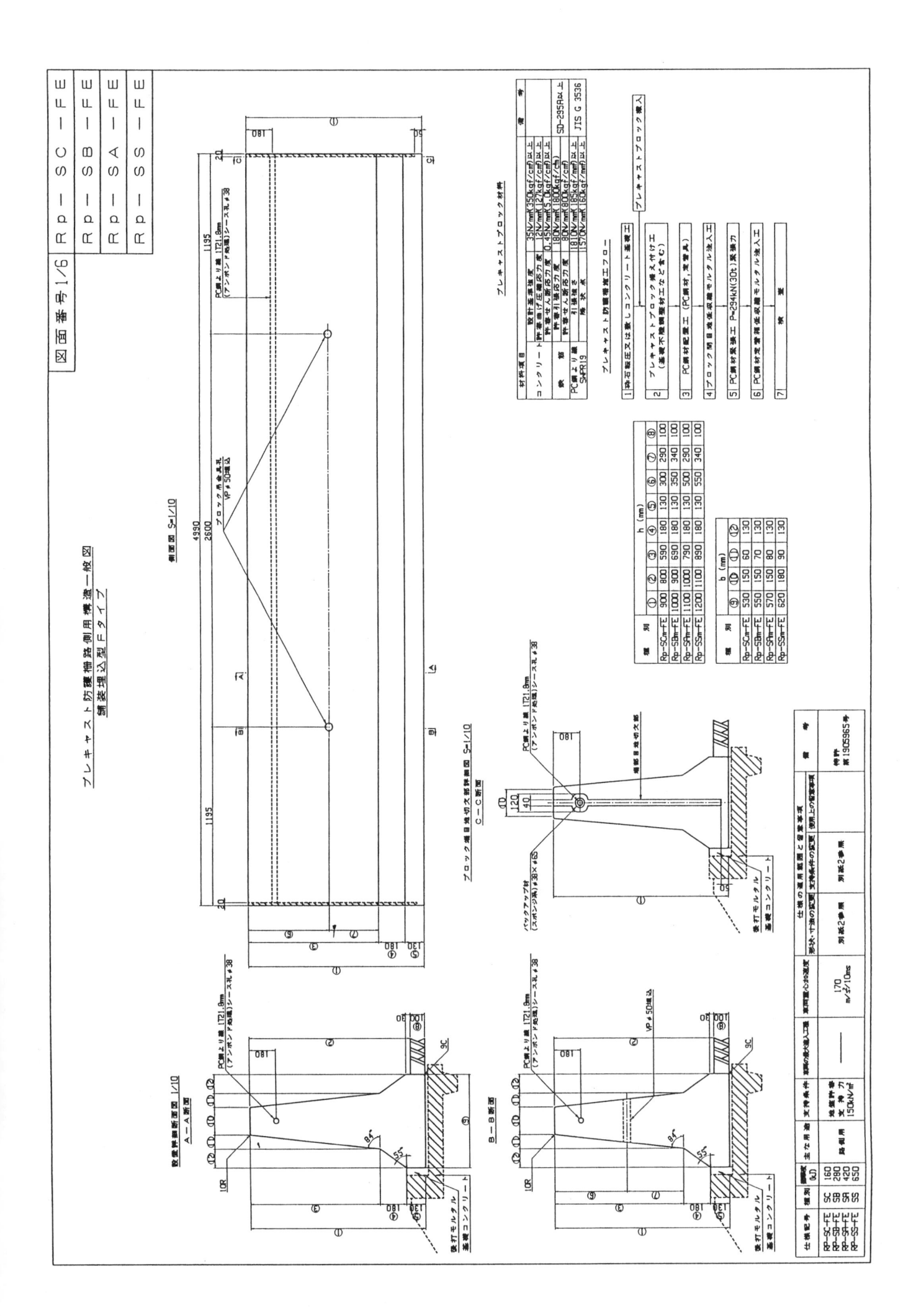

図面番号 1/6

Rp-SC -FE	
Rp-SB -FE	
Rp-SA -FE	
Rp-SS -FE	

側面図 S=1/10

設置状態断面図 S=1/10
A-A断面

B-B断面

ブロック継目縦切欠部詳細図 S=1/10
C-C断面

プレキャストブロック材料

材料項目		備考
コンクリート	設計基準強度 35N/mm²(350kgf/cm²)以上	
	許容曲げ圧縮応力度 12N/mm²(127kgf/cm²)以下	
	許容せん断応力度 0.45N/mm²(5.0kgf/cm²)以下	
鉄筋	許容引張応力度 180N/mm²(1800kgf/cm²)	SD-295A以上
	引張強さ 180N/mm²(1800kgf/cm²)	JIS G 3536
PC鋼より線 SWPR19	降伏点 181N/mm²(1850kgf/cm²)以上	
	許容応力度 157N/mm²(1600kgf/cm²)以上	

プレキャストブロック施工フロー

1. 埋戻転圧又は敷均しコンクリート基礎工
2. プレキャストブロック据え付け工 (基礎不陸調整材施工など含む)
3. PC鋼材配置工 (PC鋼材、定着具)
4. ブロック間目地充填無収縮モルタル注入工
5. PC鋼材緊張工 P=294kN(30t)緊張力
6. PC鋼材定着具頭部無収縮モルタル注入工
7. 検査

→ プレキャストブロック搬入

仕様記号	種別	主な用途	支持条件	地盤評価 支持力	車両重心の高さ速度	形状・寸法の変更 支持条件の変更	仕様の適用範囲と設計条件 使用上の変更事項	備考
Rp-SC-FE	SC	160	路側用	150kN/m²			別添2参照	神評第1905965号
Rp-SB-FE	SB	280				別添2参照	別添2参照	
Rp-SA-FE	SA	420			170 m²/10ms			
Rp-SS-FE	SS	650						

h (mm), b (mm) 寸法表

種別	①	②	③	④	⑤	⑥	⑦
Rp-SCm-FE	900	800	130	180	180	290	100
Rp-SBm-FE	1000	900	130	180	350	340	100
Rp-SAm-FE	1100	1000	130	180	500	290	100
Rp-SSm-FE	1200	1100	130	180	550	340	100

種別	①	②	③	④
Rp-SCm-FE	530	150	60	130
Rp-SBm-FE	550	150	70	130
Rp-SAm-FE	570	150	80	130
Rp-SSm-FE	620	180	90	130

プレキャスト防護柵路側用ブロック配筋図（標準ブロック）
舗装埋込型Fタイプ

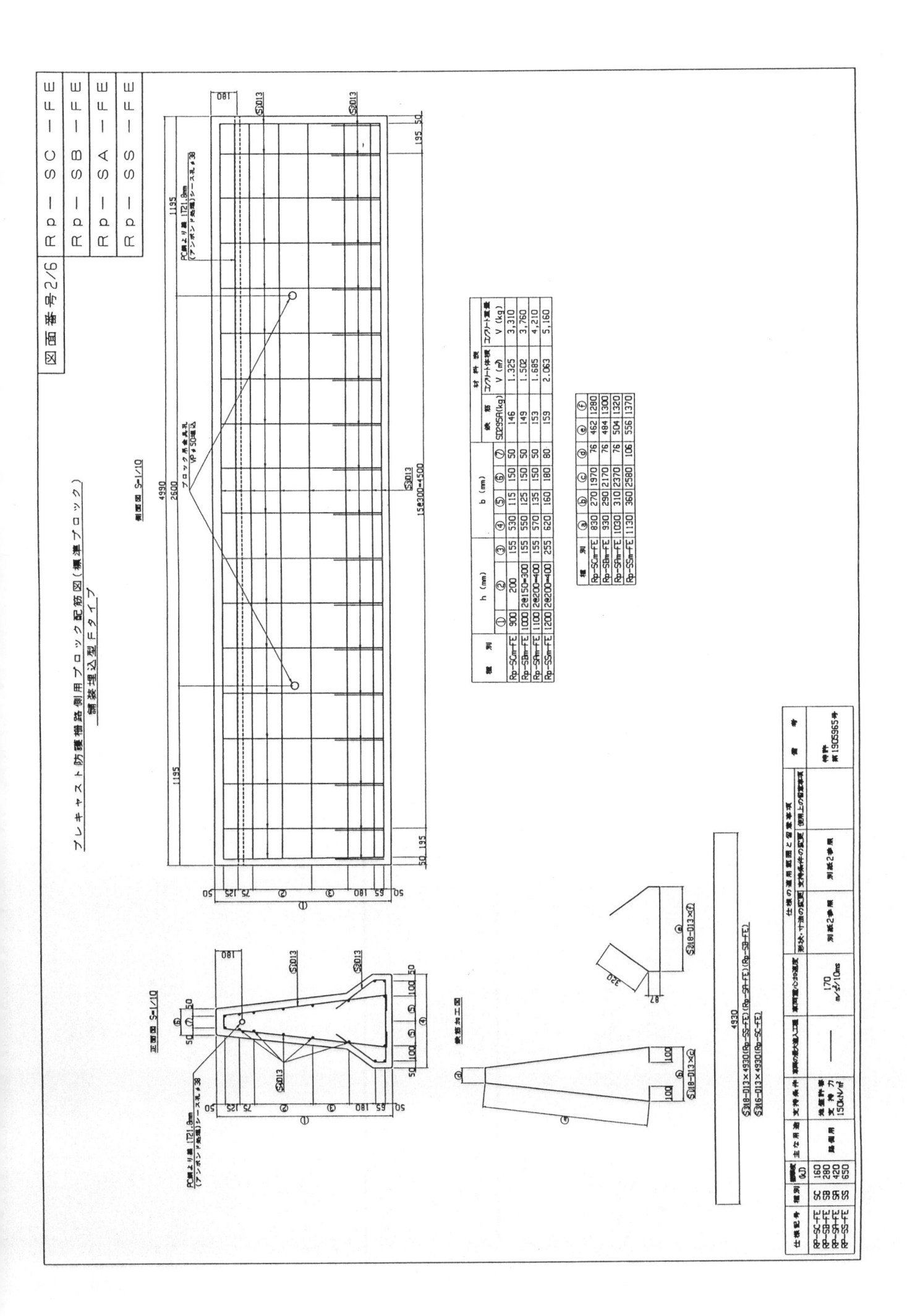

図面番号 2/6

Rp-SC-FE	
Rp-SB-FE	
Rp-SA-FE	
Rp-SS-FE	

材料表

種別	h (mm)		b (mm)										鉄筋		コンクリート	
	①	②	③	④	⑤	⑥	⑦	⑧	⑨	⑩	⑪	⑫	SD295A		V (m³)	W (kg)
Rp-SCm-FE	900	200	155	530	115	150	50	830	270	1970	76	462	1280	146	1.325	3,310
Rp-SBm-FE	1000	2@150=300	155	550	125	150	50	930	290	2170	76	484	1300	149	1.502	3,760
Rp-SAm-FE	1100	2@200=400	155	570	135	150	50	1030	310	2370	76	504	1320	153	1.685	4,210
Rp-SSm-FE	1200	2@200=400	255	620	160	180	80	1130	360	2580	106	556	1370	159	2.063	5,160

仕様記号	種別	衝突荷重 (kJ)	主な用途	支持条件	地盤条件	車両侵入可否	車両の取り込み範囲	仕様の適用範囲と留意事項		
								設計上の留意事項	形状・寸法の配置、支持条件等の配置	備考
Rp-SC-FE	SC	160	路側用	支持力 150kN/m²			SD18-D13×4930(Rp-SS-FE),(Rp-SA-FE),(Rp-SB-FE) SD16-D13×4930(Rp-SC-FE)	170 m³/10ms	別紙2参照	別紙2参照	神許 第19D5965号
Rp-SB-FE	SB	280									
Rp-SA-FE	SA	420									
Rp-SS-FE	SS	650									

図面番号 3/6	Rp－SC－FE
	Rp－SB－FE
	Rp－SA－FE
	Rp－SS－FE

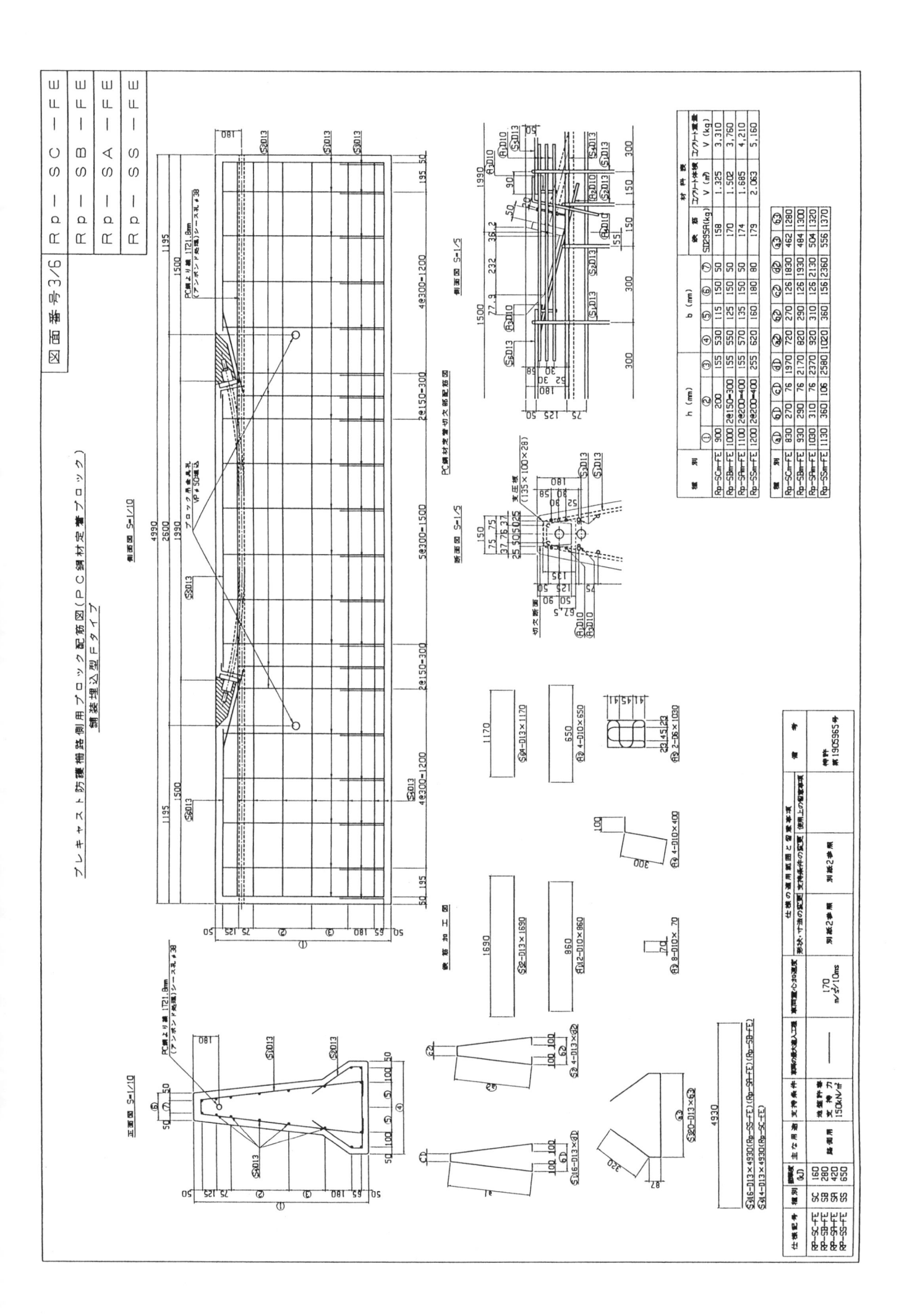

プレキャスト防護柵側用ブロック配筋図（PC鋼材定着ブロック）
舗装埋込型Fタイプ

種別	h (mm) ①	②	③	④	⑤	⑥	⑦	b (mm) ⓐ	ⓑ	ⓒ	ⓓ	ⓔ	ⓕ	ⓖ
Rp-SCm-FE	900	200	155	530	115	150	50	830	270	76	1970	270	125	1830
Rp-SBm-FE	1000	2@150=300	155	550	125	150	50	930	290	76	2170	820	125	1930
Rp-SAm-FE	1100	2@200=400	155	570	135	150	60	1030	310	76	2370	920	125	2130
Rp-SSm-FE	1200	2@200=400	255	620	160	180	80	1130	360	106	2580	1020	156	2360

種別	鉄筋 SD295AR(kg)	ⓑ₁	ⓑ₂	ⓑ₃	材料表 コンクリート体積 V (m³)	エンド質量 V (kg)
Rp-SCm-FE	158	462	1280		1.325	3,310
Rp-SBm-FE	170	484	1300		1.502	3,760
Rp-SAm-FE	174	504	1320		1.685	4,210
Rp-SSm-FE	179	556	1370		2.063	5,160

側面図 S=1/10
断面図 S=1/5
PC鋼材定着部切欠部配筋図
側面図 S=1/5
正面図 S=1/10
鉄筋加工図

仕様記号	種別	諸寸法 (L)
Rp-SC-FE	SC	160
Rp-SB-FE	SB	280
Rp-SA-FE	SA	420
Rp-SS-FE	SS	650

	主な用途	支持条件	設計地盤反力度	最大地盤反力度	衝突荷重心位置
	路側用	地盤杭基礎 支持力 150kN/m²			1.70 m以上

仕様の適用範囲と留意事項
形状・寸法の変更・支持条件の変更（使用上の配慮等）
別紙2参照　別紙2参照

備考
特許第19C5965号

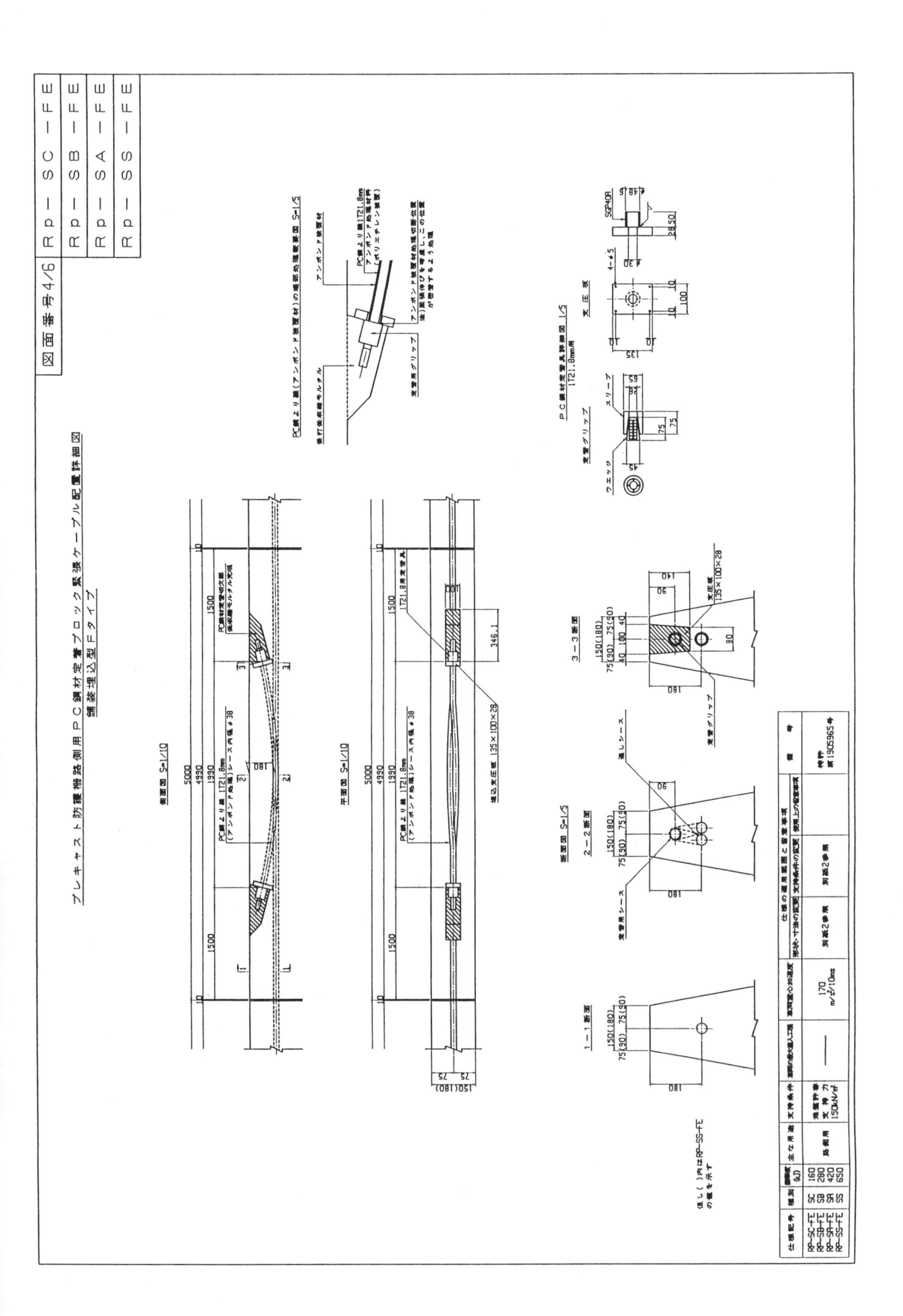

プレキャスト防護柵路側用PC鋼材定着ブロック緊張ケーブル配置詳細図
舗装埋込型Fタイプ

図面番号5/6	Rp－ SC －FE
	Rp－ SB －FE
	Rp－ SA －FE
	Rp－ SS －FE

プレキャスト防護柵路側用ブロック横締ＰＣ鋼材緊張定着配置図
舗装埋込型Ｆタイプ

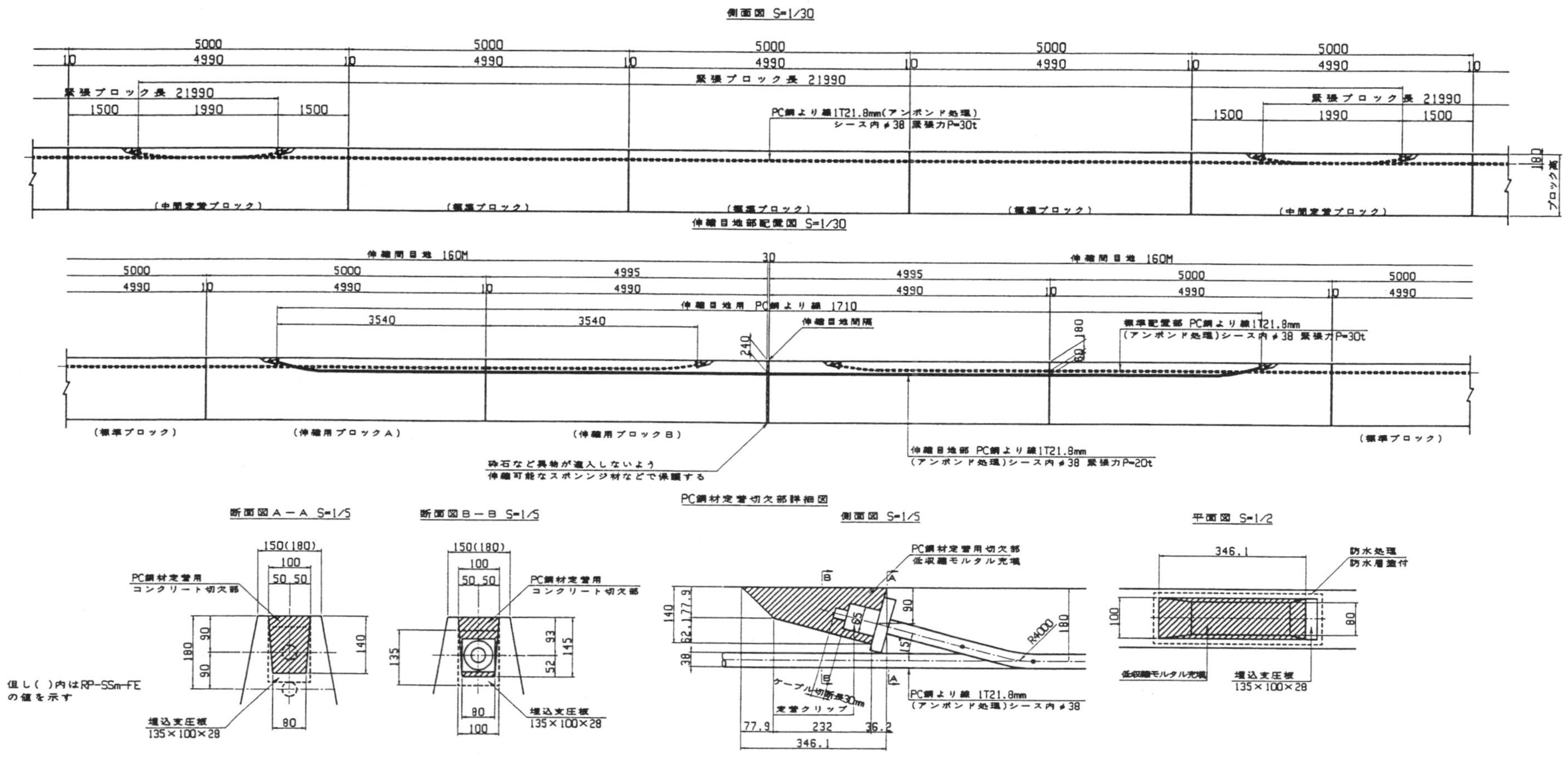

仕様記号	種別	衝撃度(kJ)	主な用途	支持条件	車両の最大進入工程	車両重心加速度	仕様の適用範囲と留意事項 形状・寸法の変更	支持条件の変更	使用上の留意事項	備考
RP-SC-FE RP-SB-FE RP-SA-FE RP-SS-FE	SC SB SA SS	160 280 420 650	路側用	地盤許容支持力 150kN/m²	――	170 m/s²/10ms	別紙2参照	別紙2参照		特許 第1905965号

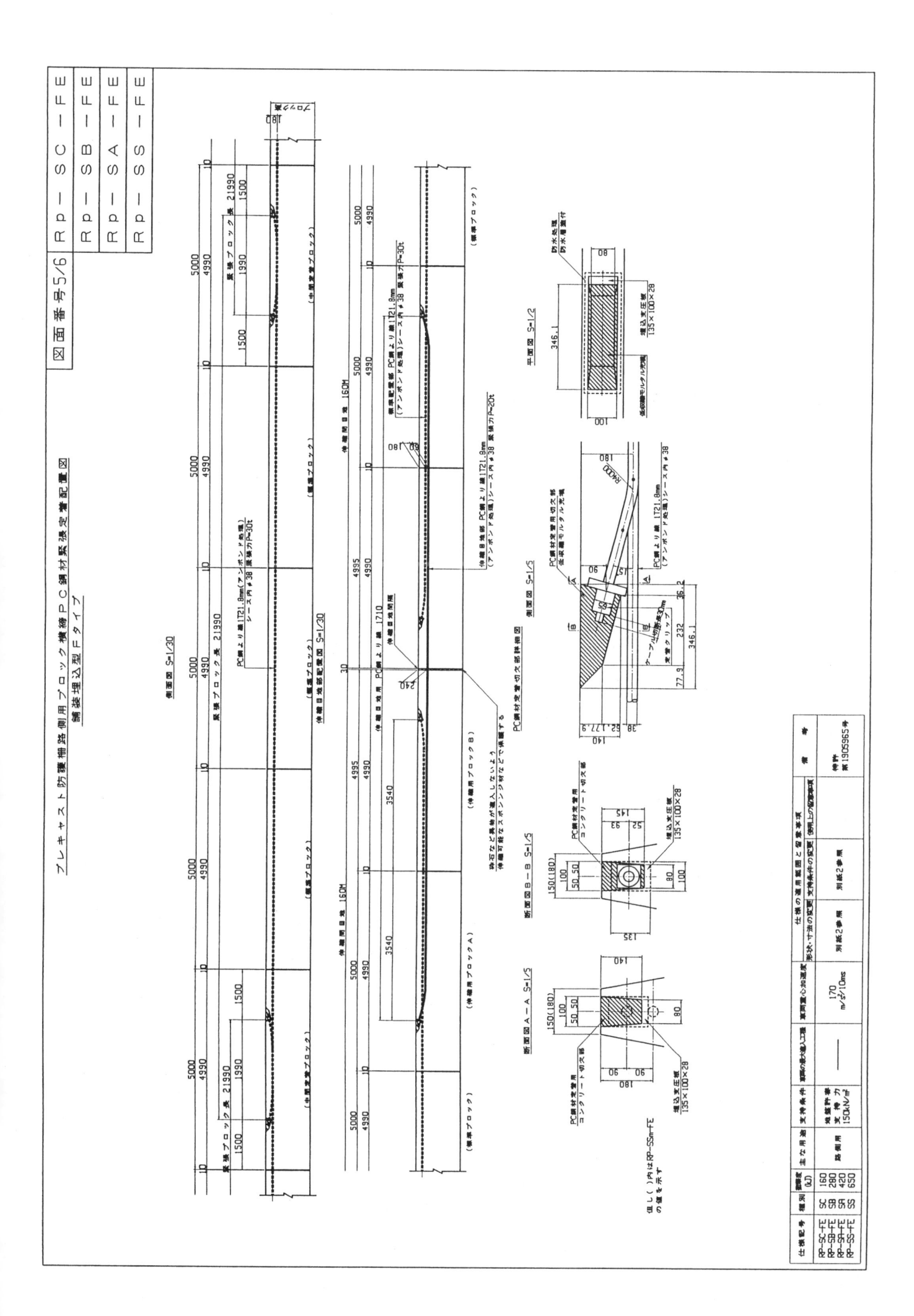

図面番号6/6	Rp− SC −FE
	Rp− SB −FE
	Rp− SA −FE
	Rp− SS −FE

プレキャスト防護柵路側用ブロック目地部詳細図
舗装埋込型Fタイプ

断面図 S=1/10

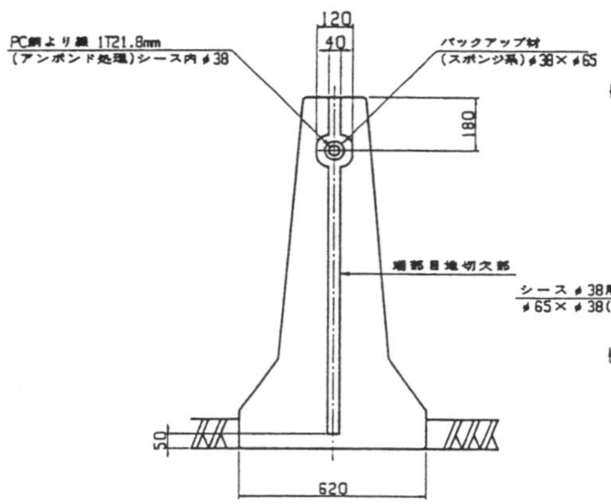

側面図 S=1/2

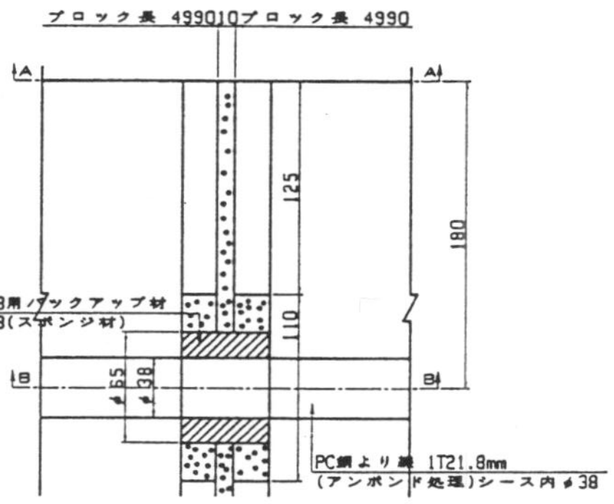

平面図 S=1/2

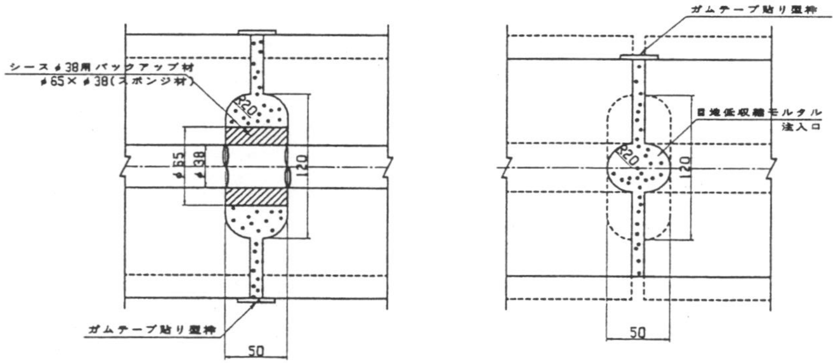

目地モルタル完全充填概要図 S=1/10

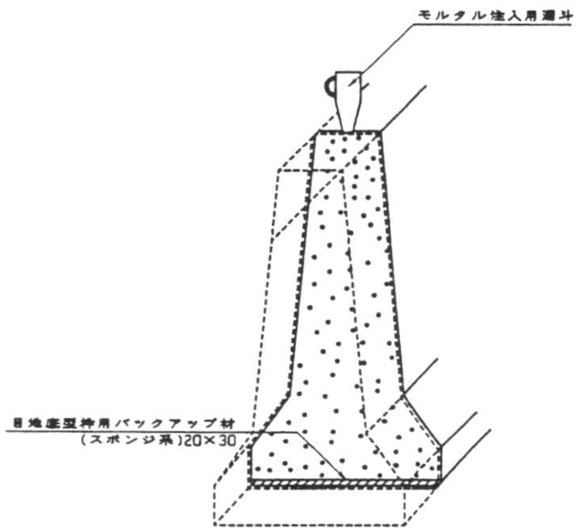

注)ブロック目地低収縮モルタル
は上端より下端まで完全に充
填すること

プレキャストブロック基礎概要図 S=1/10

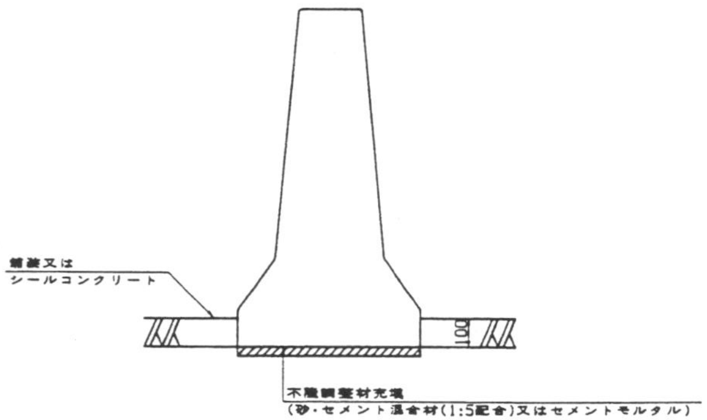

仕様記号	種別	衝撃度(kJ)	主な用途	支持条件	車両の最大進入工程	車両重心加速度	仕様の適用範囲と留意事項			備考
							形状・寸法の変更	支持条件の変更	使用上の留意事項	
RP-SC-FE RP-SB-FE RP-SA-FE RP-SS-FE	SC SB SA SS	160 280 420 650	路側用	地盤許容 支持力 150kN/m²	——	170 m/s²/10ms	別紙2参照	別紙2参照		特許 第1905965号

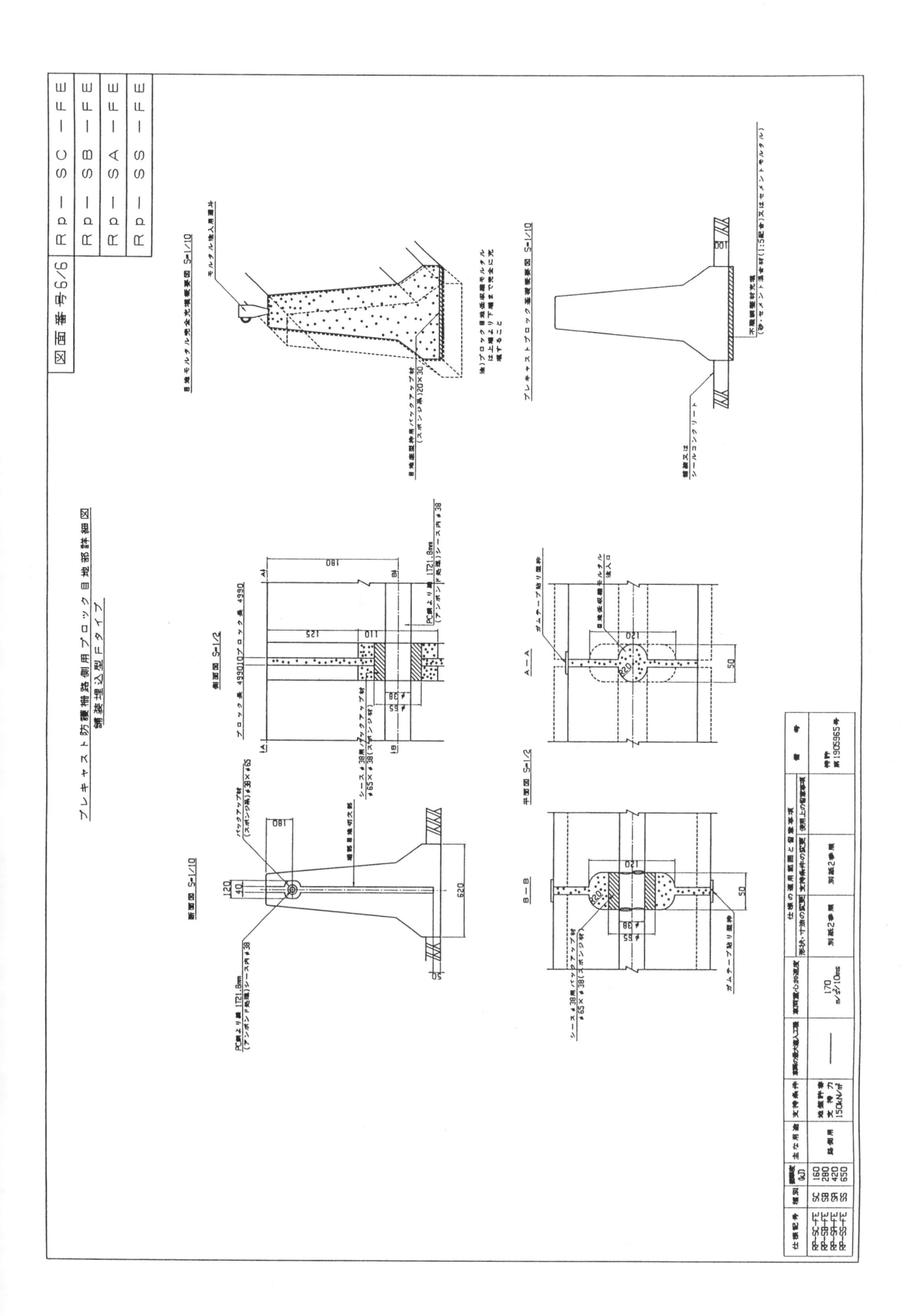

図面番号1/3	Rp－ SC －FB
	Rp－ SB －FB
	Rp－ SA －FB
	Rp－ SS －FB

プレキャスト防護柵（ＰＣ高欄）構造一般図
Fタイプ

標準部断面 S=1/5

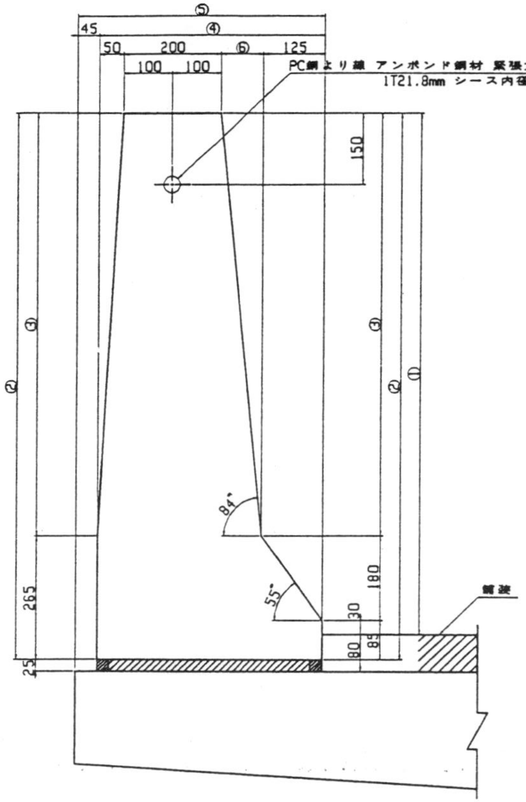

締結部断面 S=1/5

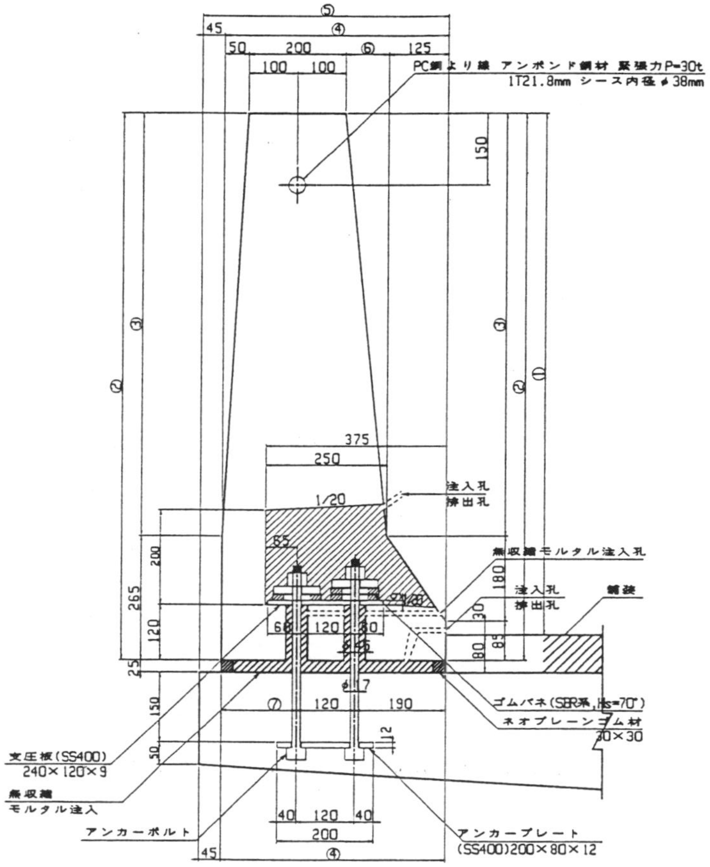

締結部側面 S=1/5

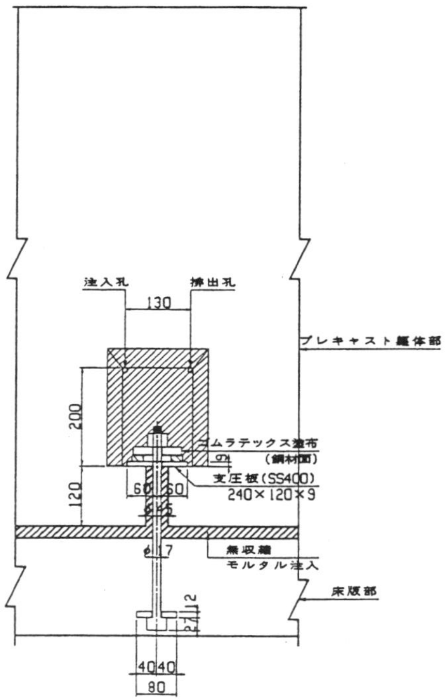

種別	h (mm) ①	h (mm) ②	h (mm) ③	b (mm) ④	b (mm) ⑤	b (mm) ⑥	b (mm) ⑦
Rp-SC-FB	800	855	590	435	480	60	125
Rp-SB-FB	900	955	690	445	490	70	135
Rp-SA-FB	1000	1055	790	455	500	80	145
Rp-SS-FB	1100	1155	890	465	510	90	155

プレキャストブロック材料

材料項目			備　考
コンクリート	設計基準強度	35N/mm²(350kgf/cm²)以上	
	許容曲げ圧縮応力度	12N/mm²(127kgf/cm²)以上	
	許容せん断応力度	0.45N/mm²(5.0kgf/cm²)以上	
鉄　筋	許容引張応力度	180N/mm²(1800kgf/cm²)	SD-295A以上
	許容せん断応力度	80N/mm²(800kgf/cm²)	
PC鋼より線 SWPR19	引張強さ	1810N/mm²(185kgf/mm²)以上	JIS G 3536
	降伏点	1570N/mm²(160kgf/mm²)以上	

仕様記号	種別	衝撃度 (kJ)	主な用途	支持条件	車両の最大進入工程	車両重心加速度	仕様の適用範囲と留意事項 形状・寸法の変更	支持条件の変更	使用上の留意事項	備　考
RP-SC-FB RP-SB-FB RP-SA-FB RP-SS-FB	SC SB SA SS	160 280 420 650	構造物用	地盤許容支持力 150kN/m²	――	170 m/s²/10ms	別紙2参照	別紙2参照		特許 第1905965号

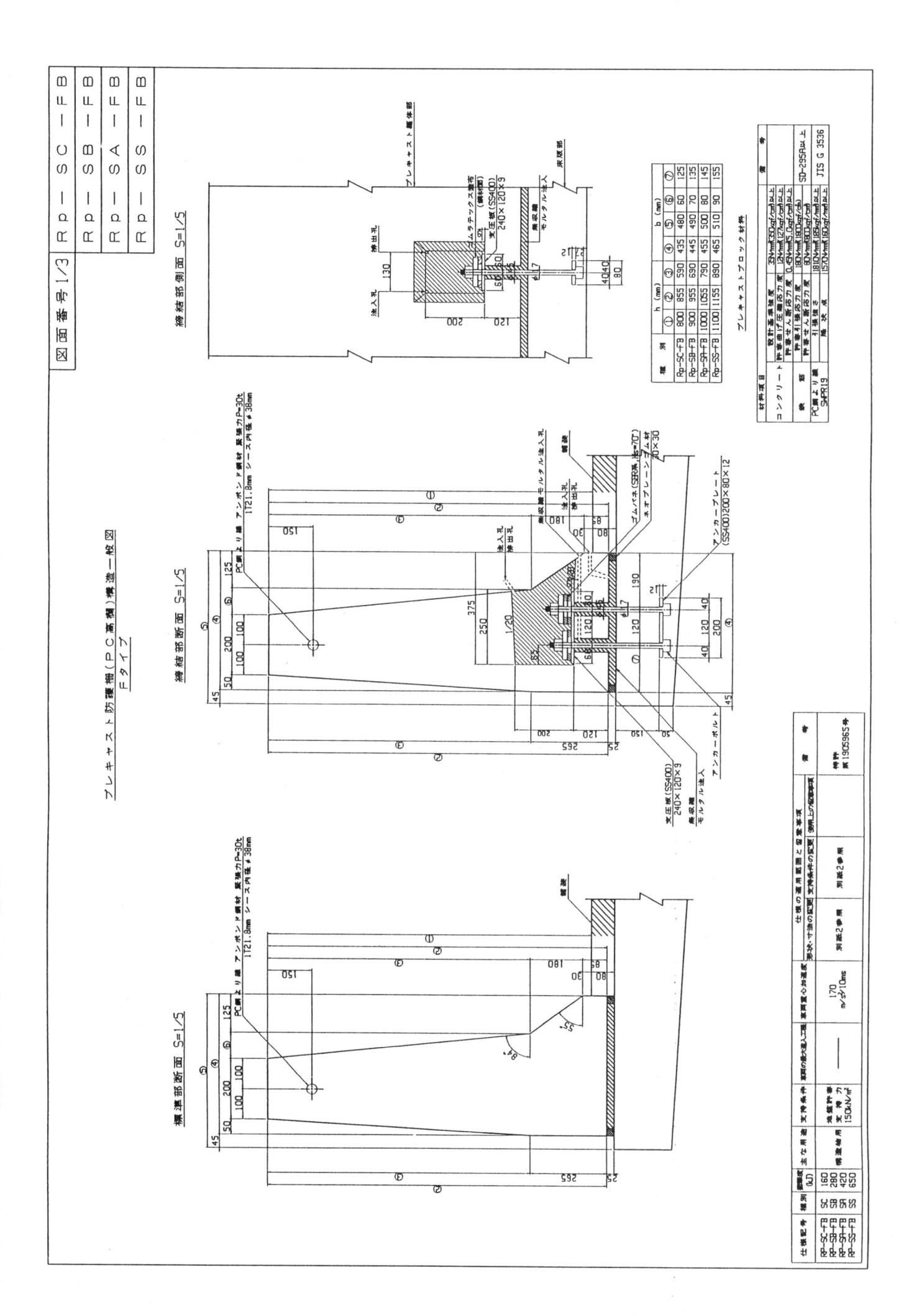

プレキャスト防護柵（PC高欄）配筋図
Fタイプ

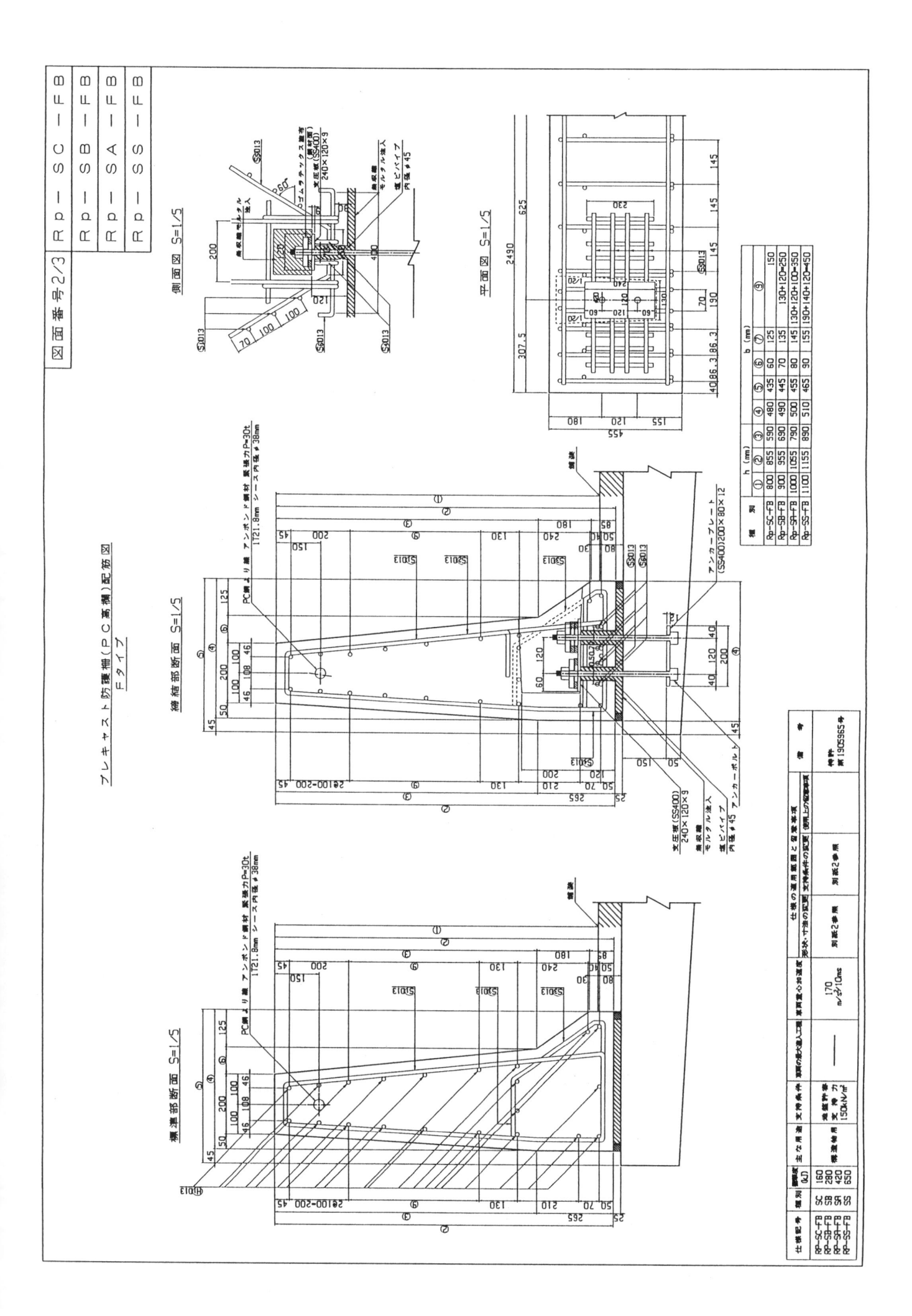

図面番号 3/3

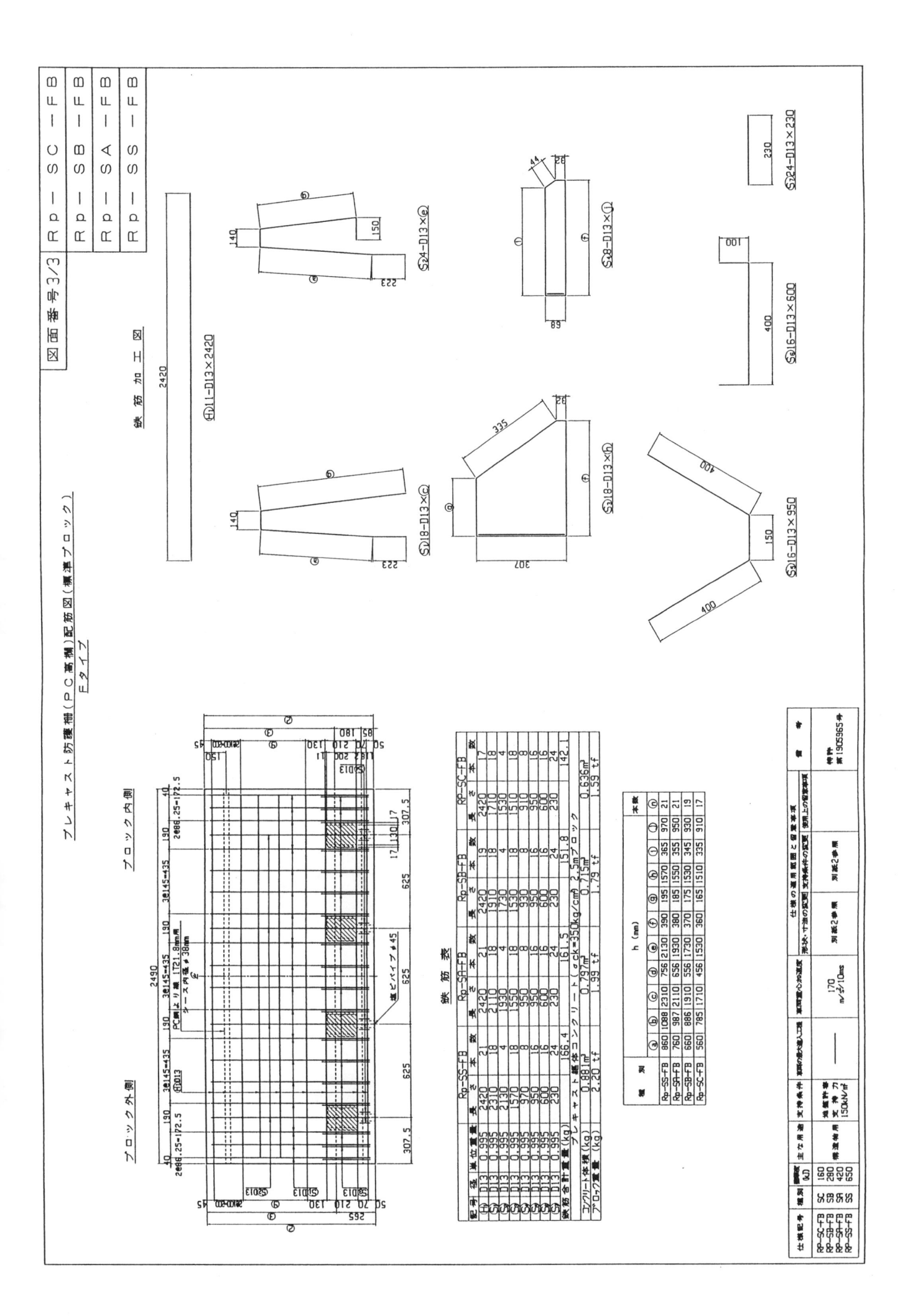

	Rp－SC－FB
	Rp－SB－FB
	Rp－SA－FB
	Rp－SS－FB

プレキャスト防護柵（PC高欄）配筋図（標準ブロック）
Eタイプ

鉄筋加工図

鉄筋表

桁径	単位重量	Rp-SS-FB		Rp-SA-FB		Rp-SB-FB		Rp-SC-FB	
		長さ	本数	長さ	本数	長さ	本数	長さ	本数
① D13	0.995	2420	21	2420	21	2420	21	2420	21
② D13	0.995	2310	18	2110	18	1910	18	1710	18
③ D13	0.995	2130	4	1930	4	1730	4	1530	4
④ D13	0.995	1570	18	1550	18	1530	18	1510	18
⑤ D13	0.995	970	8	950	8	930	8	910	8
⑥ D13	0.995	950	16	950	16	950	16	950	16
⑦ D13	0.995	600	16	600	16	600	16	600	16
⑧ D13	0.995	230	24	230	24	230	24	230	24
鉄筋合計重量 (kg)		166.4		161.5		151.8		142.1	
コンクリート体積 (m³)		0.88 プレキャスト鉄筋コンクリート (σck=350kg/cm²) 2.5mブロック		0.79		0.71		0.636	
ブロック重量 (kg)		2.20 tf		1.99 tf		1.79 tf		1.59 tf	

種別		h (mm)							
		①	②	③	④	⑤	⑥	⑦	⑧
Rp-SS-FB		860	1088	2310	756	2130	195	1570	390	970	21
Rp-SA-FB		760	987	2110	656	1930	380	1550	365	950	21
Rp-SB-FB		660	886	1910	556	1730	370	1530	355	930	19
Rp-SC-FB		560	785	1710	456	1530	360	1510	335	910	17

仕様記号	種別	鋼種別 (σy)	主な用途	支持条件	地盤支持力	路面排水用 支持刃	設計車の乗入れ方法	仕様の適用範囲と留意事項		
								形状・寸法の変更 又は下部工支持条件の変更	使用上の留意事項	
Rp-SC-FB	SC	160								
Rp-SB-FB	SB	280			150kN/m²		————	別紙2参照	別紙2参照	特許 第1905965号
Rp-SA-FB	SA	420								
Rp-SS-FB	SS	650				170 m/2/10ms				

図面番号 1/6

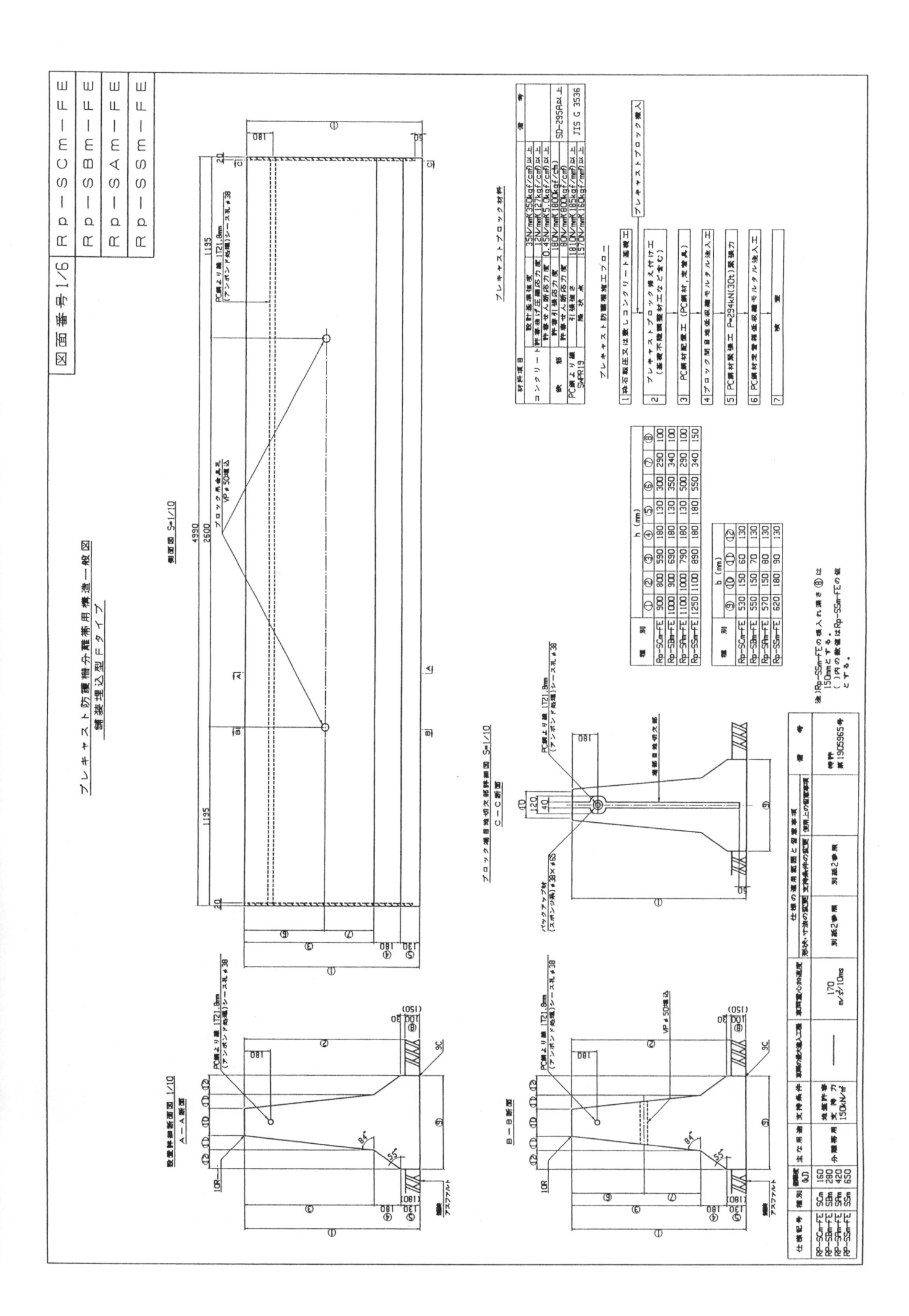

	Rp-SCm-FE
	Rp-SBm-FE
	Rp-SAm-FE
	Rp-SSm-FE

プレキャスト防護柵分離帯用構造一般図
舗装埋込型Fタイプ

材料項目

材料項目		
コンクリート	設計基準強度	35N/mm²(350kgf/cm²)以上
	許容曲げ圧縮応力度	12N/mm²(122kgf/cm²)以上
	許容せん断応力度	0.45N/mm²(5.0kgf/cm²)以上
	許容引張応力度	1.8N/mm²(18.0kgf/cm²)以下
鉄筋	許容せん断応力度	180N/mm²(1800kgf/cm²) SD-295A以上
	引張強度	180N/mm²(1800kgf/cm²)
PC鋼より線 SWPR19	引張強度	1810N/mm²(1850kgf/mm²)以上
	施工時	1570N/mm²(1600kgf/mm²)以上 JIS G 3536

プレキャスト防護柵施工フロー

1. 路盤転圧又は基礎コンクリート整形工
2. プレキャストブロック据え付け工（舗装不陸整正エ作業など含む）
3. PC鋼材配置工 (PC鋼材、定着具)
4. ブロック継目地左官無収縮モルタル注入工
5. PC鋼材緊張工 P=294kN(30t)緊張力
6. PC鋼材定着部左官無収縮モルタル注入工
7. 検査

側面図 S=1/10

ブロック継目地切欠部詳細図 S=1/10 C-C断面

設置幹線断面図 1/10 A-A断面

B-B断面

種別	b (mm)				h (mm)				
	①	②	③	④	⑤	⑥	⑦	⑧	⑨
Rp-SCm-FE	900	800	530	180	590	180	130	290	100
Rp-SBm-FE	1000	900	550	180	690	180	130	340	100
Rp-SAm-FE	1100	1000	570	180	790	180	180	290	100
Rp-SSm-FE	1250	1100	620	180	890	180	180	340	150

注) Rp-SSm-FEの埋込み深さ⑧は150mmとする。
( )内の数値はRp-SSm-FEの値とする。

仕様記号	種別	主な用途	支持条件	車両の衝突進入速度	道路面の粗度係数	仕様の運用範囲と留意事項			備考
						流水中途の配置	支持条件の配置	別紙参照	
Rp-SCm-FE	SCm	160	主道路	分離帯用	衝突計算 支持力 150kN/m²	—	170 m/√10ms		別紙2参照	別紙2参照	特許 第1905965号
Rp-SBm-FE	SBm	280								
Rp-SAm-FE	SAm	420								
Rp-SSm-FE	SSm	650								

プレキャスト防護柵分離帯用ブロック配筋図（標準ブロック）
舗装埋込型Fタイプ

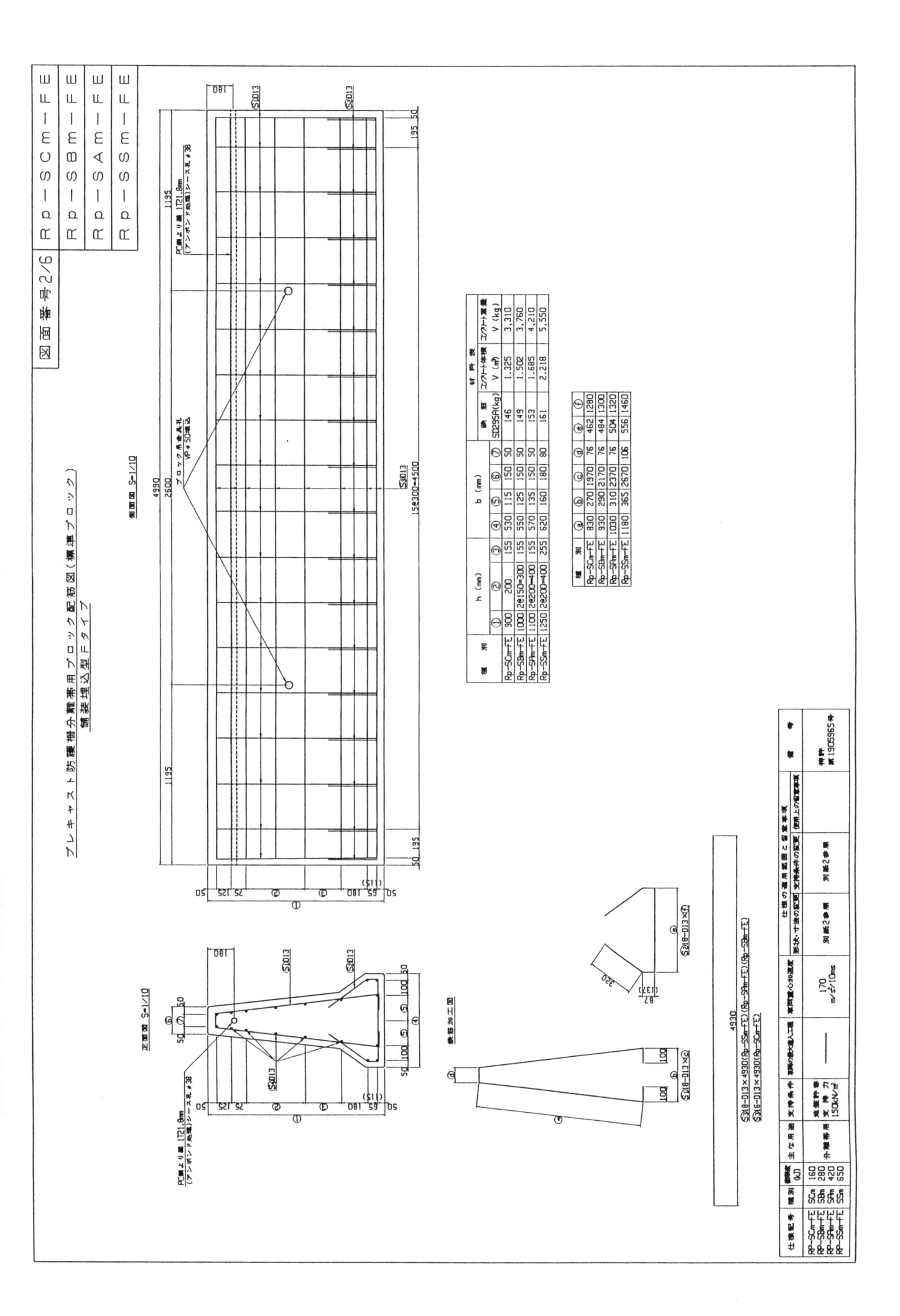

図面番号 2/6	Rp－SCm－FE
	Rp－SBm－FE
	Rp－SAm－FE
	Rp－SSm－FE

側面図 S=1/10

正面図 S=1/10

鉄筋加工図

材料表

種別	鉄筋		コンクリート体積	
	SD295A(kg)	V (m³)	コンクリート質量 V (kg)
Rp-SCm-FE	146	1.325	3,310
Rp-SBm-FE	149	1.502	3,760
Rp-SAm-FE	153	1.685	4,210
Rp-SSm-FE	161	2.218	5,550

種別	h (mm)				b (mm)							
	①	②	③	④	⑤	⑥	⑦	ⓐ	ⓑ	ⓒ	ⓓ	ⓔ
Rp-SCm-FE	900	200	155	530	115	150	50	830	270	1970	76	462	1280
Rp-SBm-FE	1000	2@150=300	155	550	125	150	50	930	290	2170	76	484	1300
Rp-SAm-FE	1100	2@200=400	155	570	135	150	50	1030	310	2370	76	504	1320
Rp-SSm-FE	1250	2@200=400	255	620	160	180	80	1180	365	2670	106	556	1460

仕様記号	種別	設置高 (H)	主な用途	支持条件	分離帯の舗装打込み工法	衝突荷重の作用位置	仕様の適用範囲と留意事項		備考
Rp-SCm-FE	SCm	160	分離帯用	舗装貫入型 支持力 150kN/m²	S∅18-D13×4930(Rp-SSm-FE)(Rp-SAm-FE)(Rp-SBm-FE) S∅16-D13×4930(Rp-SCm-FE)	170 m/s²10ms	施工・中埋の配置、支持条件の変更	別紙2参照	特許 第1909965号
Rp-SBm-FE	SBm	280					使用上の留意事項	別紙2参照	
Rp-SAm-FE	SAm	420							
Rp-SSm-FE	SSm	650							

図面番号3/6	Rp－SCm－FE
	Rp－SBm－FE
	Rp－SAm－FE
	Rp－SSm－FE

プレキャスト防護柵路側用ブロック配筋図(PC鋼材定着ブロック)
舗装埋込型Fタイプ

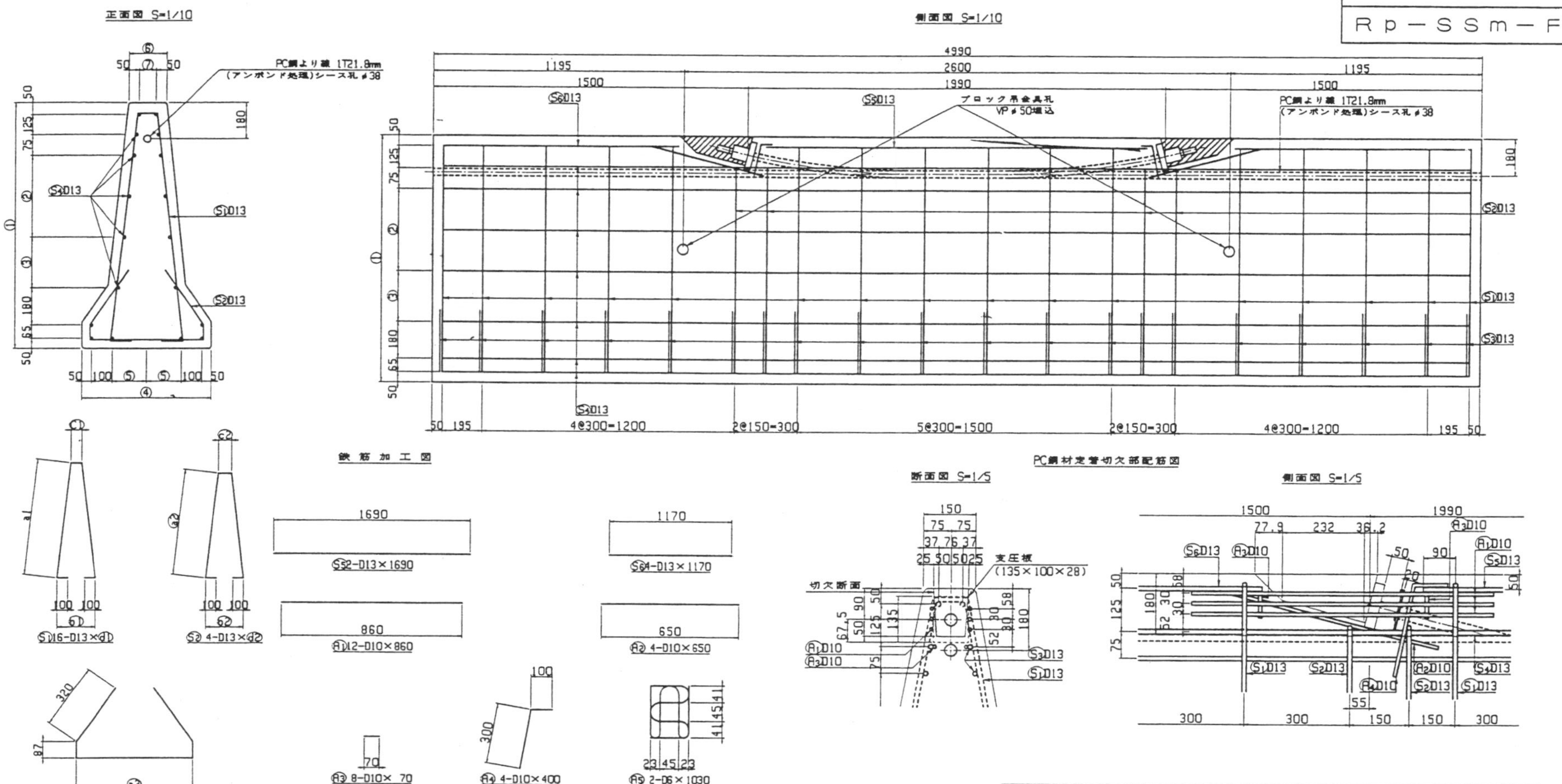

種別	h (mm)			b (mm)				材料表		
								鉄筋	コンクリート体積	コンクリート重量
	①	②	③	④	⑤	⑥	⑦	SD295A(kg)	V (m³)	V (kg)
Rp-SCm-FE	900	200	155	530	115	150	50	158	1.325	3,310
Rp-SBm-FE	1000	2@150=300	155	550	125	150	50	170	1.502	3,760
Rp-SAm-FE	1100	2@200=400	155	570	135	150	50	174	1.685	4,210
Rp-SSm-FE	1250	2@200=400	255	620	160	180	80	181	2.218	5,550

種別	a1	b1	c1	d1	a2	b2	c2	d2	a3	b3
Rp-SCm-FE	830	270	76	1970	720	270	126	1830	462	1280
Rp-SBm-FE	930	290	76	2170	820	290	126	1930	484	1300
Rp-SAm-FE	1030	310	76	2370	920	310	126	2130	504	1320
Rp-SSm-FE	1180	365	106	2670	1020	365	156	2450	556	1460

仕様記号	種別	衝撃度 (kJ)	主な用途	支持条件	車両の最大進入工程	車両重心加速度	仕様の適用範囲と留意事項			備考
							形状・寸法の変更	支持条件の変更	使用上の留意事項	
RP-SCm-FE RP-SBm-FE RP-SAm-FE RP-SSm-FE	SCm SBm SAm SSm	160 280 420 650	分離帯用	地盤許容支持力 150kN/m²	―	170 m/s²/10ms	別紙2参照	別紙2参照		特許 第1905965号

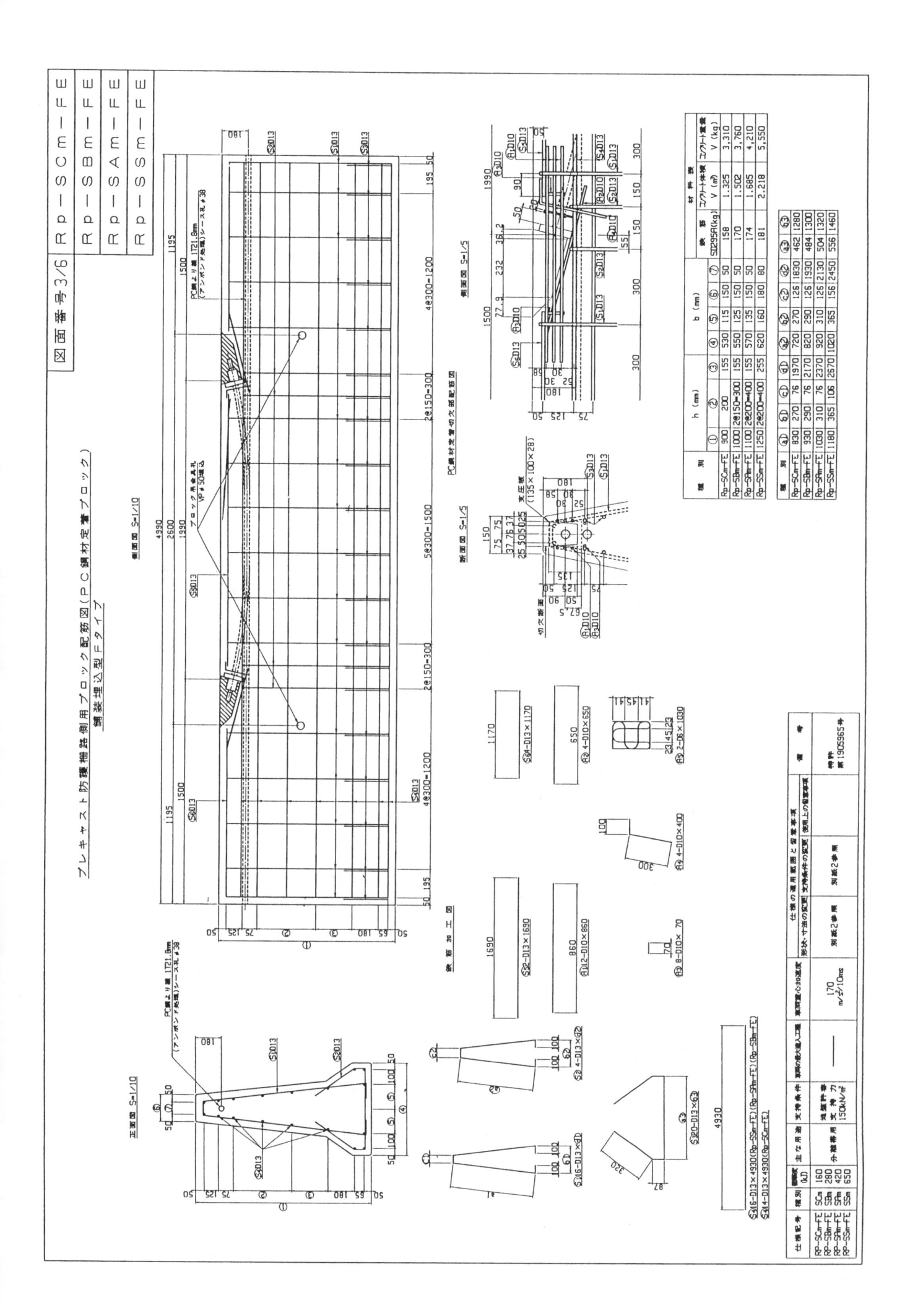

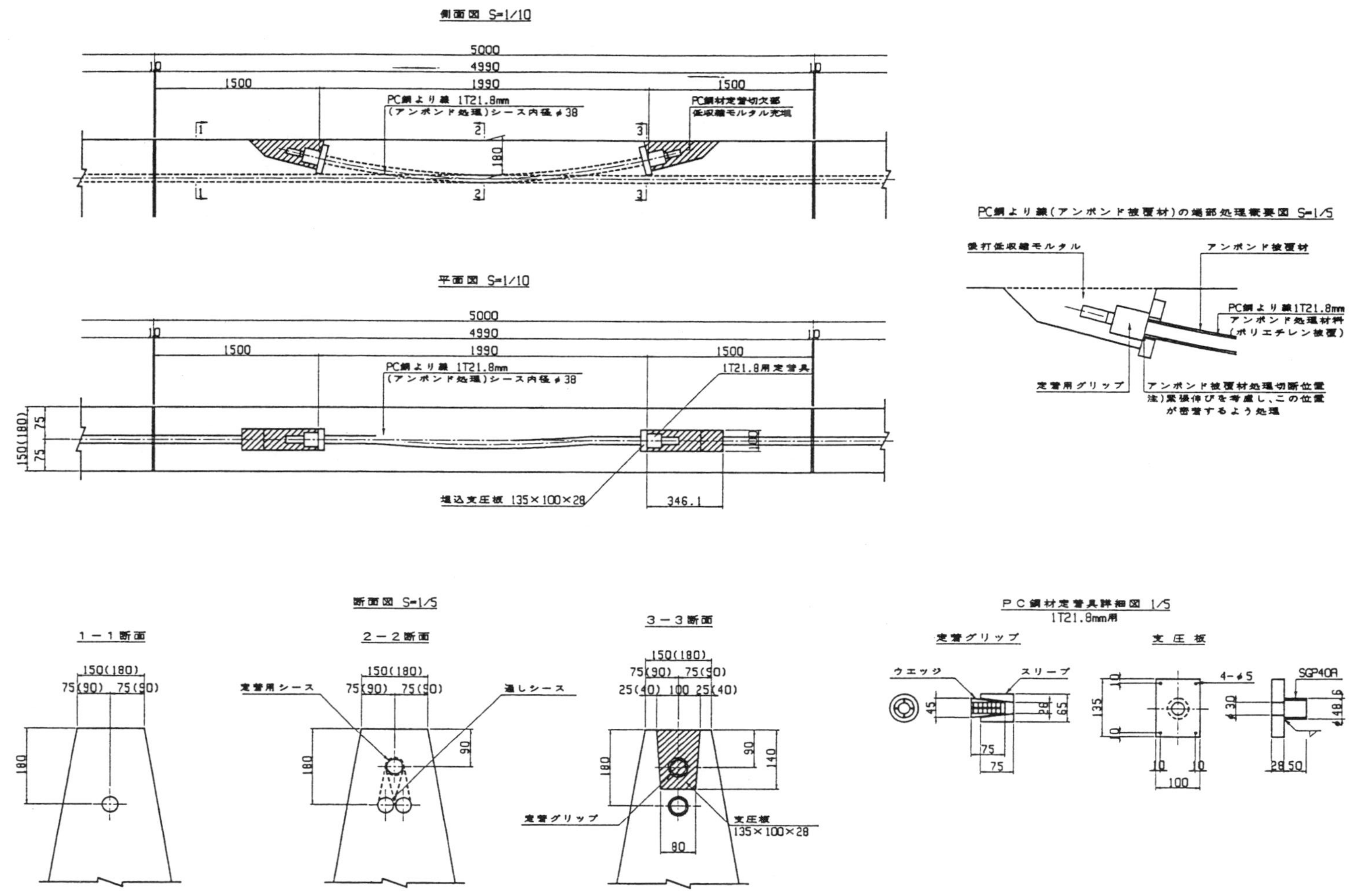

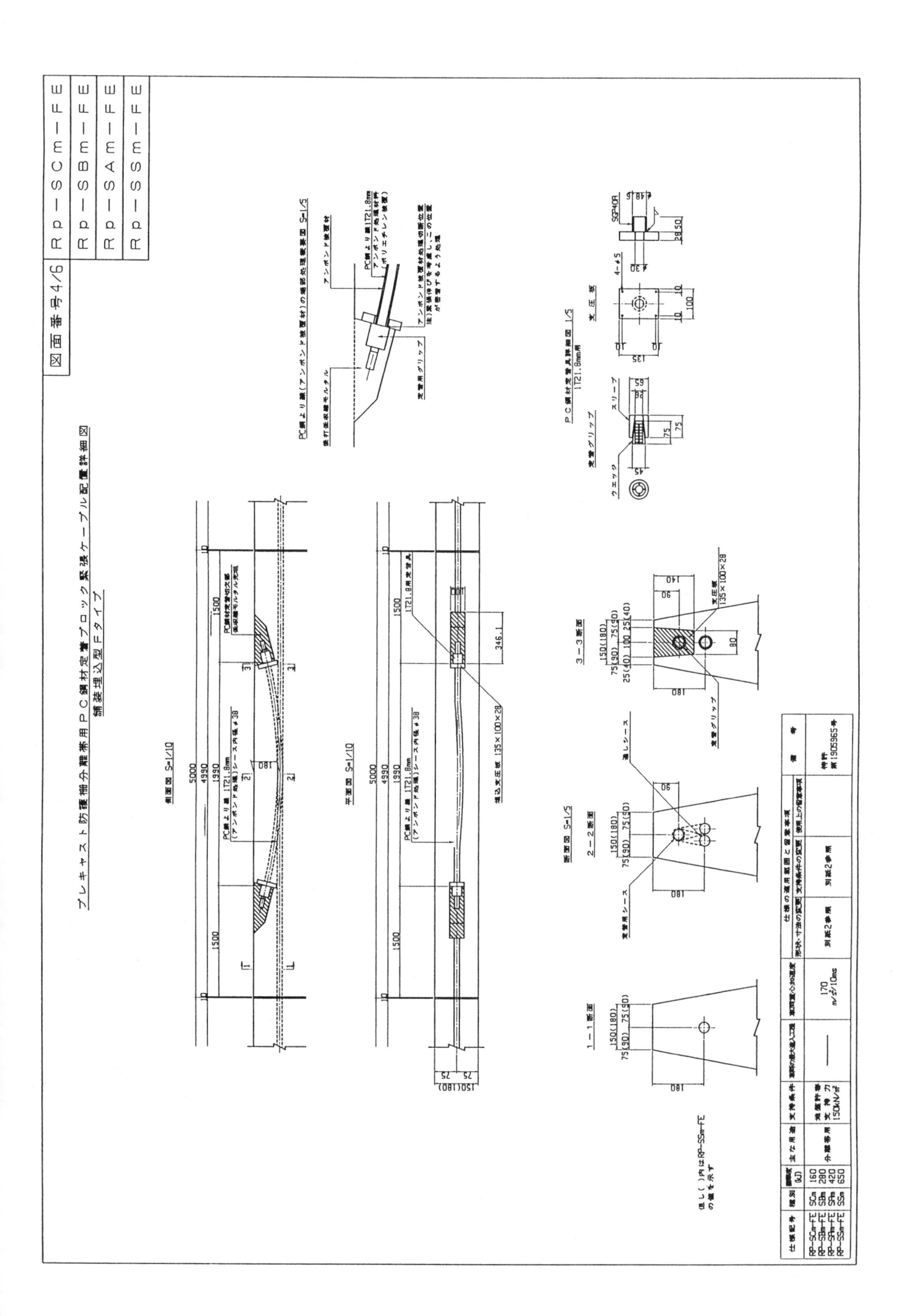

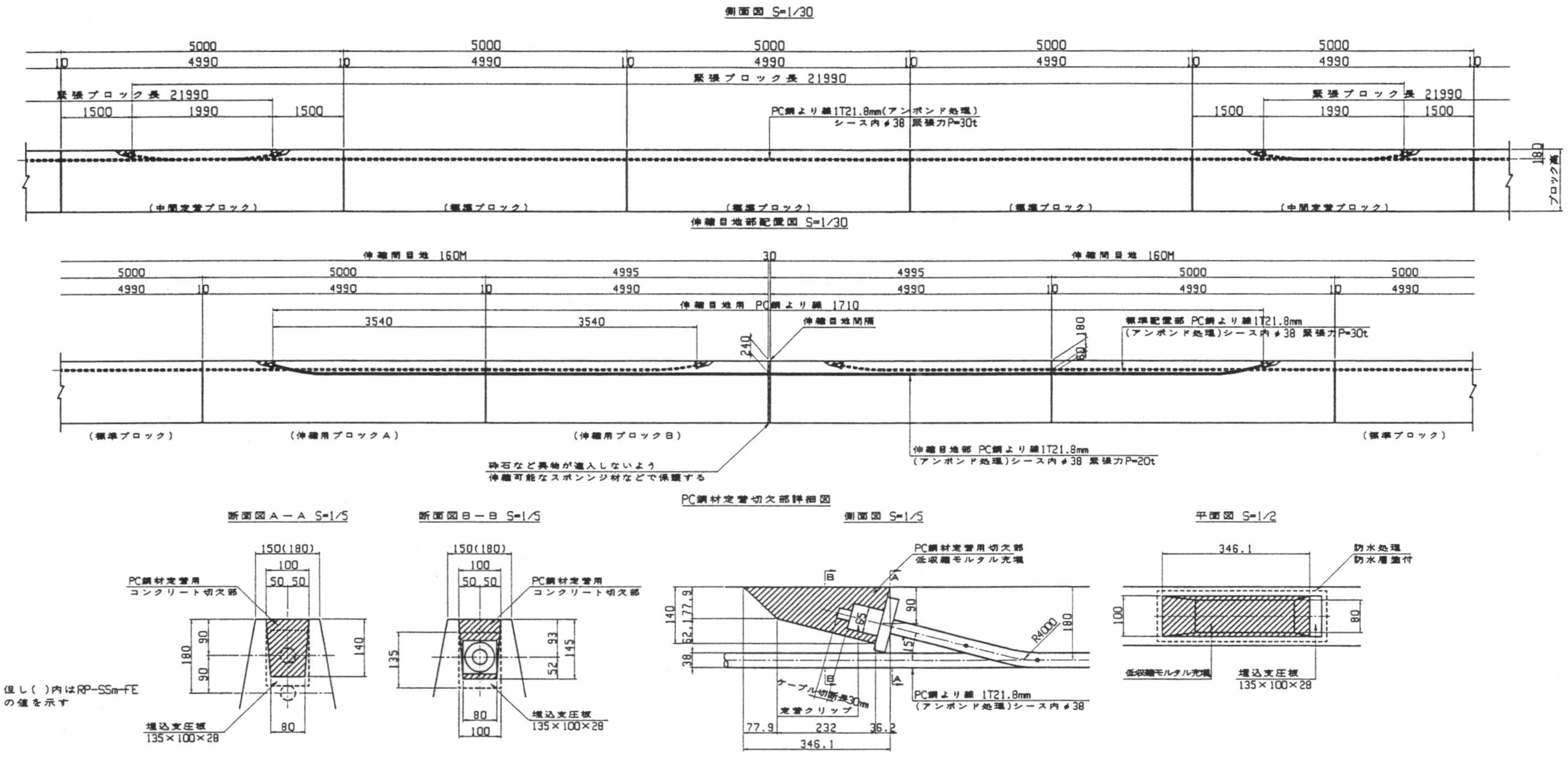

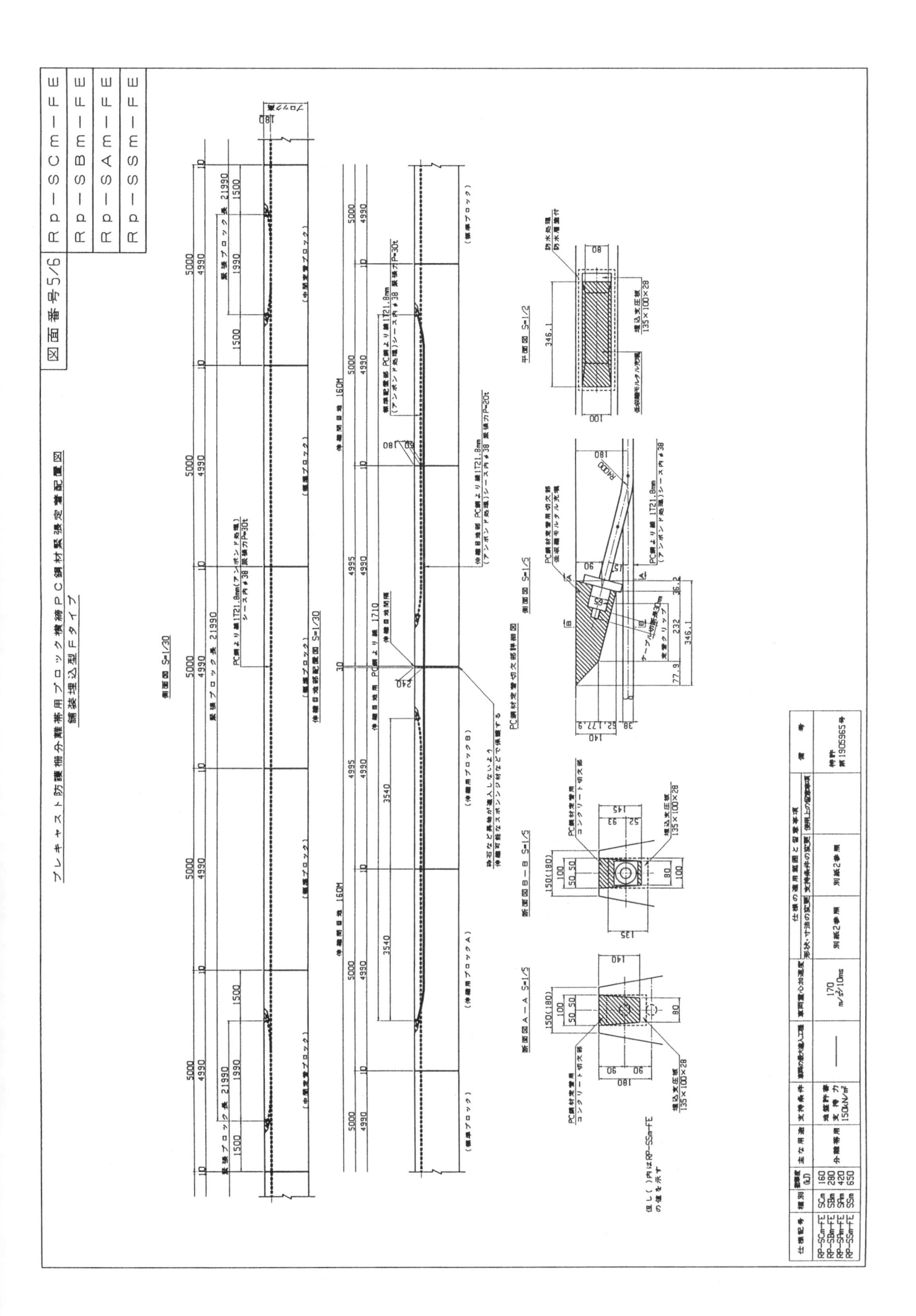

図面番号6/6	Rp－SCm－FE
	Rp－SBm－FE
	Rp－SAm－FE
	Rp－SSm－FE

プレキャスト防護柵分離帯用ブロック目地部詳細図
舗装埋込型Fタイプ

断面図 S=1/10

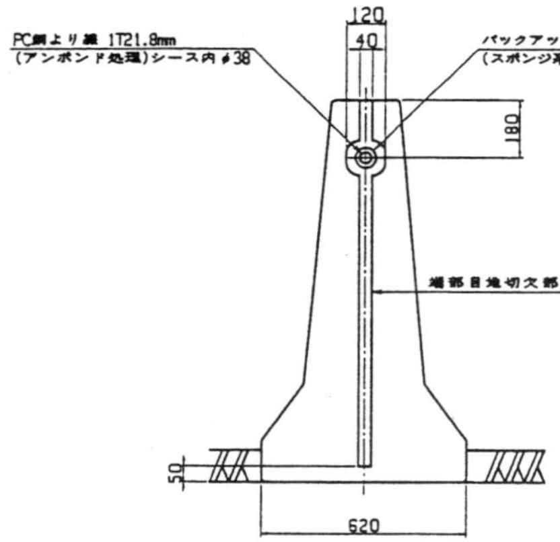

側面図 S=1/2

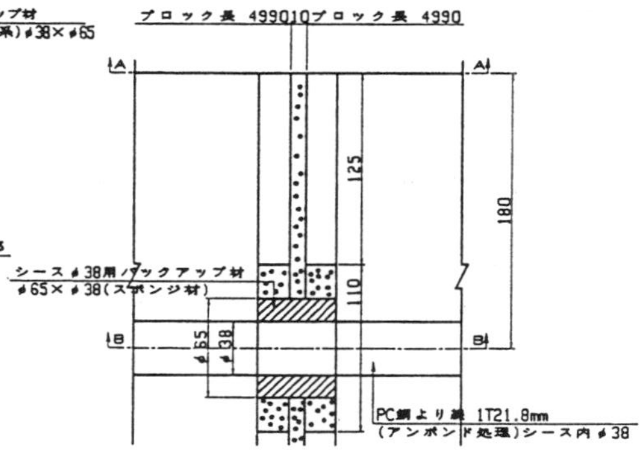

目地モルタル完全充填概要図 S=1/10

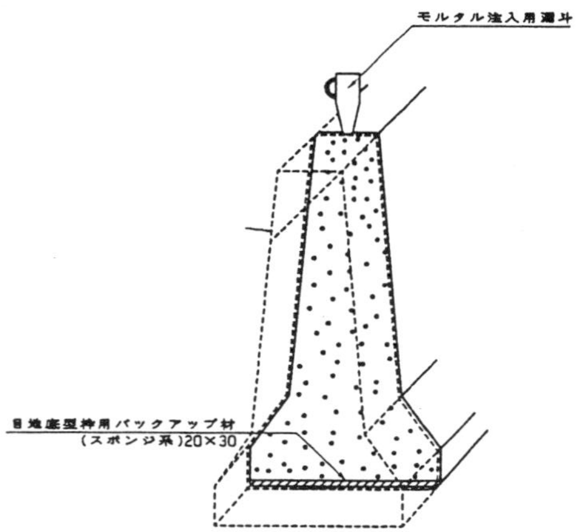

注)ブロック目地低収縮モルタルは上端より下端まで完全に充填すること

B－B　平面図 S=1/2　A－A

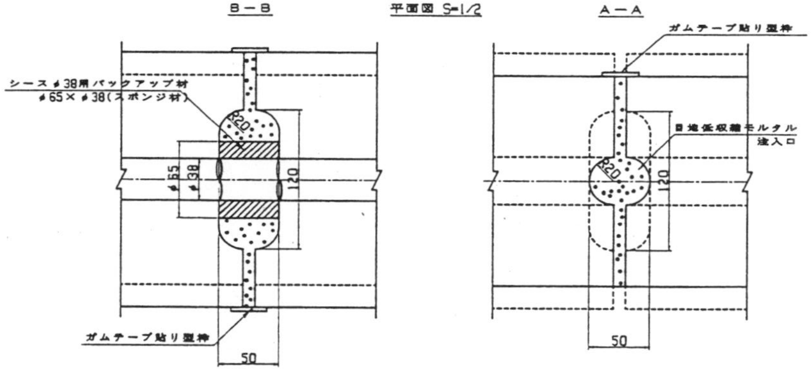

プレキャストブロック基礎概要図 S=1/10

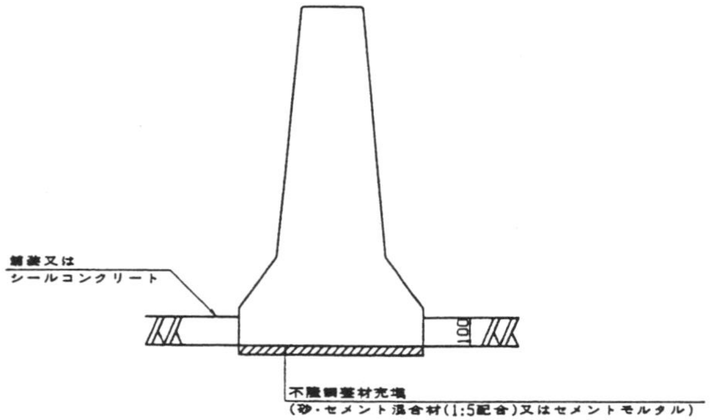

仕様記号	種別	設計強度(kJ)	主な用途	支持条件	車両の最大進入工度	車両重心加速度	仕様の適用範囲と留意事項			備考
							形状・寸法の変更	支持条件の変更	使用上の留意事項	
RP-SCm-FE RP-SBm-FE RP-SAm-FE RP-SSm-FE	SCm SBm SAm SSm	160 280 420 650	分離帯用	地盤許容支持力 150kN/m²	――	170 m/s²/10ms	別添2参照	別添2参照		特許 第1905965号

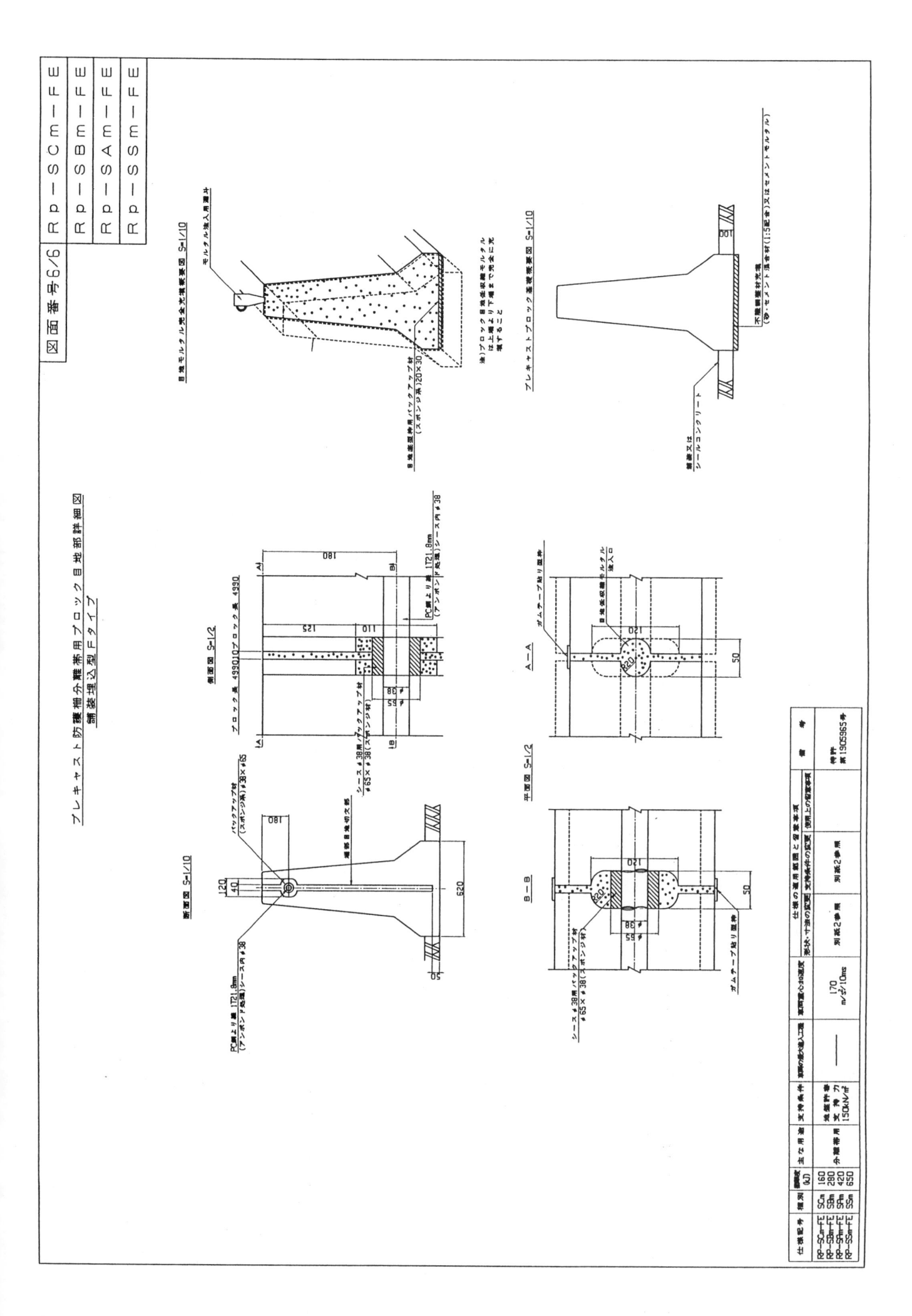

図面番号1/6	Rp－SC－SE
	Rp－SB－SE
	Rp－SA－SE
	Rp－SS－SE

プレキャスト防護柵路側用構造一般図
舗装埋込型（単スロープタイプ）

設置断面図 S=1/10
A－A断面

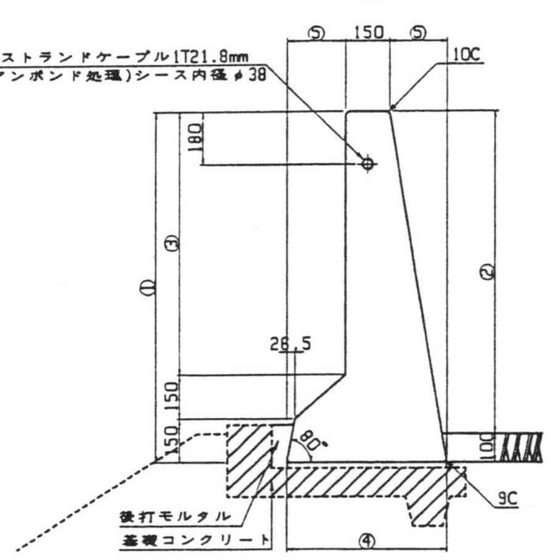

側面図 S=1/10

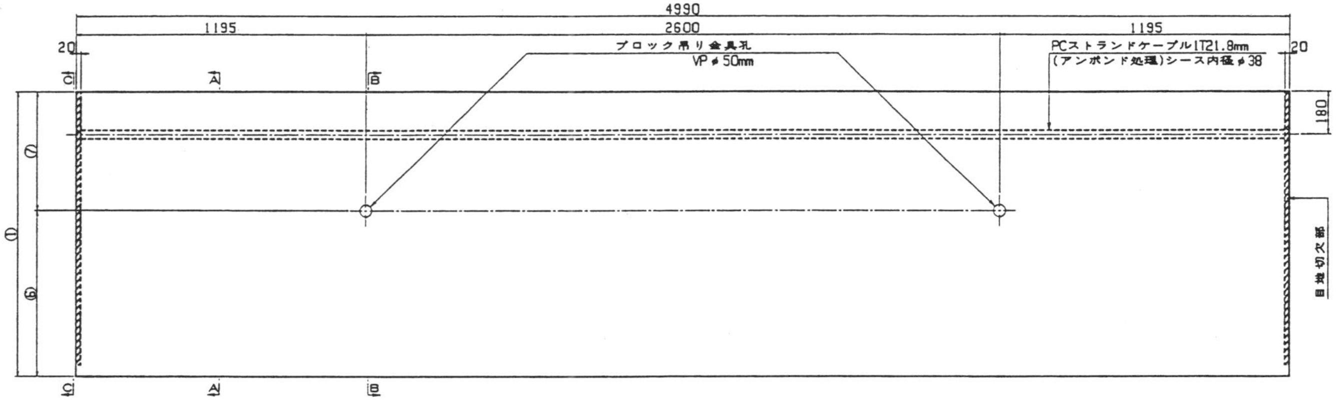

ブロック吊り上げ部詳細図 S=1/10
B－B断面

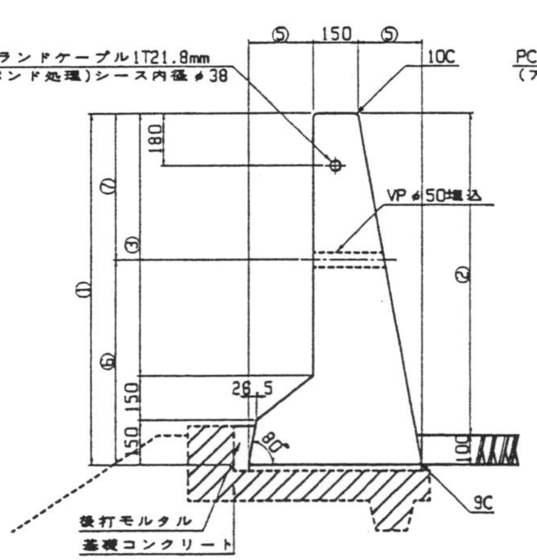

ブロック端目地切欠部詳細図 S=1/10
C－C断面

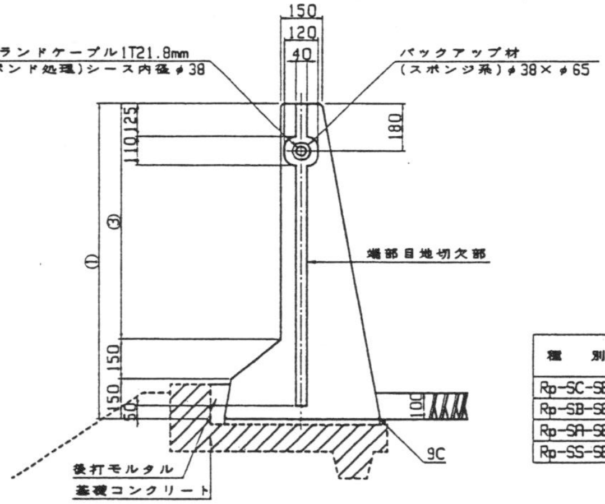

種別	h (mm) ①	h (mm) ②	h (mm) ③	b (mm) ④	b (mm) ⑤	b (mm) ⑥	b (mm) ⑦
Rp-SC-SE	900	800	600	468	156	400	500
Rp-SB-SE	1000	900	700	502	176	400	600
Rp-SA-SE	1100	1000	800	538	194	500	600
Rp-SS-SE	1200	1100	900	574	212	500	700

プレキャストブロック材料

材料項目			備考
コンクリート	設計基準強度	35N/mm²(350kgf/cm²)以上	
	許容曲げ圧縮応力度	12N/mm²(127kgf/cm²)以上	
	許容せん断応力度	0.45N/mm²(5.0kgf/cm²)以上	
鉄筋	許容引張応力度	180N/mm²(1800kgf/cm²)	SD-295A以上
	許容せん断応力度	80N/mm²(800kgf/cm²)	
PC鋼より線 SWPR19	引張強さ	1810N/mm²(185kgf/mm²)以上	JIS G 3536
	降伏点	1570N/mm²(160kgf/mm²)以上	

プレキャスト防護柵施工フロー

1. 砕石転圧又は敷しコンクリート基礎工 ← プレキャストブロック搬入
2. プレキャストブロック据え付け工（基礎不陸調整材工など含む）
3. PC鋼材配置工（PC鋼材，定着具）
4. ブロック間目地低収縮モルタル注入工
5. PC鋼材緊張工 P=294kN(30t)緊張力
6. PC鋼材定着種低収縮モルタル注入工
7. 検査

仕様記号	種別	衝撃度(kJ)	主な用途	支持条件	車両の最大進入工護	車両重心加速度	仕様の適用範囲と留意事項 形状・寸法の変更	支持条件の変更	使用上の留意事項	備考
RP-SC-SE RP-SB-SE RP-SA-SE RP-SS-SE	SC SB SA SS	160 280 420 650	路側用	地盤許容支持力 150kN/m²	――	190 m/s²/10ms	別紙2参照	別紙2参照		特許 第1905965号

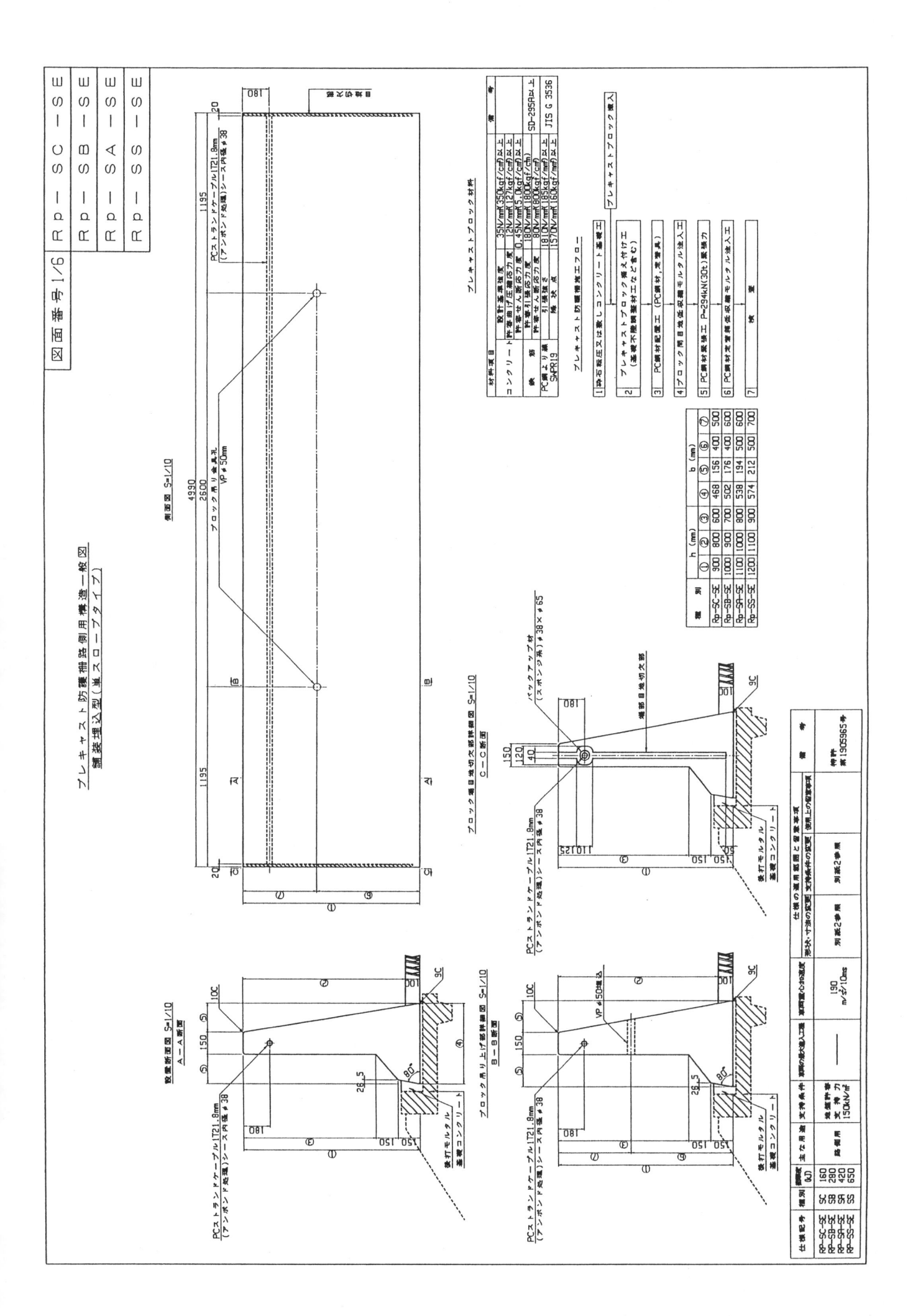

プレキャスト防護柵路側用ブロック配筋図（標準ブロック）
舗装埋込型（単スロープタイプ）

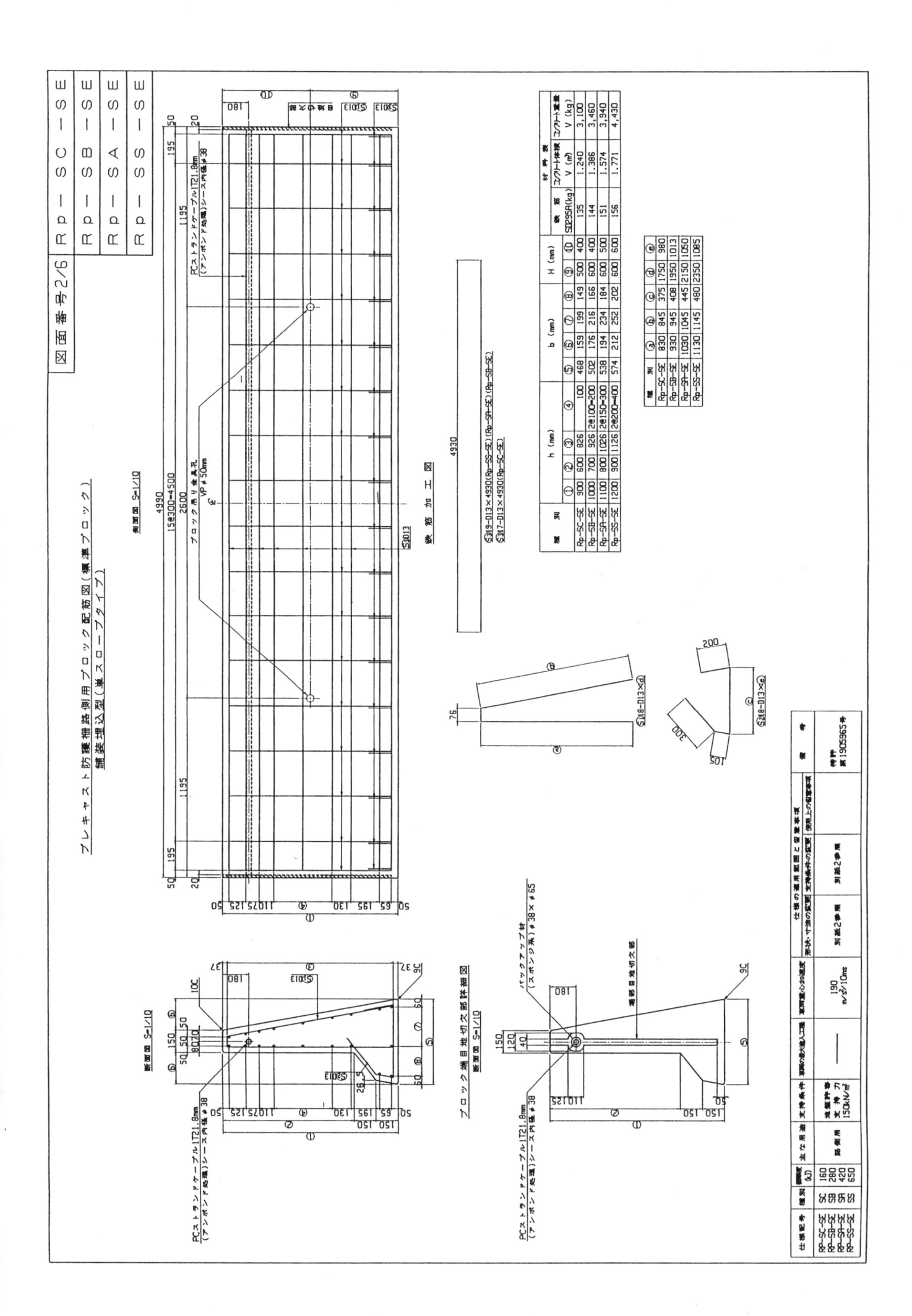

図面番号 2/6

	Rp－SC－SE
	Rp－SB－SE
	Rp－SA－SE
	Rp－SS－SE

側面図 S=1/10

断面図 S=1/10

鉄筋加工図

ブロック継目地切欠部詳細図
断面図 S=1/10

材料表

種別	鉄筋 SD295A(kg)	コンクリート体積 V(m³)	コンクリート重量 V(kg)
Rp-SC-SE	135	1.240	3,100
Rp-SB-SE	144	1.386	3,460
Rp-SA-SE	151	1.574	3,940
Rp-SS-SE	156	1.771	4,430

種別	h (mm) ①	②	③	④	b (mm) ⑤	⑥	⑦	⑧	H (mm) ⑨	⑩	⑪	⑫
Rp-SC-SE	900	600	826	100	468	159	199	149	500	375	1750	980
Rp-SB-SE	1000	700	926	2@100=200	502	176	216	166	600	408	1950	1013
Rp-SA-SE	1100	800	1026	2@150=300	538	194	234	184	600	445	2150	1050
Rp-SS-SE	1200	900	1126	2@200=400	574	212	252	202	600	480	2350	1085

S⑨-D13×4930 (Rp-SS-SE)(Rp-SA-SE)(Rp-SB-SE)
S⑰-D13×4930 (Rp-SC-SE)

仕様記号	種別	質量 (kg)	主な用途	支持条件	地盤許容支持力	路面舗装(衝突体侵入)工費	積雪荷重 心地加速度	文献資料掲示条件の資料	仕様の運用項目と留意事項 (使用上の留意事項)	備考
Rp-SC-SE	SC	160	路側用	支持力 150kN/m²	—	190 m/s² 10ms	別添2参照	漏水・中途の変更 文献条件の資料変更 別添2参照	特許 第1905965号
Rp-SB-SE	SB	280								
Rp-SA-SE	SA	420								
Rp-SS-SE	SS	650								

図面番号3/6	Rp− SC −SE
	Rp− SB −SE
	Rp− SA −SE
	Rp− SS −SE

プレキャスト防護柵路側用ブロック配筋図(PC鋼材定着ブロック)
舗装埋込型(単スロープタイプ)

A−A断面図 S=1/10

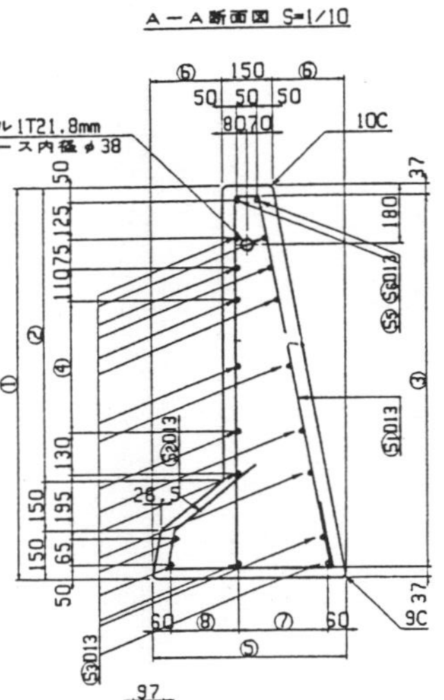

側面図 S=1/10

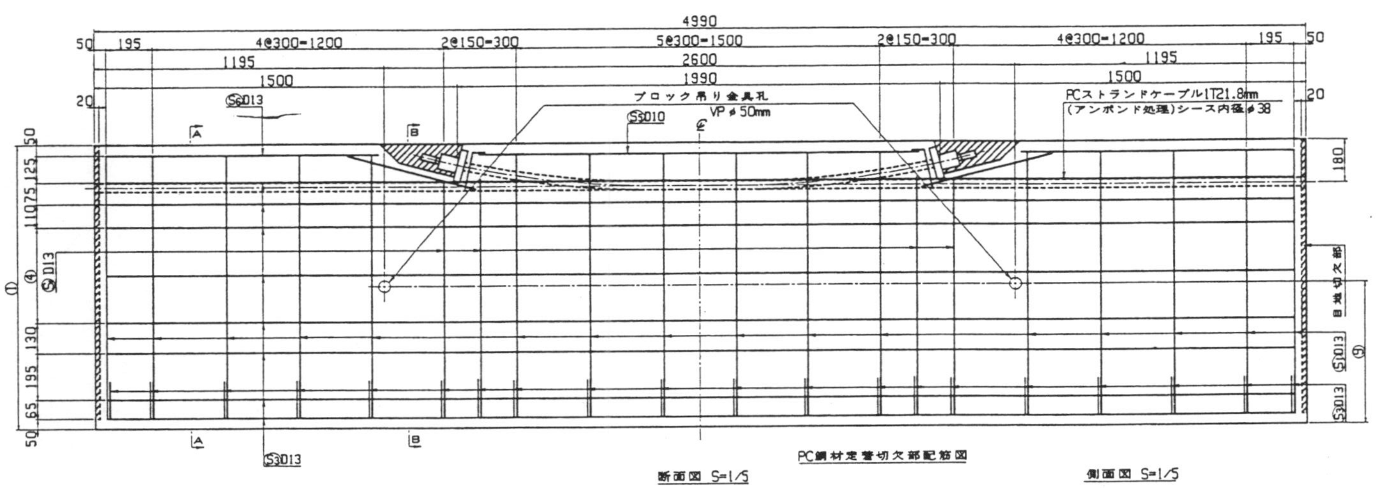

鉄筋加工図

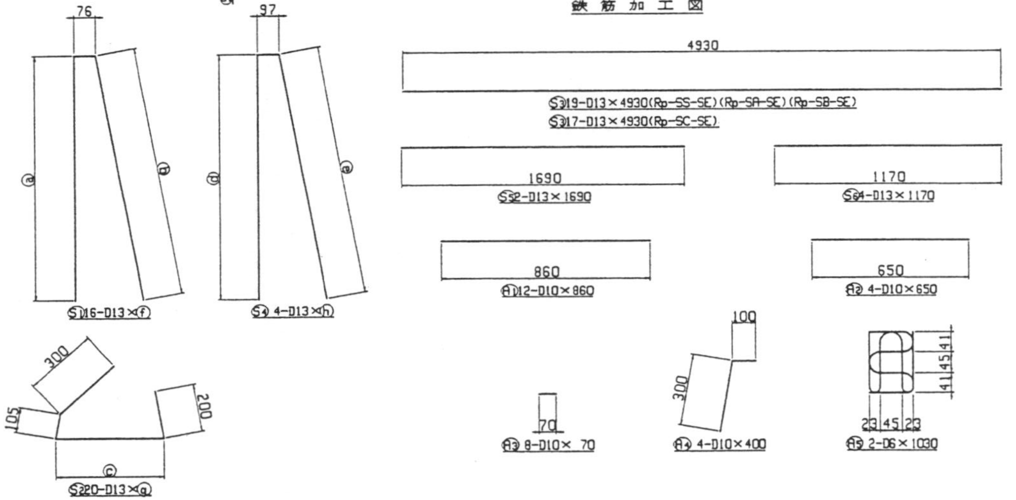

PC鋼材定着切欠部配筋図

断面図 S=1/5

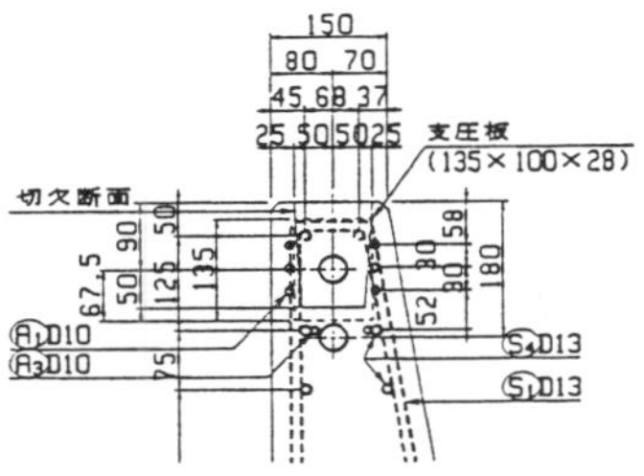

側面図 S=1/5

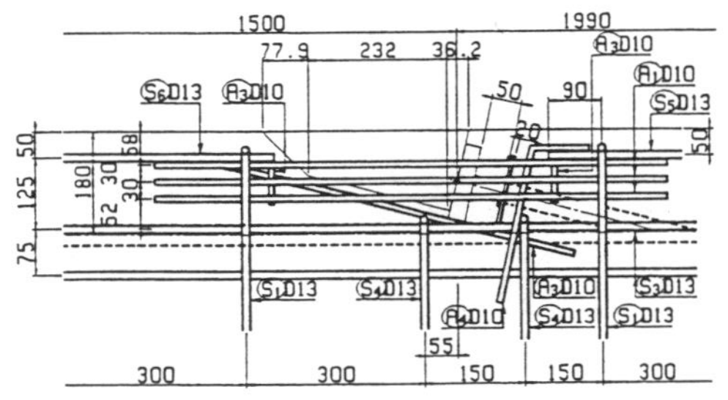

種別	h (mm)					b (mm)					材料表		
											鉄筋	コンクリート体積	コンクリート重量
	①	②	③	④	⑤	⑤	⑥	⑦	⑧	⑨	SD295A(kg)	V (m³)	V (kg)
Rp−SC−SE	900	600	826	468	100	468	159	199	149	500	148	1.240	3,100
Rp−Sm−SE	1000	700	926	502	2@100=200	502	176	216	166	600	153	1.386	3,460
Rp−SA−SE	1100	800	1026	538	2@150=300	538	194	234	184	600	160	1.574	3,940
Rp−SS−SE	1200	900	1126	574	2@200=400	574	212	252	202	600	165	1.771	4,430

種別	ⓐ	ⓑ	ⓒ	ⓓ	ⓔ	ⓕ	ⓖ	ⓗ
Rp−SC−SE	830	845	375	715	735	1750	980	1565
Rp−Sm−SE	930	945	408	815	835	1950	1013	1765
Rp−SA−SE	1030	1045	445	915	935	2150	1050	1965
Rp−SS−SE	1130	1145	480	1015	1030	2350	1085	2160

仕様記号	種別	衝撃度(kJ)	主な用途	支持条件	車両の最大進入工程	車両重心加速度	仕様の適用範囲と留意事項			備考
							形状・寸法の変更	支持条件の変更	使用上の留意事項	
RP−SC−SE RP−SB−SE RP−SA−SE RP−SS−SE	SC SB SA SS	160 280 420 650	路側用	地盤許容支持力150kN/m²	——	190 m/s²/10ms	別紙2参照	別紙2参照		特許第1905965号

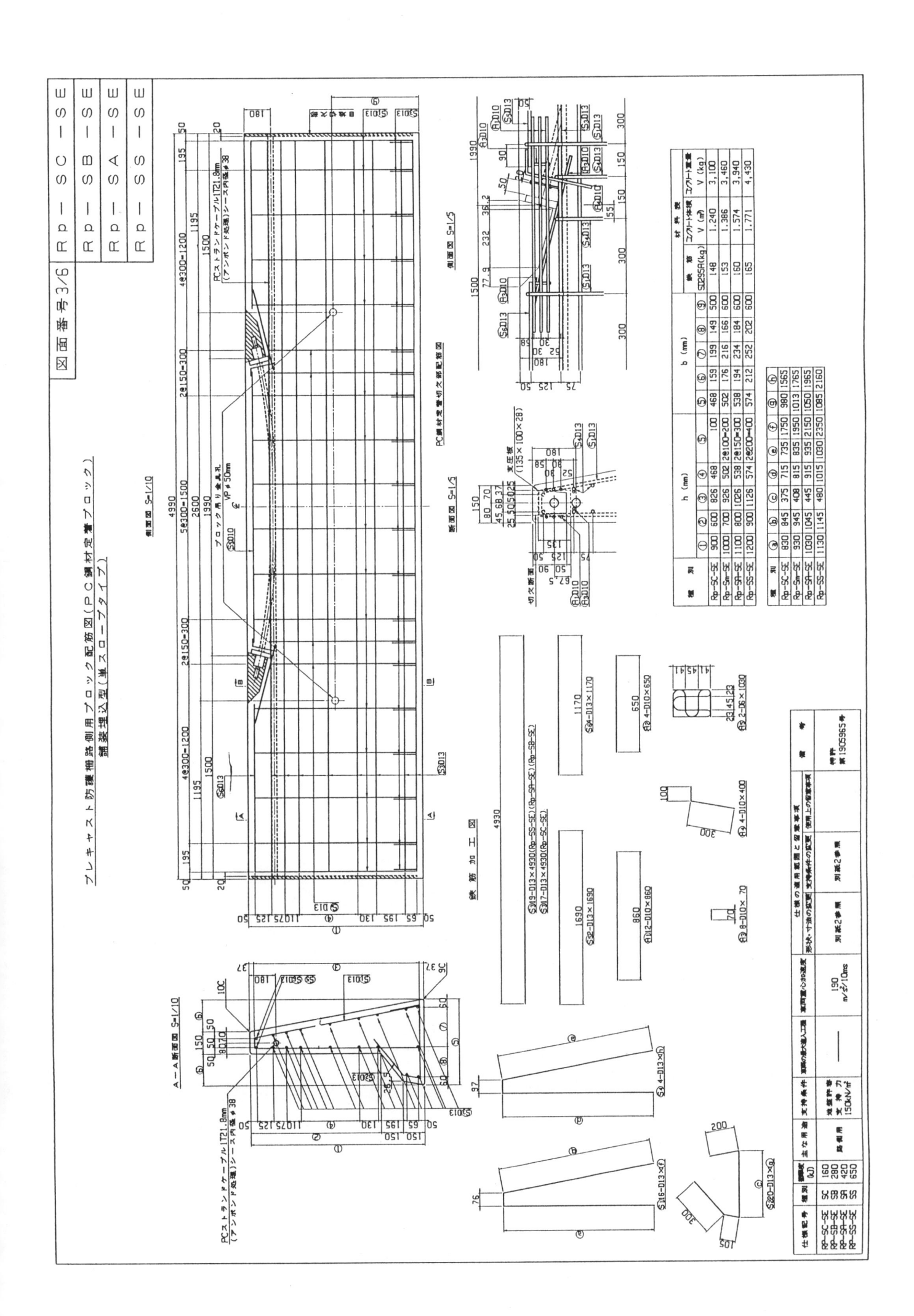

図面番号4/6	Rp－ SC －SE
	Rp－ SB －SE
	Rp－ SA －SE
	Rp－ SS －SE

プレキャスト防護柵路側用ＰＣ鋼材定着ブロック緊張ケーブル配置詳細図
舗装埋込型単スロープタイプ

側面図 S=1/10

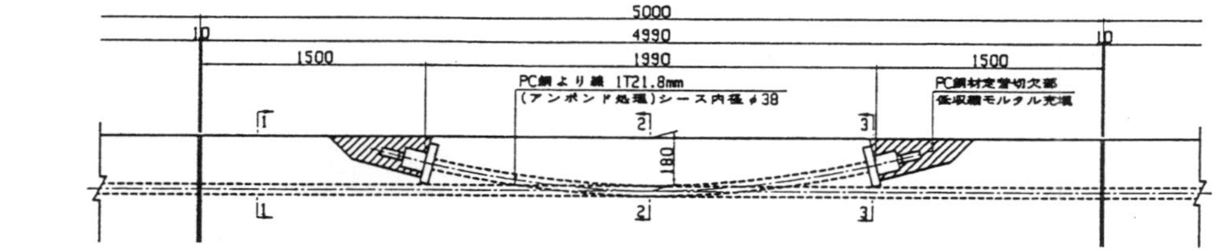

平面図 S=1/10

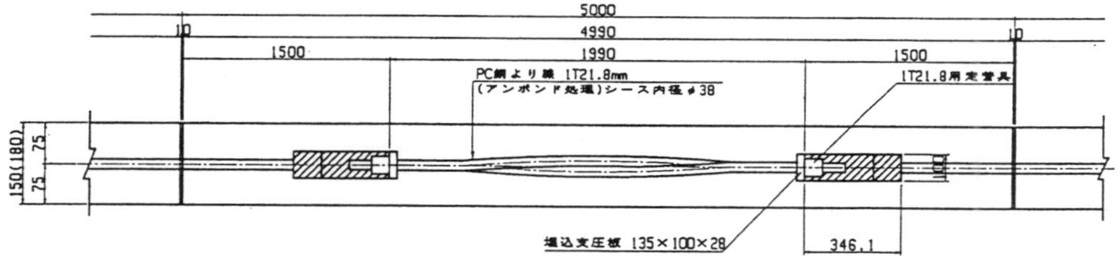

PC鋼より線(アンボンド被覆材)の端部処理概要図 S=1/5

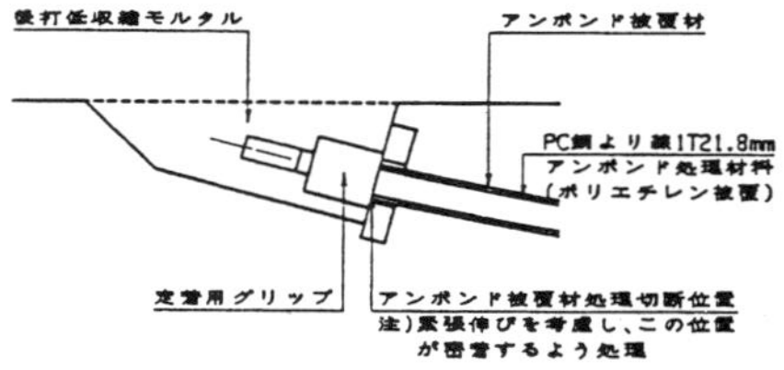

断面図 S=1/5

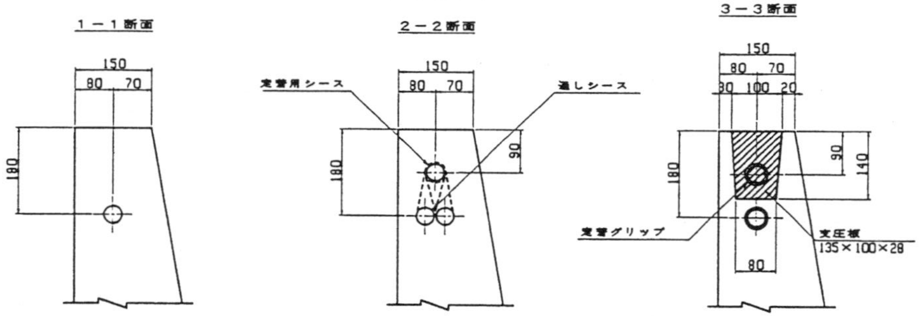

ＰＣ鋼材定着具詳細図 1/5
1T21.8mm用

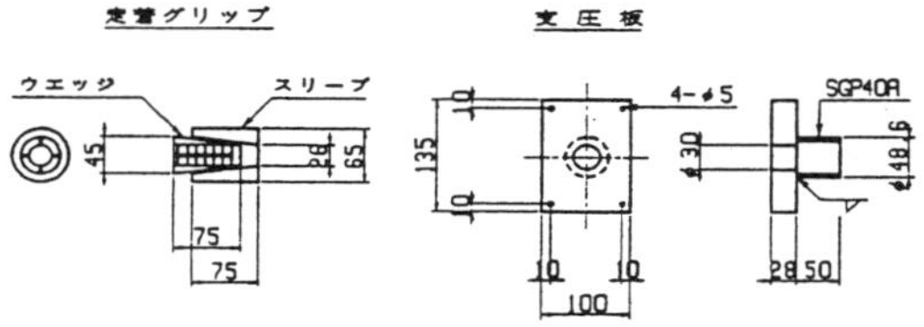

仕様記号	種別	衝撃度(kJ)	主な用途	支持条件	車両の最大進入工程	車両重心加速度	仕様の適用範囲と留意事項			備考
							形状・寸法の変更	支持条件の変更	使用上の留意事項	
RP-SC-SE RP-SB-SE RP-SA-SE RP-SS-SE	SC SB SA SS	160 280 420 650	路側用	地盤許容支持力 150kN/m²	――	190 m/s²/10ms	別紙2参照	別紙2参照		特許 第1905965号

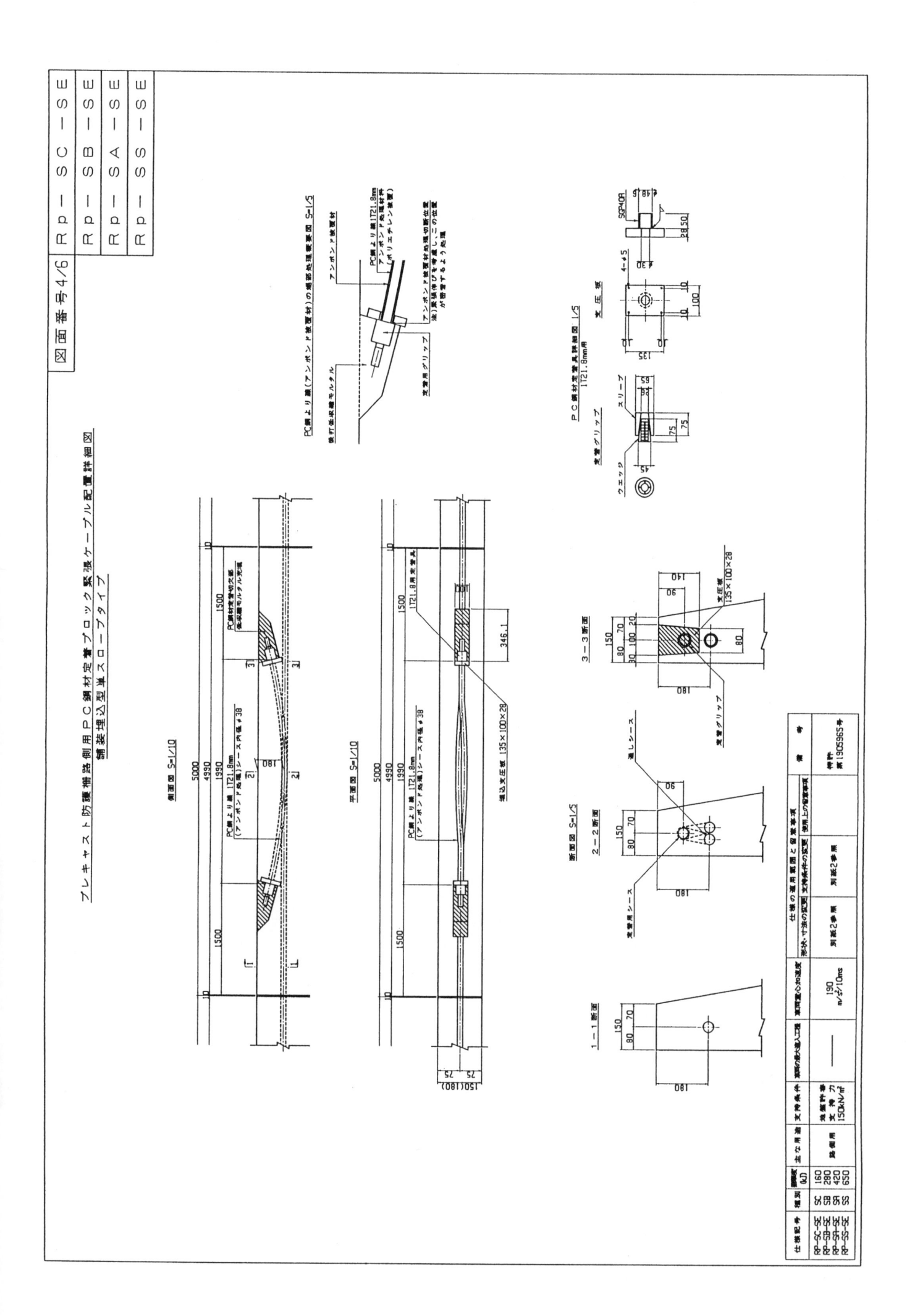

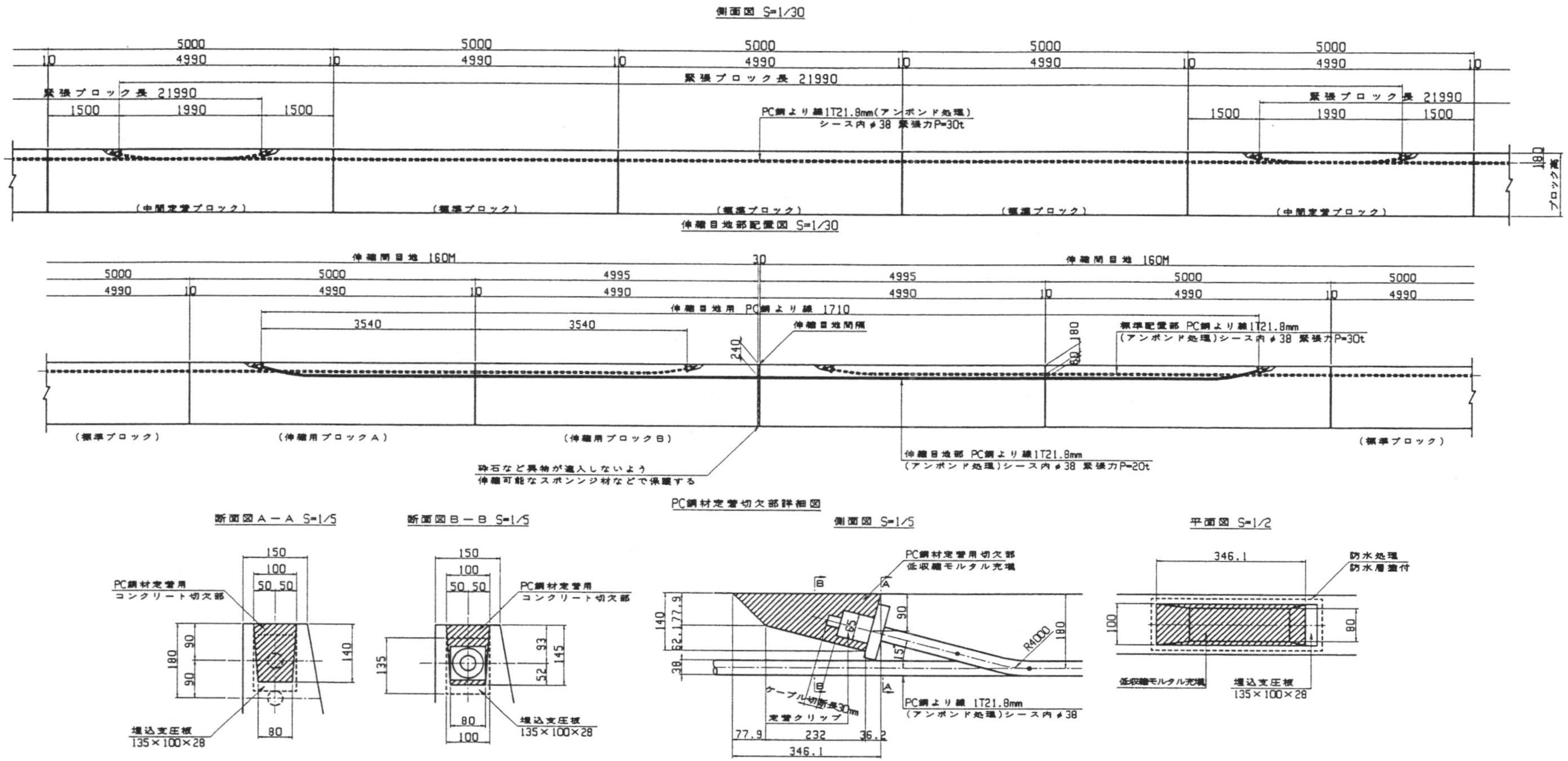

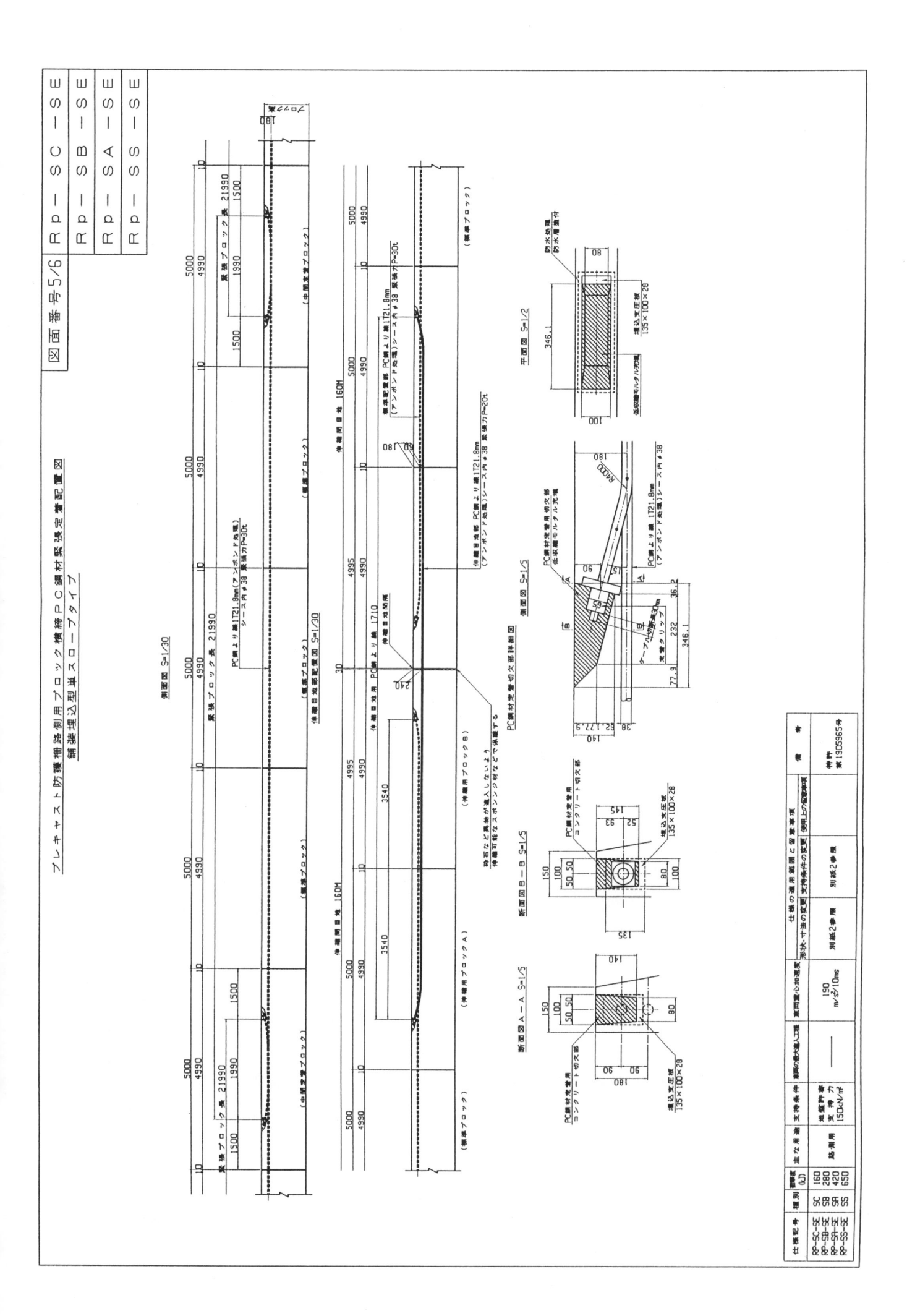

プレキャスト防護柵路側用ブロック目地部詳細図
舗装埋込型単スロープタイプ

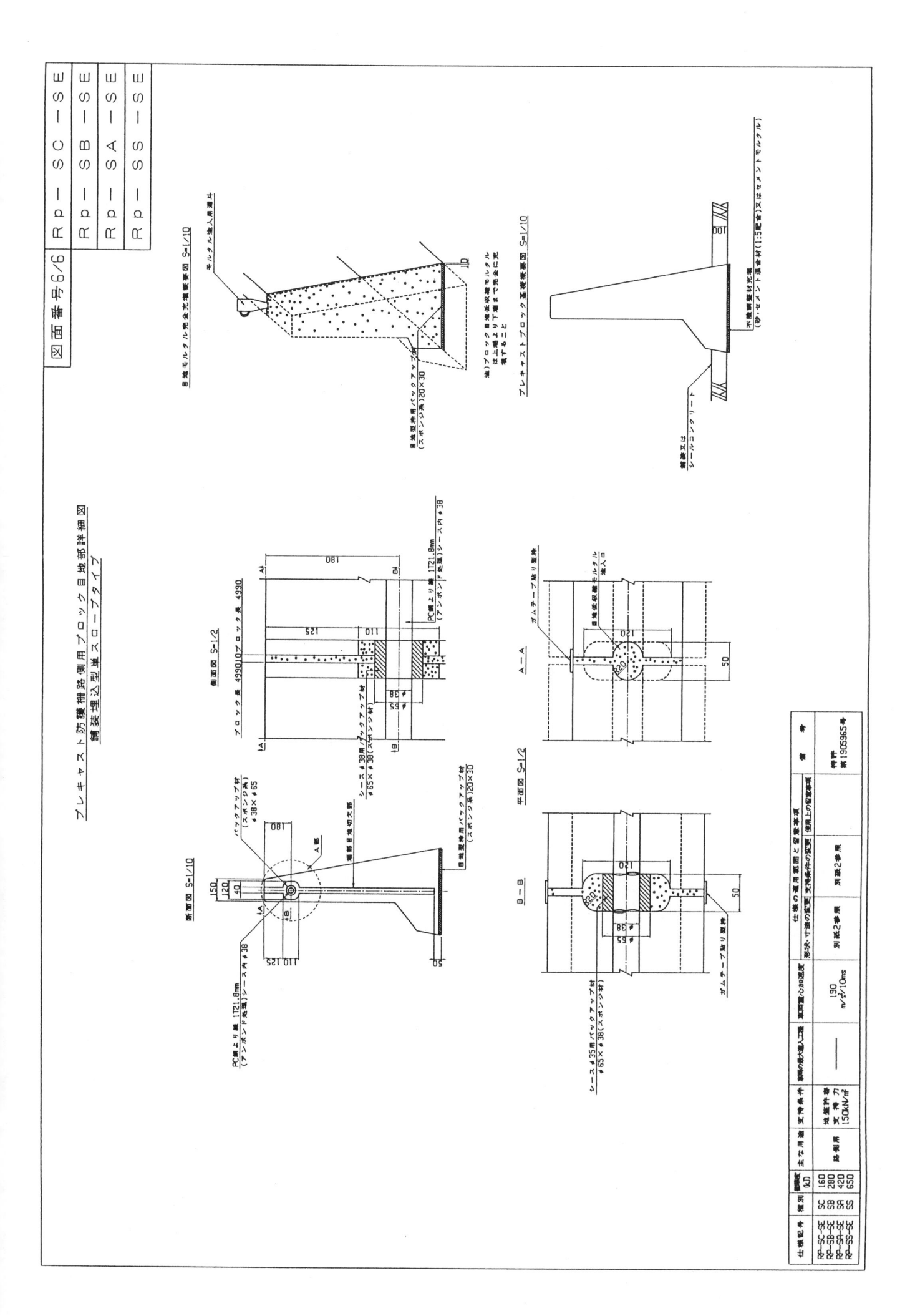

図面番号 6/6	Rp－SC－SE
	Rp－SB－SE
	Rp－SA－SE
	Rp－SS－SE

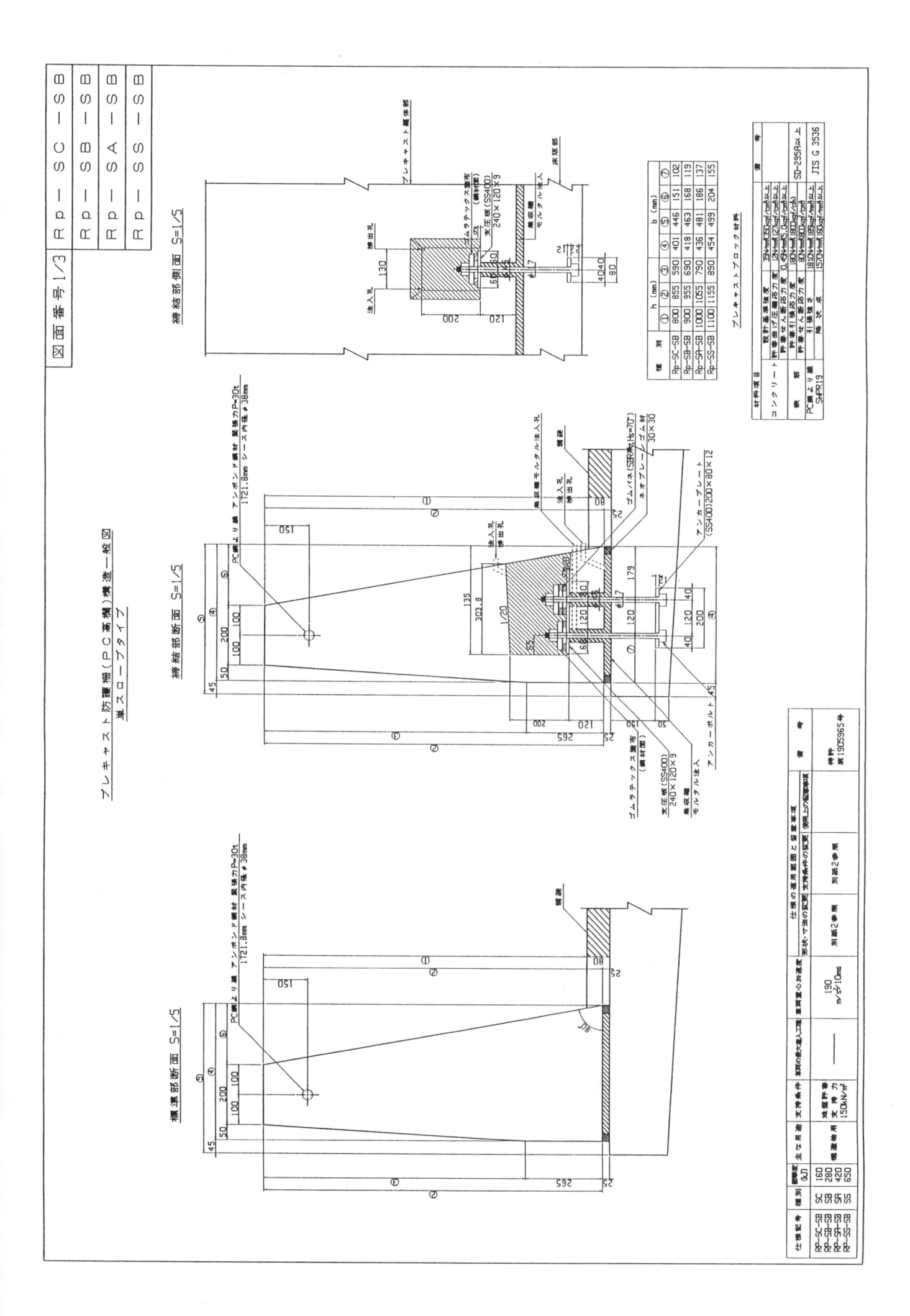

(Figure: プレキャスト防護柵(PC高欄)構造一般図 — 単スロープタイプ, 図面番号1/3)

図面番号2/3	Rp－ SC －SB
	Rp－ SB －SB
	Rp－ SA －SB
	Rp－ SS －SB

プレキャスト防護柵(PC高欄)配筋図
単スローブタイプ

標準部断面 S=1/5

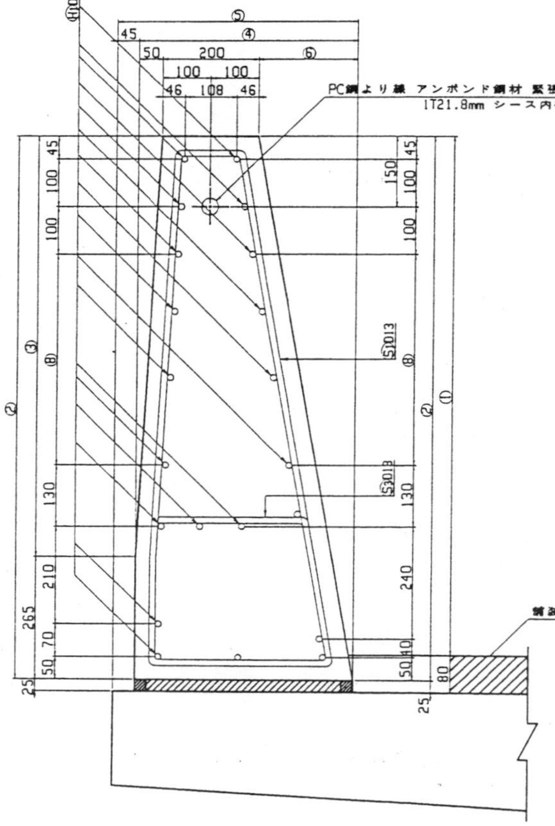

締結部断面 S=1/5

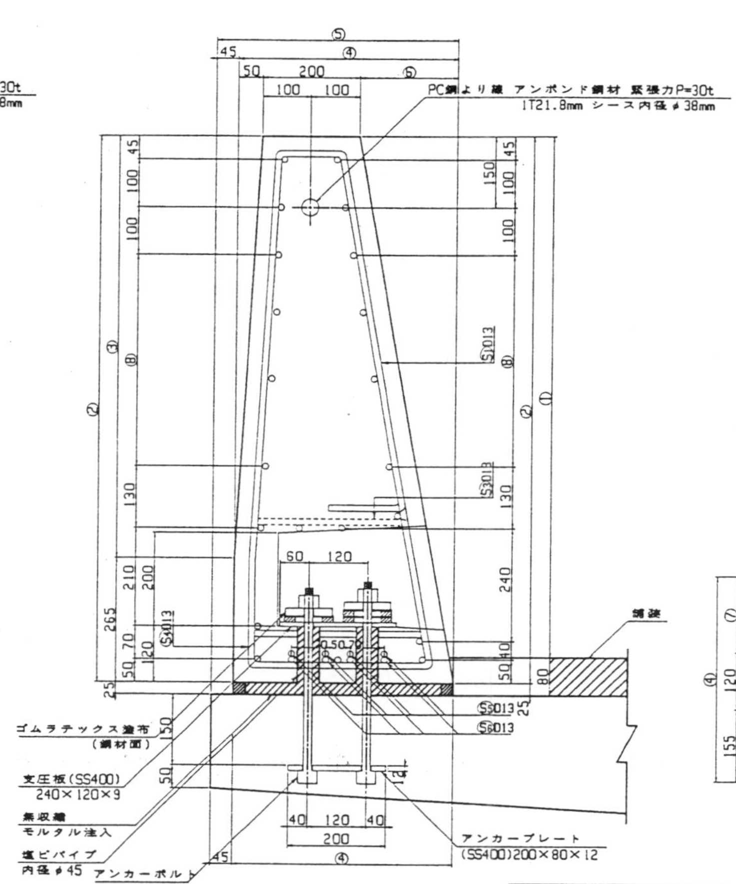

側面図 S=1/5

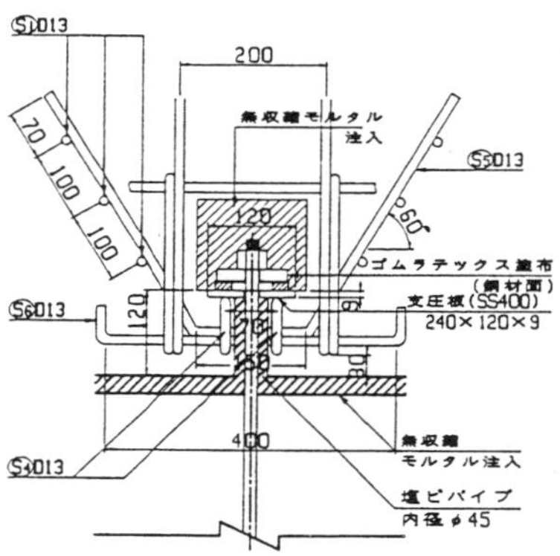

平面図 S=1/5

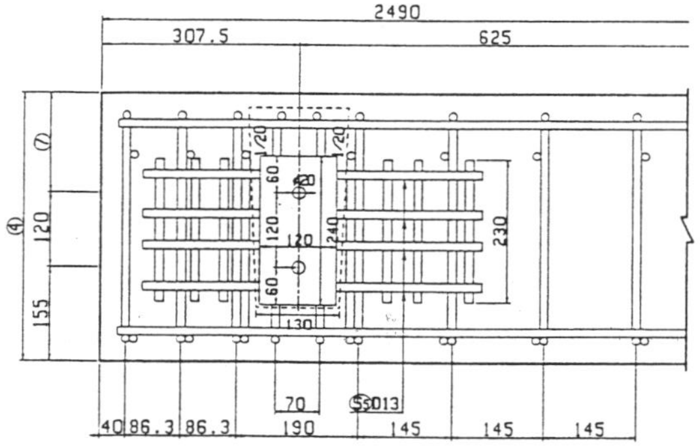

種別	h (mm) ①	②	③	b (mm) ④	⑤	⑥	⑦	⑧
Rp-SC-SB	800	855	590	401	446	151	102	150
Rp-SB-SB	900	955	690	418	463	168	119	130+120=250
Rp-SA-SB	1000	1055	790	436	484	186	137	130+120+100=350
Rp-SS-SB	1100	1155	890	454	499	204	155	190+140+120=450

仕様記号	種別	衝撃度 (kJ)	主な用途	支持条件	車両の最大進入工程	車両重心加速度	仕様の適用範囲と留意事項 形状・寸法の変更	支持条件の変更	使用上の留意事項	備考
RP-SC-SB RP-SB-SB RP-SA-SB RP-SS-SB	SC SB SA SS	160 280 420 650	構造物用	地盤許容支持力 150kN/m²	――	190 m/s²/10ms	別紙2参照	別紙2参照		特許 第1905965号

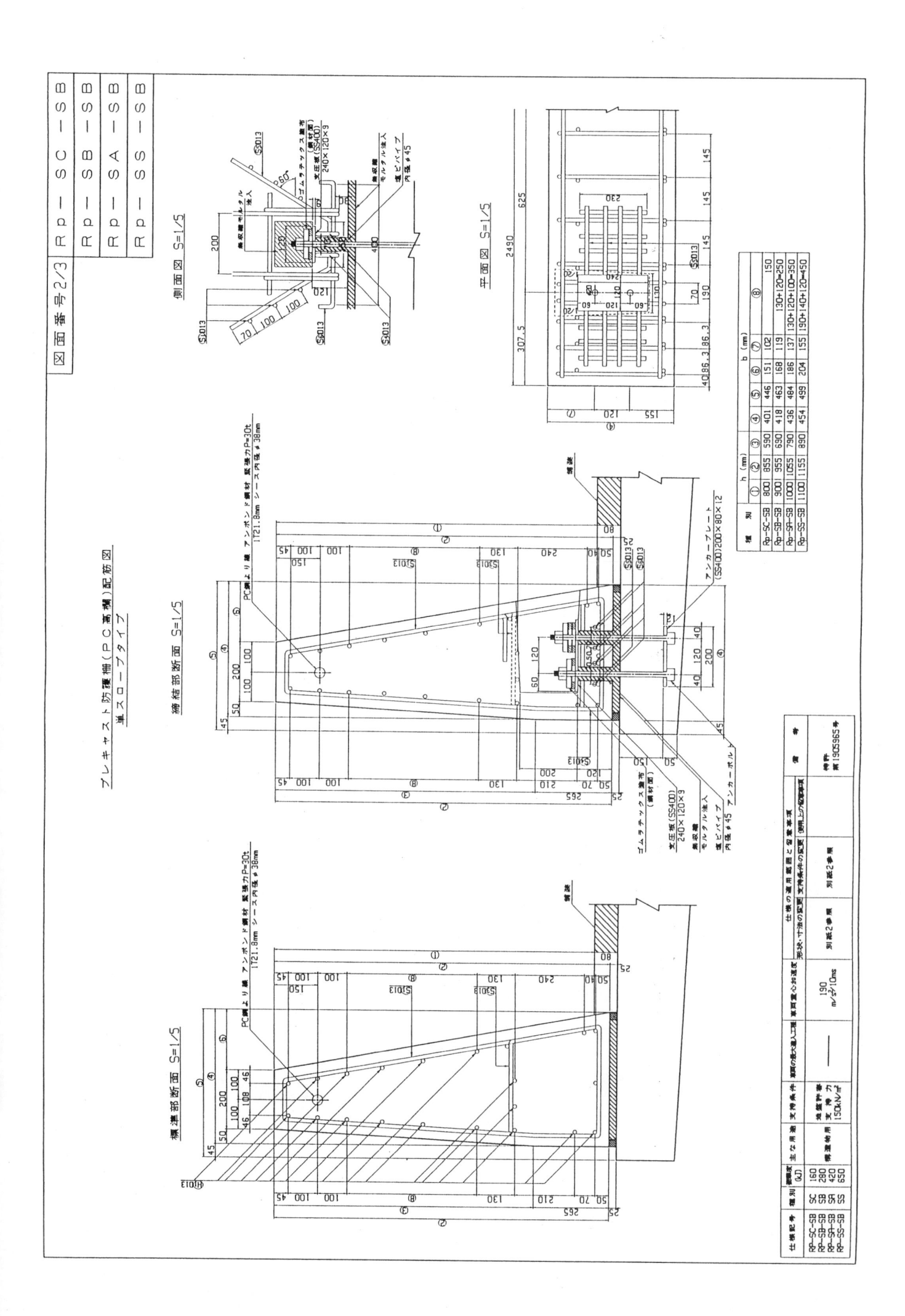

プレキャスト防護柵（PC高欄）配筋図（標準ブロック）
単スロープタイプ

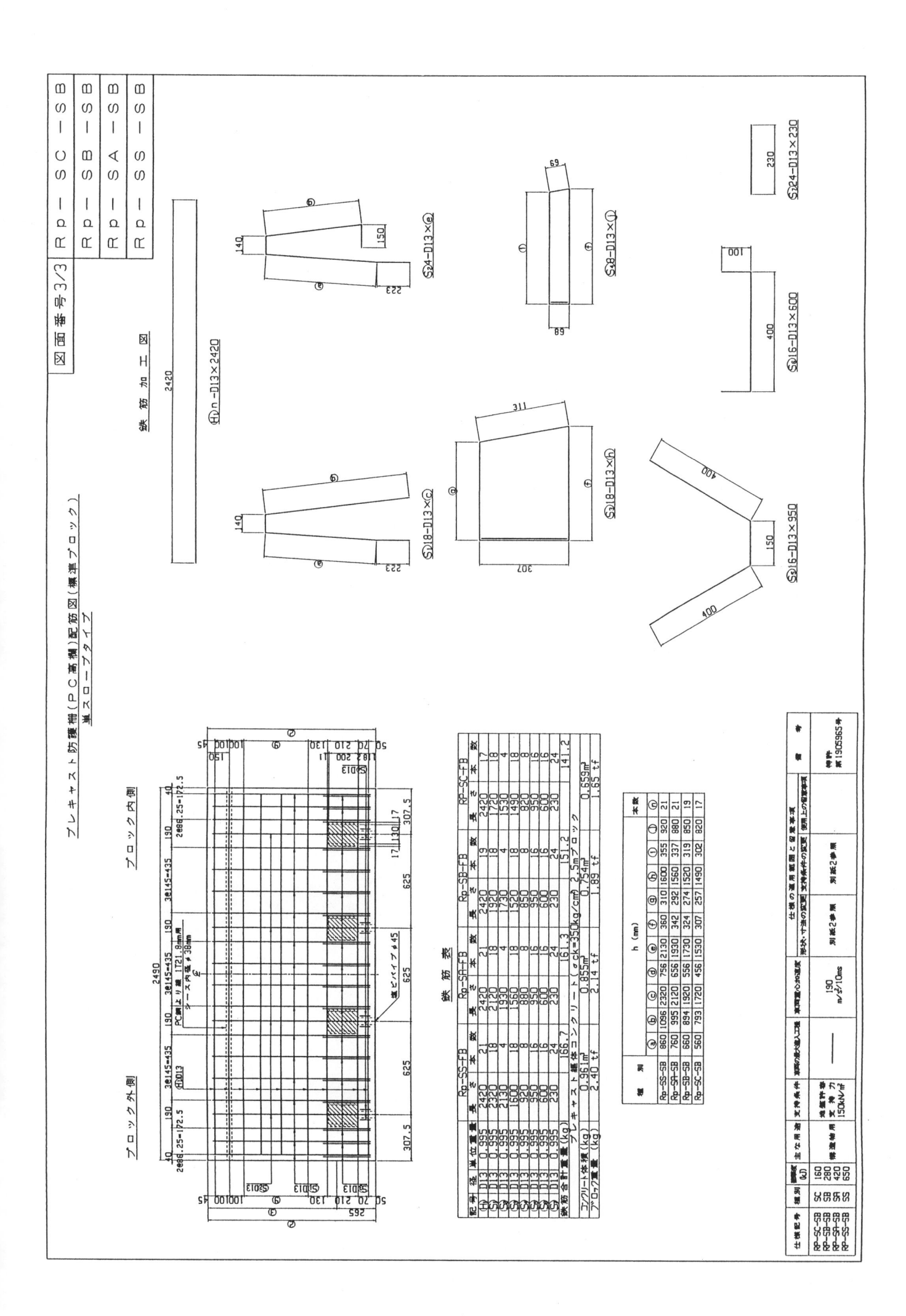

鉄筋加工図

鉄筋表

記号	径	単位質量	Rp-SS-FB		Rp-SA-FB		Rp-SB-FB		Rp-SC-FB	
			長さ	本数	長さ	本数	長さ	本数	長さ	本数
ⓐ	D13	0.995	2420	21	2420	21	2420	19	1720	17
ⓑ	D13	0.995	2320	18	2120	18	1920	18	1720	21
ⓒ	D13	0.995	2130	4	1930	4	1730	4	1530	4
ⓓ	D13	0.995	1600	18	1560	18	1520	18	1490	18
ⓔ	D13	0.995	920	8	880	8	850	8	820	8
ⓕ	D13	0.995	950	16	900	16	850	16	800	16
ⓖ	D13	0.995	600	16	600	16	600	16	600	16
ⓗ	D13	0.995	230	24	230	24	230	24	230	24
鉄筋合計重量(kg)			166.7		161.3		151.2		141.2	
コンクリート体積(m³)			0.961		0.855		0.754		0.659	
プレキャスト躯体コンクリート（σck=350kg/cm²） 2.5mブロック										
ブロック重量(kg)			2.40 tf		2.14 tf		1.89 tf		1.65 tf	

仕様別	標高(h)	h (mm)								
		ⓐ	ⓑ	ⓒ	ⓓ	ⓔ	ⓕ	ⓖ	ⓗ	
Rp-SS-SB		860	1096	2320	756	360	2130	920	21	
Rp-SA-SB		760	995	2120	656	342	1930	880	21	
Rp-SB-SB		660	894	1920	556	324	1730	880	21	
Rp-SC-SB		560	793	1720	456	307	1530	820	17	

仕様記号	標重(kN)
Rp-SC-SB	160
Rp-SB-SB	280
Rp-SA-SB	420
Rp-SS-SB	650

図面番号 3/3	Rp-SC-SB
	Rp-SB-SB
	Rp-SA-SB
	Rp-SS-SB

図面番号1/6	Rp－SCm－SE
	Rp－SBm－SE
	Rp－SAm－SE
	Rp－SSm－SE

プレキャスト防護柵分離帯用構造一般図
舗装埋込型単スロープタイプ

設置詳細断面図 1/10
A－A断面

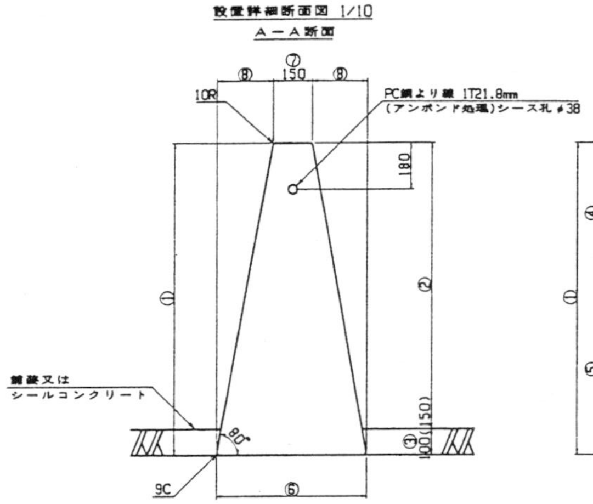

側面図 S=1/10

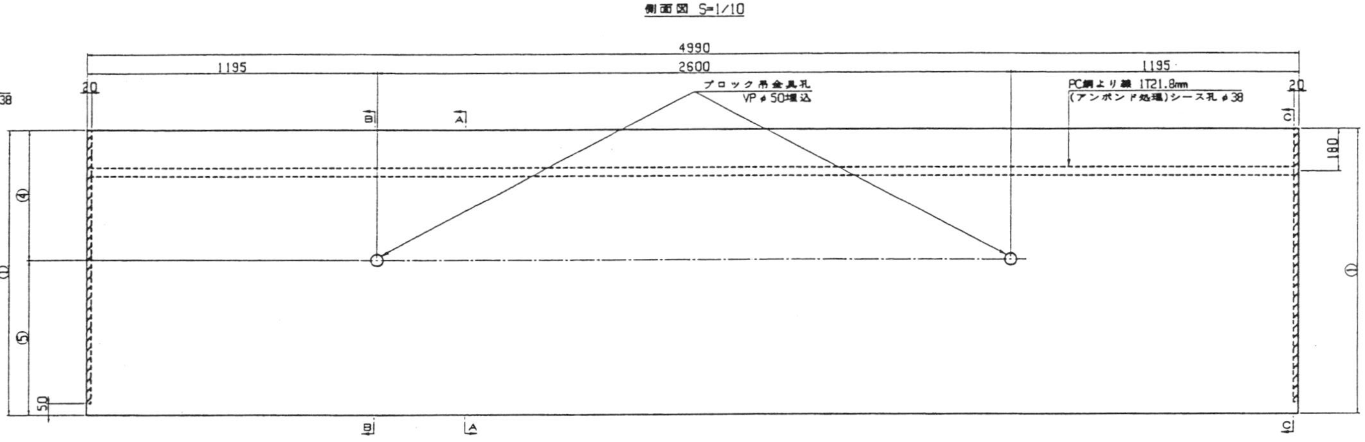

B－B断面

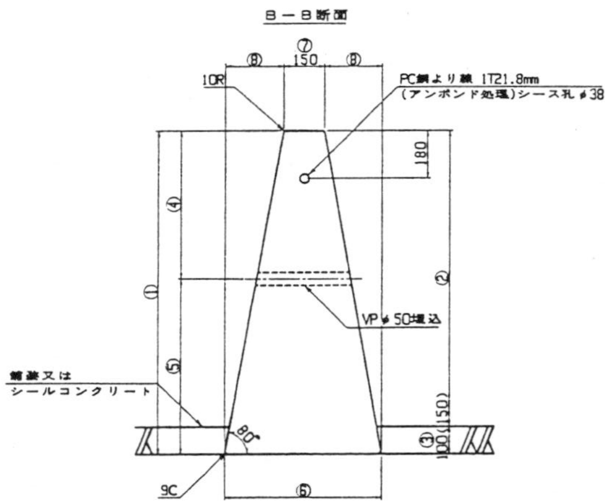

ブロック端目地切欠部詳細図 S=1/10
C－C断面

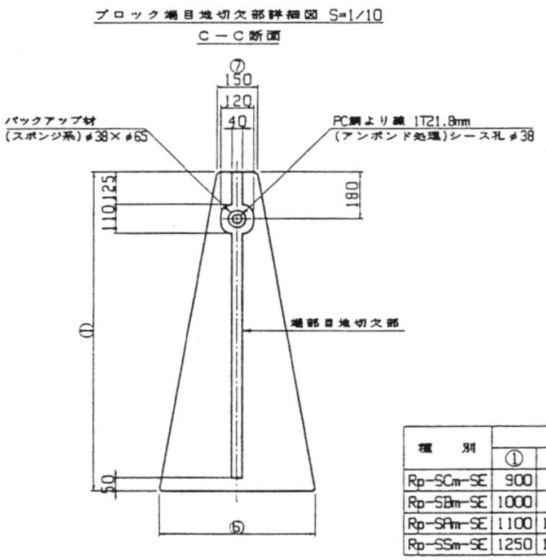

プレキャストブロック材料

材料項目			備考
コンクリート	設計基準強度	35N/mm²(350kgf/cm²)以上	
	許容曲げ圧縮応力度	12N/mm²(127kgf/cm²)以上	
	許容せん断応力度	0.45N/mm²(5.0kgf/cm²)以上	
鉄筋	許容引張応力度	180N/mm²(1800kgf/cm²)	SD-295A以上
	許容せん断応力度	80N/mm²(800kgf/cm²)	
PC鋼より線 SWPR19	引張強さ	1810N/mm²(185kgf/mm²)以上	JIS G 3536
	降伏点	1570N/mm²(160kgf/mm²)以上	

プレキャスト防護柵施工フロー

1 砕石転圧又は敷しコンクリート基礎工 ← プレキャストブロック搬入
2 プレキャストブロック据え付け工（基礎不陸調整材工など含む）
3 PC鋼材配置工（PC鋼材，定着具）
4 ブロック間目地低収縮モルタル注入工
5 PC鋼材緊張工 P=294kN(30t)緊張力
6 PC鋼材定着箱低収縮モルタル注入工
7 検査

種別	h (mm)					b (mm)		
	①	②	③	④	⑤	⑥	⑦	⑧
Rp-SCm-SE	900	800	100	350	550	468	150	159
Rp-SBm-SE	1000	900	100	400	600	502	150	176
Rp-SAm-SE	1100	1000	100	550	550	538	150	194
Rp-SSm-SE	1250	1100	150	550	700	590	150	220

仕様記号	種別	衝撃度(kJ)	主な用途	支持条件	車両の最大進入工程	車両重心加速度	仕様の適用範囲と留意事項			備考
							形状・寸法の変更	支持条件の変更	使用上の留意事項	
RP-SCm-SE RP-SBm-SE RP-SAm-SE RP-SSm-SE	SCm SBm SAm SSm	160 280 420 650	分離帯用	地盤許容支持力 150kN/m²	――	190 m/s²/10ms	別紙2参照	別紙2参照		特許 第1905965号

注)Rp-SSm-SEの根入れ深さ③は150mmとする。
( )内の数値はRp-SSm-SEの値とする。

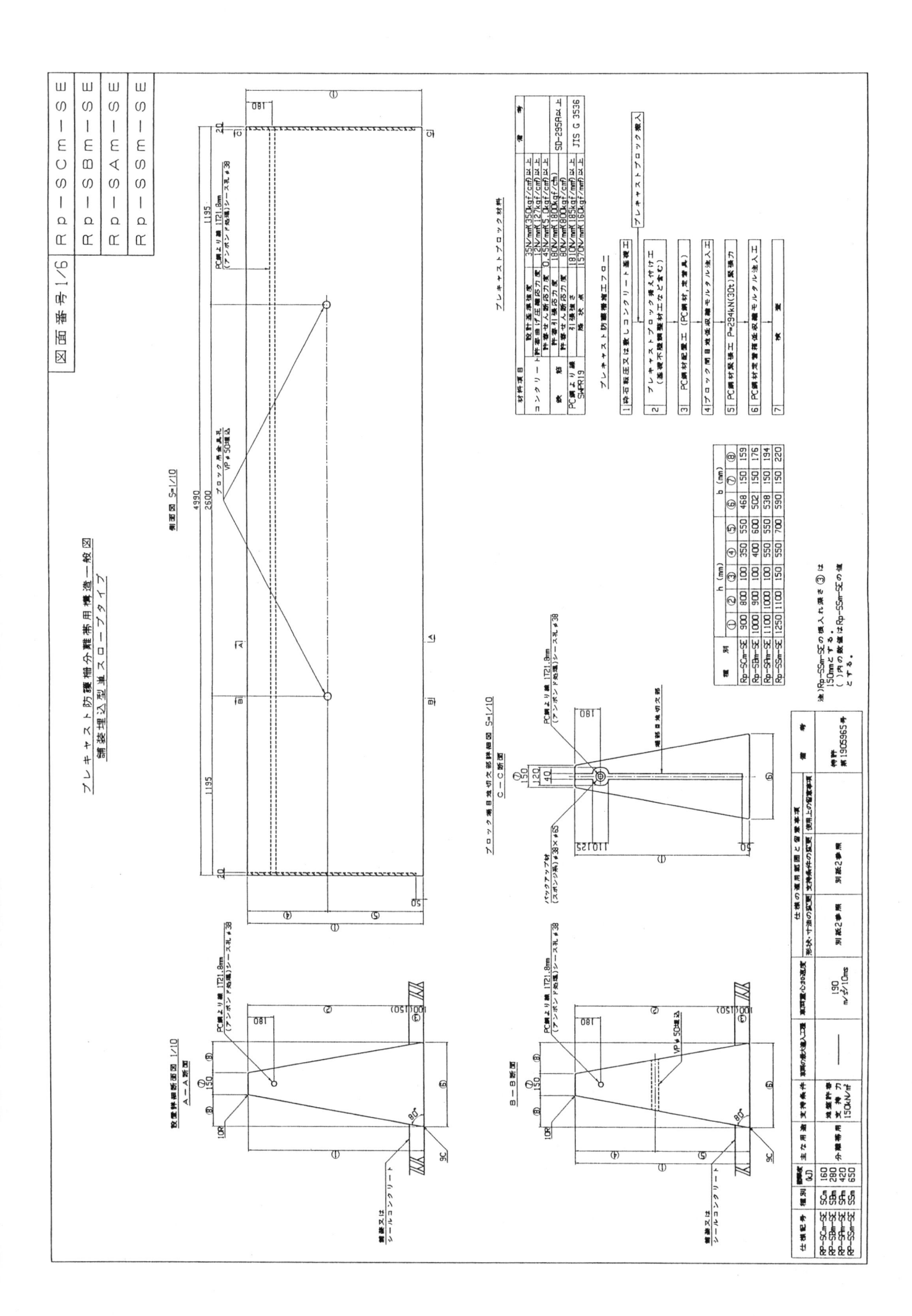

図面番号 2/6

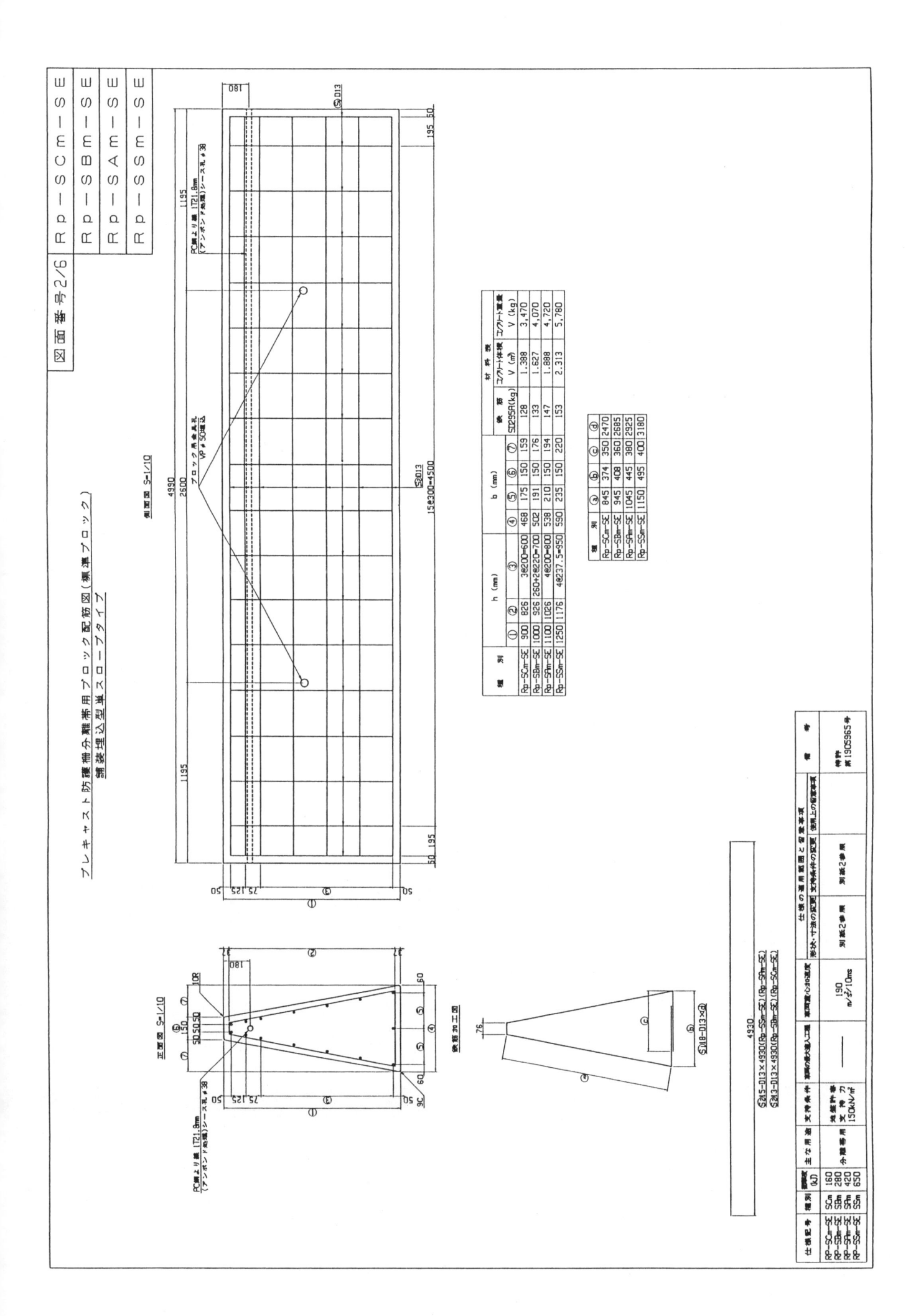

	Rp-SCm-SE
	Rp-SBm-SE
	Rp-SAm-SE
	Rp-SSm-SE

プレキャスト防護柵分離帯用ブロック配筋図（漸深ブロック）
舗装埋込型単スロープタイプ

種別	h (mm)				b (mm)			鉄筋 SD295A(kg)	コンクリート体積 V (m³)	ユニット重量 V (kg)
	①	②	③	④	⑤	⑥	⑦			
Rp-SCm-SE	900	826	3@200=600	468	175	150	159	128	1.388	3,470
Rp-SBm-SE	1000	926	260+2@220=700	502	191	150	176	133	1.627	4,070
Rp-SAm-SE	1100	1026	4@200=800	538	210	150	194	147	1.888	4,720
Rp-SSm-SE	1250	1176	4@237.5=950	590	235	150	220	153	2.313	5,780

種別	⑧	⑨	⑩	⑪
Rp-SCm-SE	845	374	350	2470
Rp-SBm-SE	945	408	360	2685
Rp-SAm-SE	1045	445	380	2925
Rp-SSm-SE	1150	495	400	3180

仕様記号	種別	設計荷重 (kJ)	主な用途	支持条件	照査の最大進入速度	衝突時の加速度	仕様の適用範囲と留意事項			備考
							形状・寸法の配置	支持条件の配置	使用上の配置事項	
Rp-SCm-SE	SCm	160	分離帯用	舗装用	—	190 m/s²/10ms	別添2参照	別添2参照	別添2参照	特許 第1905965号
Rp-SBm-SE	SBm	280		支持力 150kN/m²						
Rp-SAm-SE	SAm	420								
Rp-SSm-SE	SSm	650								

図面番号 3/6

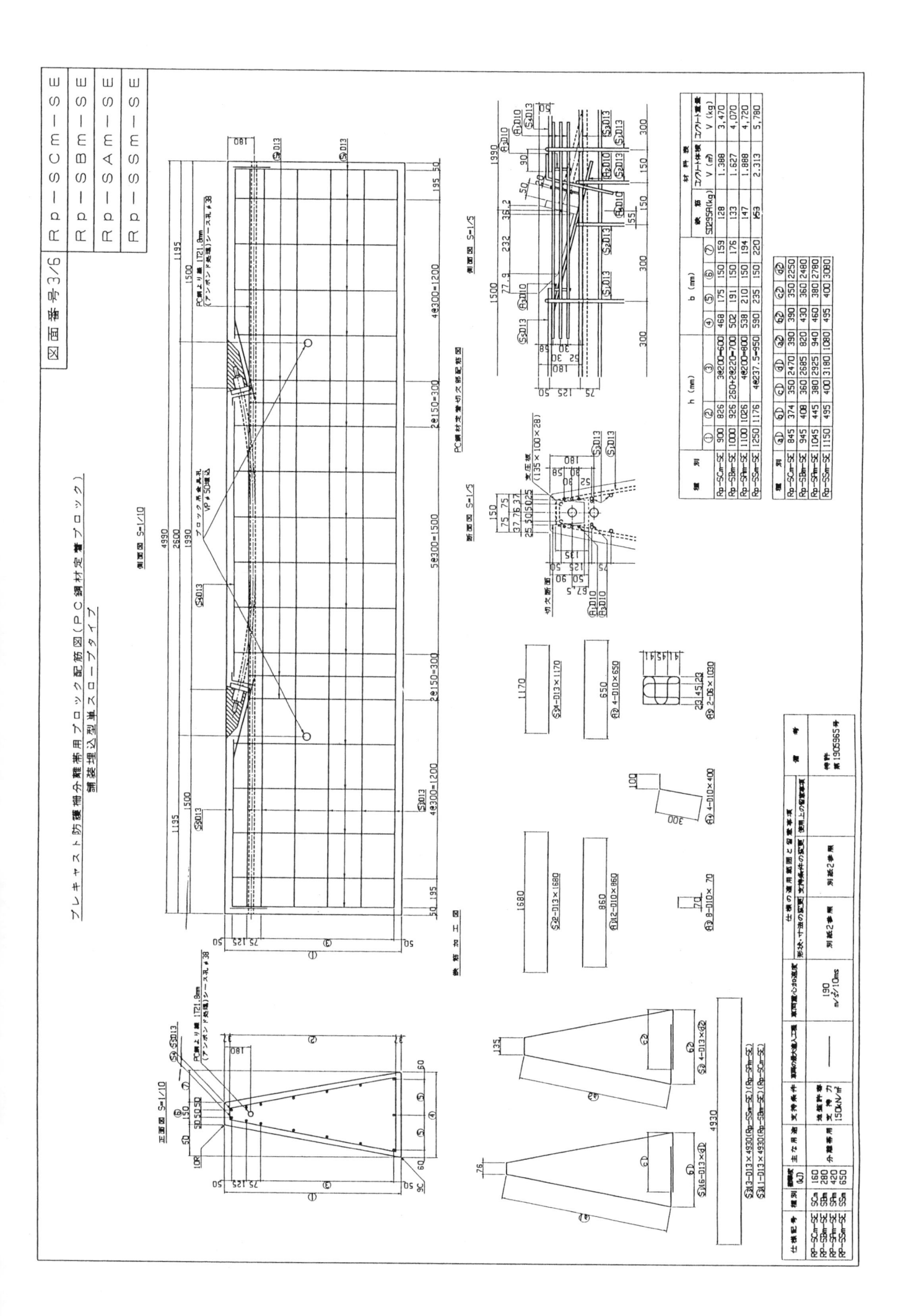

プレキャスト防護柵分離帯用ブロック配筋図（PC鋼材定着ブロック）
舗装埋込型単スロープタイプ

仕様記号	種別	鉄筋量(kg)	主な用途
Rp-SCm-SE	SCm	160	分離帯用
Rp-SBm-SE	SBm	280	
Rp-SAm-SE	SAm	420	
Rp-SSm-SE	SSm	650	

種別	h (mm)				b (mm)			
	①	②	③	④	⑤	⑥	⑦	
Rp-SCm-SE	900	826	3@200=600	468	175	150	159	
Rp-SBm-SE	1000	926	260+2@220=700	502	191	150	176	
Rp-SAm-SE	1100	1026	4@200=800	538	210	150	194	
Rp-SSm-SE	1250	1176	4@237.5=950	580	235	150	220	

種別	ⓐ	ⓑ	ⓒ	ⓓ	ⓔ	鉄筋 SD295A(kg)	コンクリート体積 V(m³)	コンクリート重量 V(kg)
Rp-SCm-SE	845	374	2470	390	350	2250	128	1.388	3,470
Rp-SBm-SE	945	408	2685	360	360	2480	133	1.627	4,070
Rp-SAm-SE	1045	445	2925	380	380	2780	147	1.888	4,720
Rp-SSm-SE	1150	495	3180	1080	495	400	3080	169	2.313	5,780

仕様の適用範囲と留意事項				備考
主な用途	支持条件	地盤許容支持力	車両衝突条件	
分離帯用	150kN/m²	190 m/s/10ms	—	別紙2参照

仕様の変更		
舗装・中間の変更	支持条件等の変更	使用上の留意点
別紙2参照	別紙2参照	特許 第1905965号

図面番号4/6	Rp－SCm－SE
	Rp－SBm－SE
	Rp－SAm－SE
	Rp－SSm－SE

プレキャスト防護柵分離帯用ＰＣ鋼材定着ブロック緊張ケーブル配置詳細図
舗装埋込型単スロープタイプ

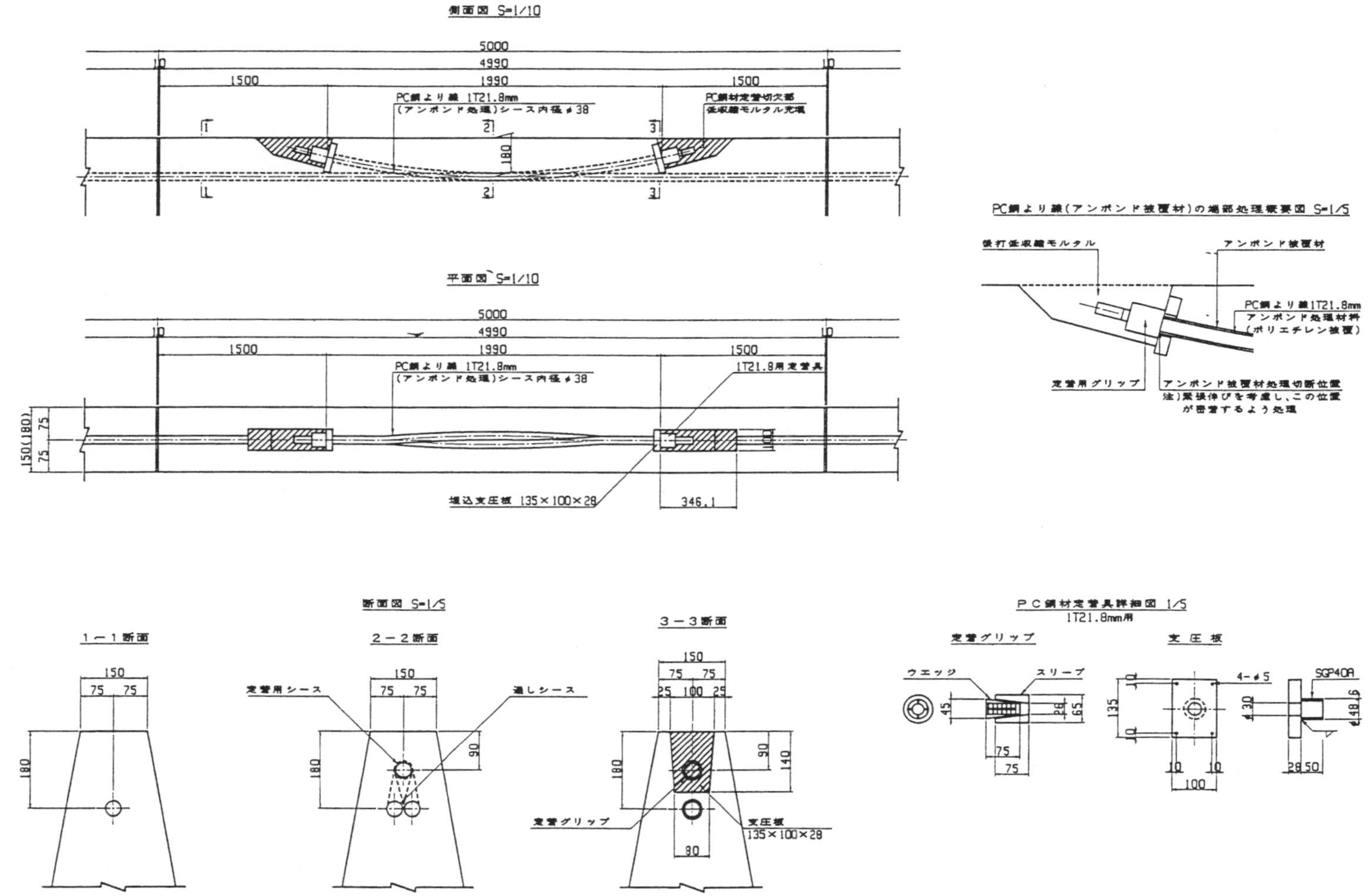

仕様記号	種別	衝撃度(kJ)	主な用途	支持条件	車両の最大進入工種	車両重心加速度	仕様の適用範囲と留意事項			備考
							形状・寸法の変更	支持条件の変更	使用上の留意事項	
RP-SCm-SE RP-SBm-SE RP-SAm-SE RP-SSm-SE	SCm SBm SAm SSm	160 280 420 650	分離帯用	地盤許容支持力 150kN/m²	――	190 m/s²/10ms	別紙2参照	別紙2参照		特許 第1905965号

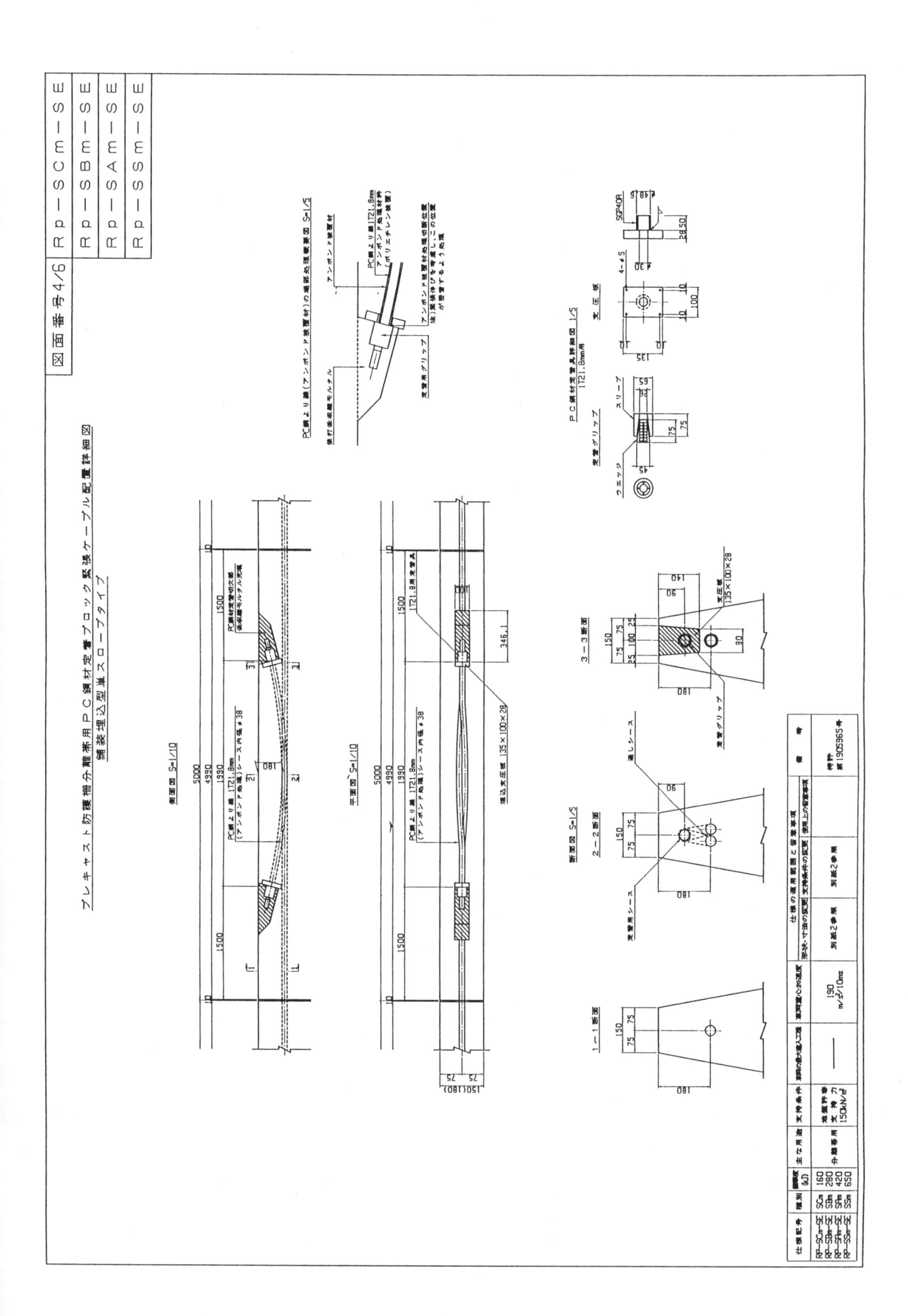

プレキャスト防護柵分離帯用ブロック横締ＰＣ鋼材緊張定着配置図
舗装埋込型単スロープタイプ

図面番号5/6	Rp－SCm－SE
	Rp－SBm－SE
	Rp－SAm－SE
	Rp－SSm－SE

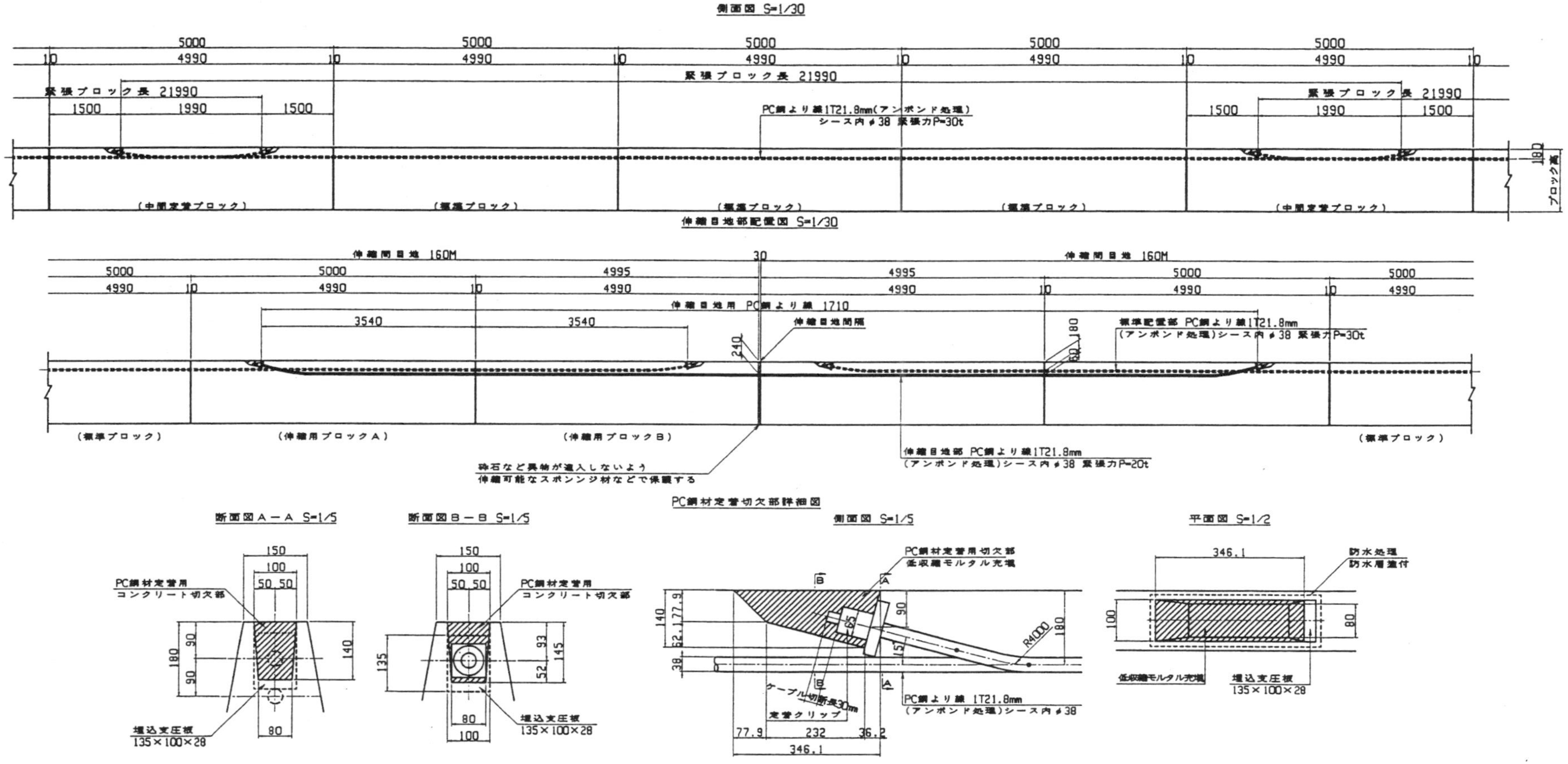

仕様記号	種別	衝撃度(kJ)	主な用途	支持条件	車両の最大進入工程	車両重心加速度	仕様の適用範囲と留意事項 形状・寸法の変更	支持条件の変更	使用上の留意事項	備考
RP-SCm-SE RP-SBm-SE RP-SAm-SE RP-SSm-SE	SCm SBm SAm SSm	160 280 420 650	分離帯用	地盤許容支持力 150kN/m²	――	190 m/s²/10ms	別紙2参照	別紙2参照		特許 第1905965号

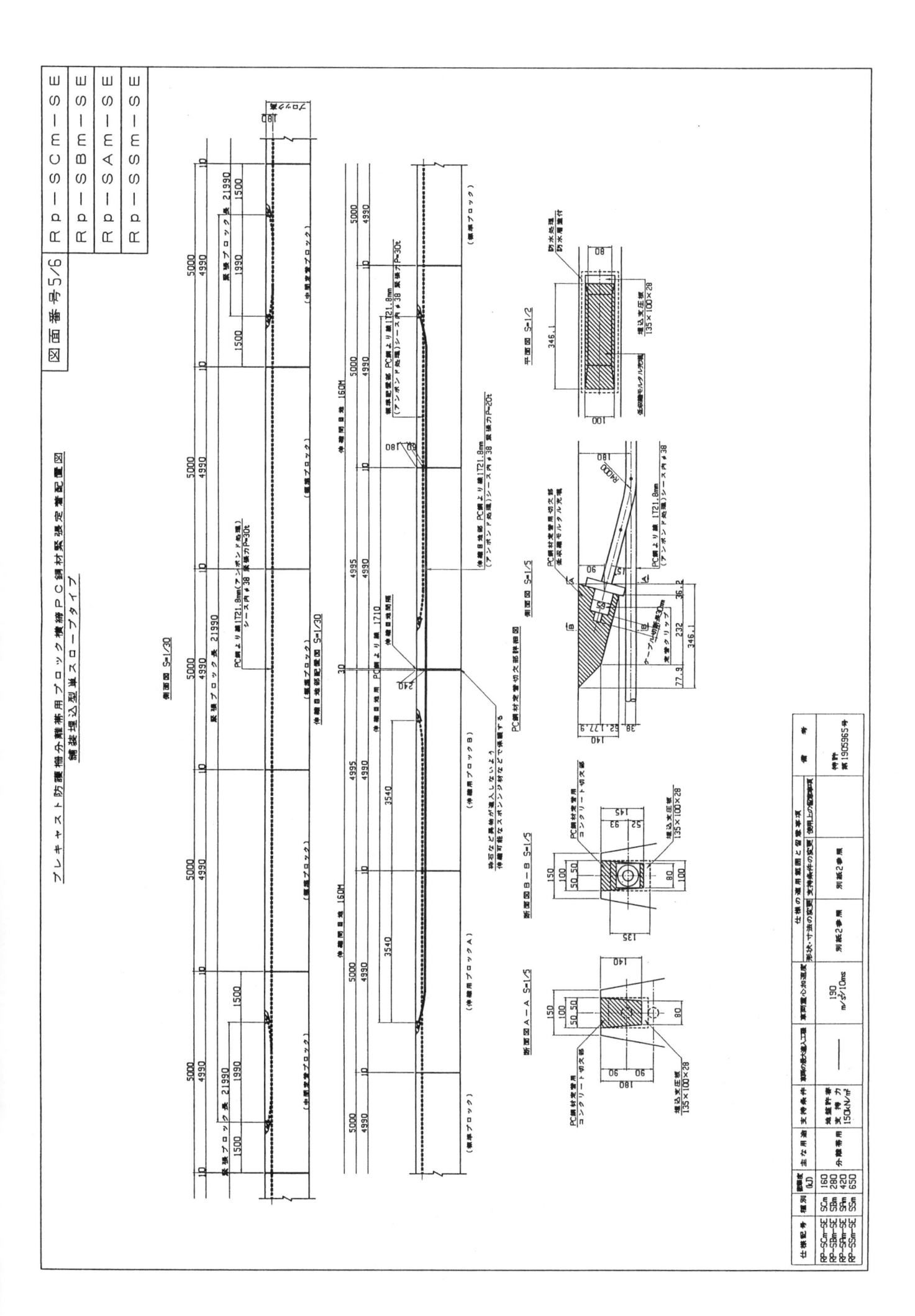

プレキャスト防護柵分離帯用ブロック目地部詳細図
舗装埋込型巣スロープタイプ

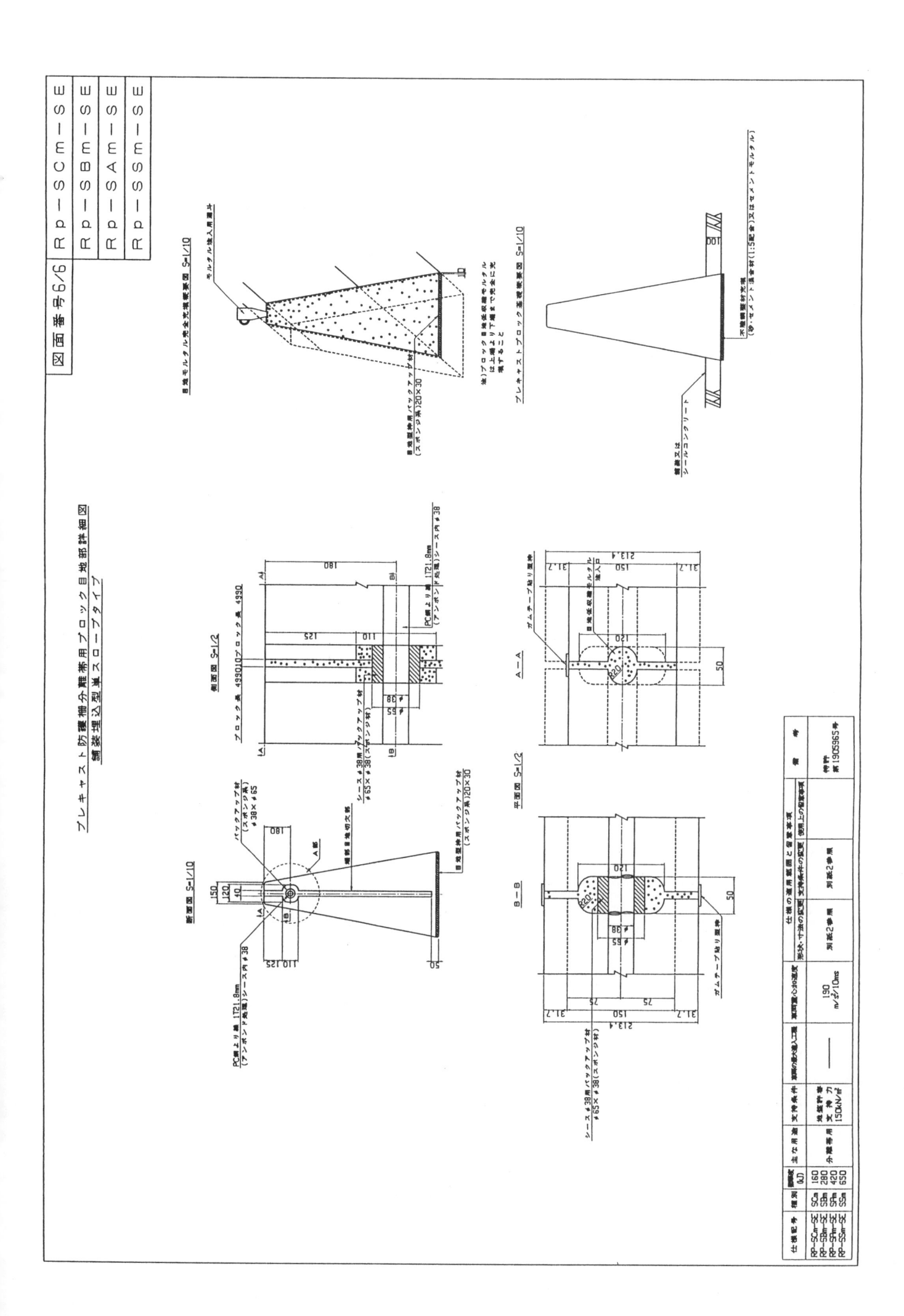

図面番号 6/6	Rp-SCm-SE
	Rp-SBm-SE
	Rp-SAm-SE
	Rp-SSm-SE

仕様記号	種別	製品幅 (D)
Rp-SCm-SE	SCm	160
Rp-SBm-SE	SBm	280
Rp-SAm-SE	SAm	420
Rp-SSm-SE	SSm	650

仕様記号	主な用途	支持条件	路肩の雀の進入速度	車両重心部の加速度	仕様の運用範囲と留意事項		備考
		地盤評価 支持耐力			形状水平方向の配置 実車条件その他の配慮	使用上の留意事項	
	分離帯用	150kN/m²	—	190 m/s²/10ms	別添2参照	別添2参照	特許 第1905965号

断面図 S=1/10

側面図 S=1/2

平面図 S=1/2

A-A

B-B

目地モルタル完全充填要領図 S=1/10

プレキャストブロック基礎要領図 S=1/10

別紙1 たわみ性防護柵の各仕様の変更方法

1．形状・寸法の変更

（1）現地の状況によってやむを得ず局所的に支柱間隔を変更する必要がある場合は，土中埋込み用について標準型防護柵は**表-1.1**，耐雪型防護柵は**表-1.2**の支柱間隔まで短縮することができる。コンクリート埋込み用については原則として短縮しないものとする。

（2）現地の状況によってやむを得ず局所的にブラケットの張出し量を変更する必要がある場合は，各仕様に示す数値の±50％の範囲内で変更することができる。

（3）分離帯幅員の状況により分離帯用ガードレールのビーム外側間隔が各仕様に示す数値をとれない場合は表-1.3に示す支柱を使うことによって，同表に示すビーム外側間隔の範囲までせばめることができる。

表-1.1 たわみ性防護柵の最小支柱間隔（土中埋込み用の場合（標準型防護柵））

形　式	用　途	仕　様　記　号	最小支柱間隔(m)
ガードレール	路　側	Gr-C-4E, Gr-C-4E2, Gr-B-4E Gr-A-4E, Gr-SC-4E, Gr-SB-2E Gr-SA-3E, Gr-SS-2E	1.0
ガードレール	分離帯	Gr-Cm-4E, Gr-Bm-4E, Gr-SCm-2E, Gr-SBm-2E Gr-SAm-2E, Gr-SSm-2E	1.0
ガードレール	分離帯	Gr-Am-4E	2.0
ガードケーブル	路　側	Gc-C-6E, Gc-B-6E, Gc-A-6E	3.0
ガードケーブル	分離帯	Gc-Bm-6E	3.0
ガードパイプ	路　側	Gp-C-3E, Gp-C-3E2, Gp-B-3E Gp-B-3E2, Gp-B-3E3, Gp-B-3E4 Gp-A-3E, Gp-A-3E2, Gp-SC-3E2	1.0
ガードパイプ	歩車道境界	Gp-Cp-2E, Gp-Cp-2E2 Gp-Bp-2E, Gp-Bp-2E2 Gp-Bp-3E3, Gp-Bp-3E4 Gp-Ap-2E, Gp-Ap-2E2, Gp-SCp-2E2	1.0
ボックスビーム	分離帯	Gb-Am-2E	2.0
ボックスビーム	分離帯	Gb-Bm-2E	1.0

表-1.2 たわみ性防護柵の最小支柱間隔(土中埋込み用の場合（耐雪型防護柵）)

形式	用途	仕様記号	最小支柱間隔(m)
ガードレール	路側	Gr-C2-3E, Gr-C3-2E, Gr-B2-4E Gr-B3-3E, Gr-B4-2E, Gr-A2-4E Gr-A3-3E, Gr-A4-2E, Gr-A5-2E Gr-SC2-4E, Gr-SC3-3E, Gr-SC4-2E, Gr-SC5-2E Gr-SB2-2E, Gr-SB3-2E, Gr-SB4-1E, Gr-SB5-1E	1.0
ガードケーブル	路側	Gc-C2-6E, Gc-C3-5E, Gc-C4-4E Gc-C5-3E, Gc-B2-6E, Gc-B3-5E Gc-B4-4E, Gc-B5-3E, Gc-A2-6E Gc-A3-5E, Gc-A4-4E, Gc-A5-3E	3.0
ガードパイプ	路側	Gp-C1-1.5E, Gp-C1-2E2, Gp-C2-1E, Gp-C2-1.5E2 Gp-B1-2E, Gp-B1-2E2, Gp-B2-1E, Gp-B2-1.5E2 Gp-B2-2.5E3, Gp-B2-2.5E4, Gp-B3-2E3, Gp-B3-2E4 Gp-A1-2E, Gp-A1-2E2, Gp-A2-1E Gp-A2-1.5E2 Gp-SC1-2E2, Gp-SC2-1.5E2	1.0
ガードパイプ	歩車道境界	Gp-Cp1-1.5E, Gp-Cp1-2E2, Gp-Cp2-1E, Gp-Cp2-1.5E2 Gp-Bp1-2E, Gp-Bp1-2E2, Gp-Bp2-1E, Gp-Bp2-1.5E2 Gp-Bp2-2.5E3, Gp-Bp2-2.5E4, Gp-Bp3-2E3, Gp-Bp3-2E4 Gp-Ap1-2E, Gp-Ap1-2E2, Gp-Ap2-1E, Gp-Ap2-1.5E2 Gp-SCp1-2E2, Gp-SCp2-1.5E2	

表-1.3 分離帯用ガードレールの外側間隔を変更する場合の仕様

仕様記号	各仕様		変更できる仕様の範囲	
	支柱 外径×厚さ×埋込み深さ(mm)	ビーム外側間隔 (mm)	支柱 外径×厚さ×埋込み深さ(mm)	ビーム外側間隔最小値 (mm)
Gr-Cm-4E Gr-Cm-2B	φ114.3 × 4.5 × 1,500	500	φ114.3 × 4.5 × 1,500	300
Gr-Bm-4E Gr-Bm-2B	φ114.3 × 4.5 × 1,500	750	φ114.3 × 4.5 × 1,500 φ139.8 × 4.5 × 1,650	500 300
Gr-Am-4E Gr-Am-2B	φ114.3 × 4.5 × 1,500	750	φ139.8 × 4.5 × 1,650	400
Gr-SCm-2E Gr-SCm-1B	φ114.3 × 4.5 × 1,500	750	φ139.8 × 4.5 × 1,650	400
Gr-SBm-2E Gr-SBm-1B	φ114.3 × 4.5 × 1,500	1,000	φ139.8 × 4.5 × 1,650	650

注) 支柱をコンクリートに設置する場合の埋込み深さは400mmと250mmがある。

2. 支持条件の変更

(1) 土中埋込み用の場合

1) ガードレール，ガードパイプ，ボックスビームの支柱およびガードケーブルの中間支柱

防護柵設置場所の状況によりやむを得ず各仕様に示された支持条件が得られない場合は，①～⑥により，支柱1本が関与する背面土質量を当該地盤の単位体積質量をもとに算出し各仕様の支持条件と同等以上となる対策を行う。

① 設置条件及び地盤状況の把握

各仕様で前提としている地盤はN値5～10程度である。法肩距離，法勾配，埋込み深さについての標準的な値は各仕様に図示している。

支柱を土中に埋め込む場合の支柱の強度は，法肩距離，法勾配，埋込み深さ，地盤状況等の支持条件によって左右されるが，設置場所の状況は千差万別であり，必ずしも各仕様で示される支持条件が確保されるとは限らない。このため，防護柵の設置にあたっては設置場所の設置条件や地盤状況を把握し，特に地耐力の小さい地盤にあっては地盤改良を行う。

② 背面土質量の算定

衝突荷重に対する支柱の支持力は，支柱の背面土が反力として抵抗するため，その背面土質量と密接な関係にあることが既住の衝突実験により確認されている。このため，図-1.1に示す背面土量を考慮して，支柱1本が関与する背面土質量を算出し，これにより支柱の支持力を評価する。各仕様に示す支持条件での支柱1本が関与する背面土質量を**表-1.4**，**表-1.5**に示す。また，各仕様に示す支持条件で測定した支柱の極限支持力（路面から荷重作用高さの位置において支柱に水平に加えた荷重と変位の変形曲線から求めた平均支持力）を参考までに**表-1.4**，**表-1.5**に示す。

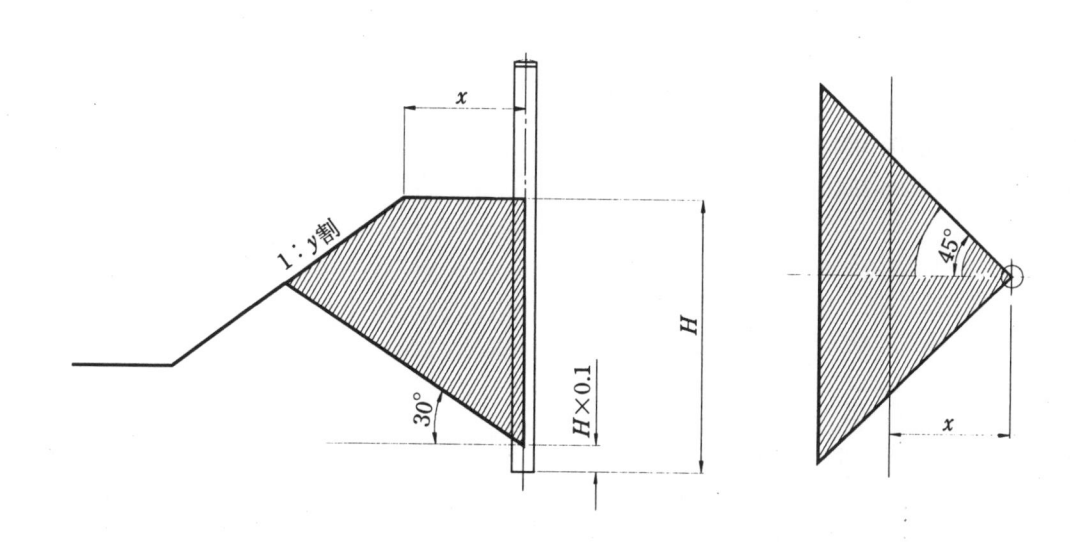

注 1) 背面土質量（t）＝背面土量（m³）×土の単位体積質量（t/m³）
2) 分離帯や歩車道境界用の背面土量の算出は本図において支柱背面が平坦なものとして行う。

図-1.1 背面土量の範囲

表-1.4 各仕様における支柱1本が関与する背面土質量（標準型防護柵）

仕様記号		支柱1本が関与する背面土質量 (t) ※1	備考			
路側用	分離帯 歩車道 境界用		支柱の形状 (mm)	標準埋込み深さ (m)	荷重作用高さ (m)	支柱の極限支持力 P_w (kN)
Gr-A-4E Gc-A-6E Gp-A-3E Gp-A-3E2 Gp-SC-3E2	Gr-SAm-2E Gp-Ap-2E	2.51	ϕ139.8×4.5	1.65	0.60	40
Gp-B-3E2		1.01		1.50		15
Gp-C-3E2		0.82		1.40		12
Gr-SC-4E		2.34		1.65		35
	Gp-Ap-2E2 Gp-SCp-2E2	1.75		1.10		28
	Gp-Bp-2E2	1.60		1.05		24
	Gp-Cp-2E2	1.20		0.95		18
Gr-B-4E Gc-B-6E Gp-B-3E Gp-B-3E3 Gp-B-3E4		1.01	ϕ114.3×4.5	1.50		15
	Gr-Cm-4E Gr-Bm-4E Gr-Am-4E Gr-SCm-2E Gr-SBm-2E Gc-Bm-6E Gp-Bp-2E Gp-Bp-3E3 Gp-Bp-3E4	2.34		1.50		35
Gr-C-4E Gr-C-4E2 Gc-C-6E Gp-C-3E		0.82		1.40		12
	Gp-Cp-2E	2.14				32
	Gr-SSm-2E	3.75	□-125×125×6	1.65	0.76	60
Gr-SS-2E		2.86				45
Gr-SB-2E Gr-SA-3E		2.19				35
	Gb-Am-2E	2.51	H-125×60×6×8	1.50	0.60	40
	Gb-Bm-2E	2.35	H-100×50×5×7			35

※1：背面土量（m³）×土の単位体積質量（1.8t/m³, 1.6t/m³）

表-1.5 各仕様における支柱1本が関与する背面土質量(耐雪型防護柵)

仕様記号		支柱1本が関与する背面土質量 (t) ※1	備考			
路側用	歩車道境界用		支柱の形状 (mm)	標準埋込み深さ (m)	荷重作用高さ (m)	支柱の極限支持力 P_w (kN)
Gr-SB2-2E Gr-SB3-2E Gr-SB4-1E Gr-SB5-1E		2.19	□-125×125×6		0.76	35
Gr-SC2-4E Gr-SC3-3E Gr-SC4-2E Gr-SC5-2E		2.34	ϕ 139.8×4.5			
Gr-A2-4E Gr-A3-3E Gr-A4-2E Gr-A5-2E Gc-A2-6E Gc-A3-5E Gc-A4-4E Gc-A5-3E Gp-A1-2E Gp-A1-2E2 Gp-A2-1E Gp-A2-1.5E2 Gp-SC1-2E2 Gp-SC2-1.5E2	Gp-Ap1-2E Gp-Ap2-1E	2.51		1.65		40
Gp-B1-2E2 Gp-B2-1.5E2		1.01		1.50		15
Gp-C1-2E2 Gp-C2-1.5E2		0.82		1.40		12
	Gp-Ap1-2E2 Gp-Ap2-1.5E2 Gp-SCp1-2E2 Gp-SCp2-1.5E2	1.75		1.10		28
	Gp-Bp1-2E2 Gp-Bp2-1.5E2	1.60		1.05	0.60	24
	Gp-Cp1-2E2 Gp-Cp2-1.5E2	1.20		0.95		18
Gr-B2-4E Gr-B3-3E Gr-B4-2E Gc-B2-6E Gc-B3-5E Gc-B4-4E Gc-B5-3E Gp-B1-2E Gp-B2-1E Gp-B2-2.5E3 Gp-B2-2.5E4 Gp-B3-2E3 Gp-B3-2E4		1.01	ϕ 114.3×4.5	1.50		15
	Gp-Bp1-2E Gp-Bp2-1E Gp-Bp2-2.5E3 Gp-Bp2-2.5E4 Gp-Bp3-2E3 Gp-Bp3-2E4	2.34				35
Gr-C2-3E Gr-C3-2E Gc-C2-6E Gc-C3-5E Gc-C4-4E Gc-C5-3E Gp-C1-1.5E Gp-C2-1E		0.82		1.40		12
	Gp-Cp1-1.5E Gp-Cp2-1E	2.14				32

※1:背面土量(m³)×土の単位体積質量(1.8t/m³, 1.6t/m³)

③ 背面土質量の評価

②で算出された支柱1本が関与する背面土質量が**表-1.4，表-1.5**に示す各仕様の支柱1本が関与する背面土質量と同等以上かどうかについて評価し，支柱の支持力が十分であるかを確認する。設置地盤の土の単位体積質量が小さい場合は，地盤改良により土の単位体積質量の改善を行い必要な背面土質量の確保を図るか，以下の方法で対応策の検討を行う。また，法肩距離，法勾配，埋込み深さが不足する場合も，以下の方法で対応策の検討を行う。

④ コンクリート根巻き構造による対応策

③で期待する背面土質量を確保できないと判断された場合は，不足している背面土質量を算出し，コンクリート根巻きにより不足分の質量を補う。設置場所における法肩距離，法勾配，埋込み部の状況などを踏まえ，根巻きコンクリートの適切な形状寸法を検討する。なお，耐雪型防護柵の各仕様で根巻き寸法が記載されているものはこれを下回らないようにする。

⑤ 連続基礎構造による対応策

④で算出されたコンクリート根巻きの形状寸法が施工性に影響するような形状である場合，または土中内に埋設物などがあり，所定の埋込み深さを確保できない場合などは，連続基礎などの対策を行う。

⑥ 支柱間隔の短縮構造による対応策

設置場所の制約条件などから根巻き基礎や連続基礎構造による対応策ができない場合，土中内に埋設物などがあり所定の埋込み深さよりも浅くせざるを得ない場合などは，支柱間隔を短縮することにより1m当たりの支柱強度を上げる対策を行う。

支柱間隔を短縮する場合の許容できる最小支柱間隔は**表-1.1，表-1.2**による。

2) ガードケーブルの端末支柱

ガードケーブルの端末支柱の基礎コンクリートの形状・寸法は，ケーブルに導入する初張力に対応できるものとして滑動，転倒，地盤応力度に対する安定計算を行って定めている。この形状・寸法が確保できない場合は以下の安定計算方法により，同等以上の安定状態が確保できる形状・寸法とする。

（設計条件）

① 基礎コンクリートの形状・寸法（深さd×長さL×幅b）

ケーブル張力P_e（初張力×ケーブル本数），作用点の高さh，回転中心の深さd

② 外力によるモーメント$M_e = P_e \times (h + d)$

③ 地盤とコンクリートに関する諸数値

土の内部摩擦角ϕ，主動土圧係数K_a，受動土圧係数K_p

土とコンクリートの摩擦係数μ，支持地盤の地耐力度q

土の単位質量γ_s，コンクリートの単位質量γ_c

基礎安定に対する安全率$s_f = 1.2$

（基礎の安定計算）

① 滑動に対する検討

自重による抵抗

$P_w = \mu W_c = \mu \times d \times L \times b \times \gamma_c$

側面の土圧による抵抗

$P_f = \mu \times K_a \times \gamma_s \times d^2 \times L$

前面の土圧による抵抗

$P_s = K_p \times \gamma_s \times b \times d^2/2$

滑動に対する抵抗

$P_r = P_w + P_f + P_s$

滑動に対する安定評価

$s_f \times P_e = 1.2 P_e < P_r$ であること

表-1.6

種別	初張力 (kN/本)	ケーブル本数 (本)	荷重 (kN)	作用点の高さ (m)
C	9.8	3	30	0.60
B	9.8	4	40	0.65
A	2.0	5	100	0.70

② 転倒に対する検討

自重による抵抗

$M_w = W_c \times L/2$

側面の土圧による抵抗

$M_f = P_f \times L/2$

前面の土圧による抵抗

$M_s = P_s \times d/3$

転倒に対する抵抗

$M_r = M_w + M_f + M_s$

転倒に対する安定評価

$s_f \times M_e = 1.2 M_e < M_r$ であること

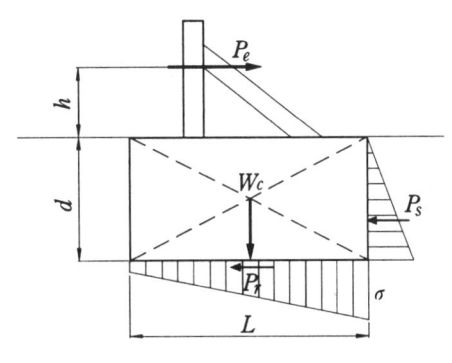

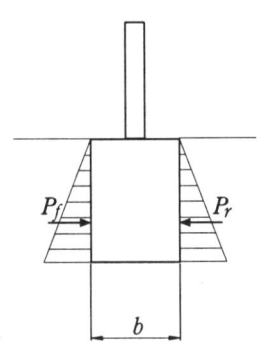

図-1.2 ガードケーブル端末コンクリート基礎例

③ 地盤応力度に対する検討

$M = M_e - M_f - M_s$

$\sigma = (W_c/L \times b) + 6M/(L^2 \times b)$

地盤に対する応力度評価

$s_f \times \sigma = 1.2 \sigma < q$ であること

(2) コンクリート埋込み用の場合

コンクリート構造物上に設置されるたわみ性防護柵の各仕様における支持条件は表-1.7，表-1.8に示す補強鉄筋を使用するものとしている。設置場所および構造物の状況によりやむを得ずこの支持条件の変更を行う場合は①～④により，定着部の定着方法に関して検討を行い，同等以上の支持条件となるようにする。

① 設置場所および構造物の状況の把握

橋梁，高架部および擁壁上に設置する支柱の支持条件を変更する場合は，床版地覆部や擁壁天端の形状を確認する。さらに，地覆および擁壁内部の配筋状況や埋設物などの状況を踏まえ，設置場所の状況とコンクリート強度を把握するものとする。

② 定着部の応力度の評価

橋梁用ビーム型防護柵の設計方法（平成10年11月5日付建設省道環発第30号道路環境課長通達）を参考にして応力度の評価を行う。なお，応力度の評価に必要な設計外力条件として，支柱の最大支持力（Pmax）を表-1.9に示す。

③ 補強鉄筋による対応策

応力度照査の結果，補強鉄筋の変更で対応可能と判断される場合は，コンクリート被り厚さに留意しながら鉄筋量などを定める。

④ ベースプレート方式による対応策

　定着部の応力度が定着部のコンクリートおよび鉄筋の許容応力度内にない場合は，地覆および構造物天端にベースプレートを介してアンカーボルトによる定着により支柱を固定する対応策を検討する。図-1.3にたわみ性防護柵のベースプレートによる定着方式の模式図を示す。これらベースプレート方式については塑性領域における支柱母材の曲げ強度以上の定着部強度を有する適切なベースプレートおよびアンカーボルトの形状を選択する。

4枚リブ付きベースプレート方式　　リブ無しベースプレート方式　　1枚リブ差込みベースプレート方式

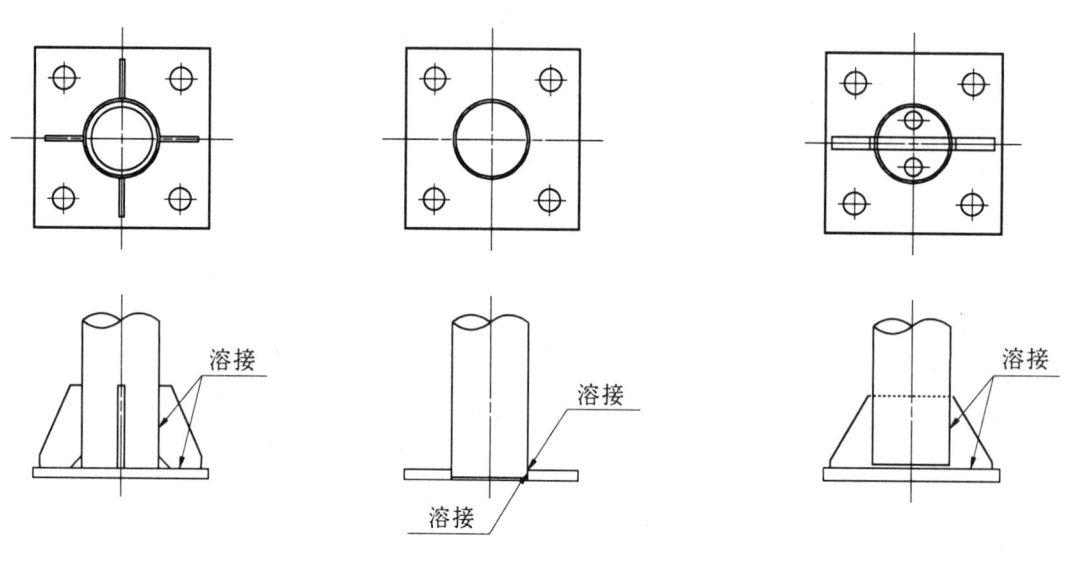

図-1.3　ベースプレート概要図

表-1.7　各仕様における補強鉄筋の形状（埋込み深さ400mmの場合）

仕様記号	Gr-SB-1B Gr-SA-1.5B Gr-SS-1B Gr-SSm-1B	Gr-A-2B Gr-SC-2B Gr-SAm-1B Gc-A-4B Gp-A-2B Gp-Ap-2B	Gr-C-2B Gr-C-2B2 Gr-B-2B Gr-Cm-2B Gr-Bm-2B Gr-Am-2B Gr-SCm-1B Gr-SBm-1B Gc-C-4B Gc-B-4B Gc-Bm-4B Gp-C-2B Gp-B-2B Gp-B-2B3 Gp-B-2B4 Gp-Cp-2B Gp-Bp-2B Gp-Bp-2B3 Gp-Bp-2B4	Gp-A-2B2 Gp-SC-2B2 Gp-Ap-2B2 GP-SCp-2B2	Gp-C-2B2 Gp-B-2B2 Gp-Cp-2B2 Gp-Bp-2B2	Gb-Am-2B	Gb-Bm-2B
a	□125×125×6	ϕ-139.8×4.5	ϕ114.3×4.5	2-□75×75×4.5	2-□75×75×3.2	H125×60×6×8	H100×50×5×7
b	1	1	1	1	1	1	1
c	D22	D13	D13	D13	D13	D13	D13
d	1	1	1	1	1	1	1
e	D13	D13	D13	D13	D13	D13	D13
f	ϕ200	ϕ200	ϕ180	150	150	185	160
g				250	250	120	110

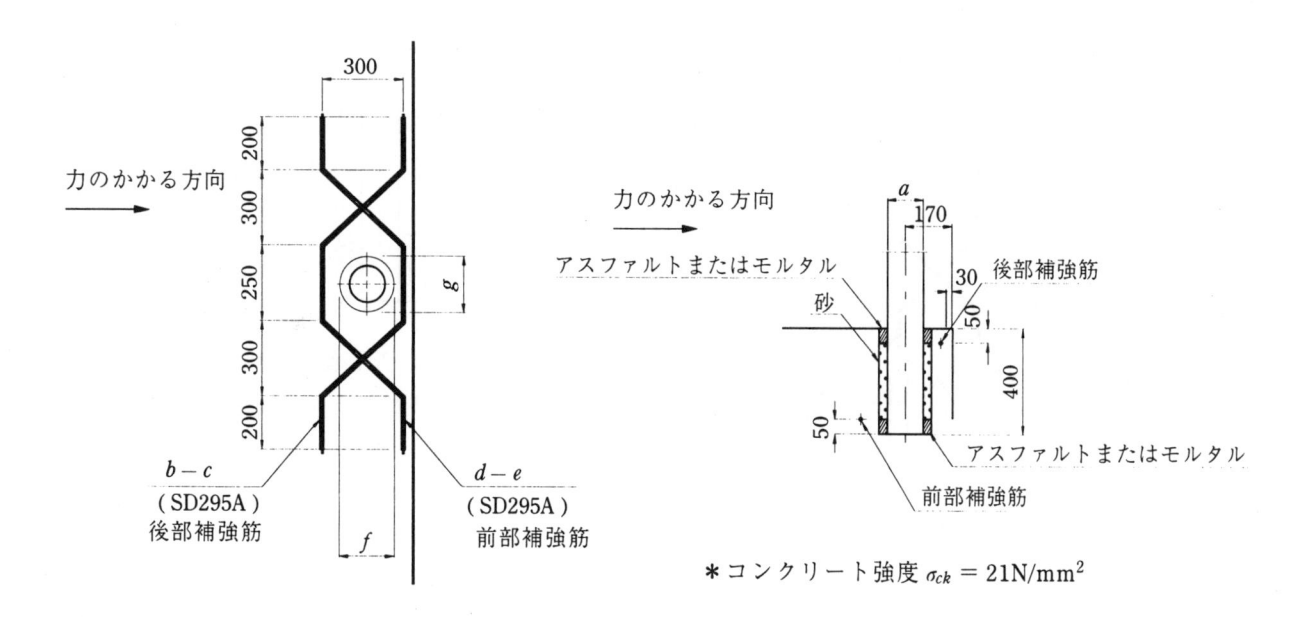

*コンクリート強度 $\sigma_{ck}=21\text{N/mm}^2$

注）分離帯の場合は左右対称に配筋する。

表-1.8 各仕様における補強鉄筋の形状（埋込み深さ250mmの場合）

仕様記号	Gr-SB-1B Gr-SA-1.5B Gr-SS-1B Gr-SSm-1B	Gr-A-2B Gr-SC-2B Gr-SAm-1B Gp-A-2B Gp-Ap-2B	Gr-C-2B Gr-C-2B2 Gr-B-2B Gr-Cm-2B Gr-Bm-2B Gr-Am-2B Gr-SCm-1B Gr-SBm-1B Gp-C-2B Gp-B-2B Gp-B-2B3 Gp-B-2B4 Gp-Cp-2B Gp-Bp-2B Gp-Bp-2B3 Gp-Bp-2B4	Gp-A-2B2 Gp-SC-2B2 Gp-Ap-2B2 GP-SCp-2B2	Gp-C-2B2 Gp-B-2B2 Gp-Cp-2B2 Gp-Bp-2B2	Gb-Am-2B	Gb-Bm-2B
a	□125×125×6	φ-139.8×4.5	φ114.3×4.5	2-□75×75×4.5	2-□75×75×3.2	H125×60×6×8	H100×50×5×7
b	2	2	2	2	2	2	1
c	D25	D22	D16	D22	D13	D19	D13
d	1	1	1	1	1	1	1
e	D25	D22	D16	D22	D13	D19	D13
f	φ220	φ220	φ220	150	150	185	160
g				250	250	120	110

*コンクリート強度 $\sigma_{ck} = 21\text{N/mm}^2$

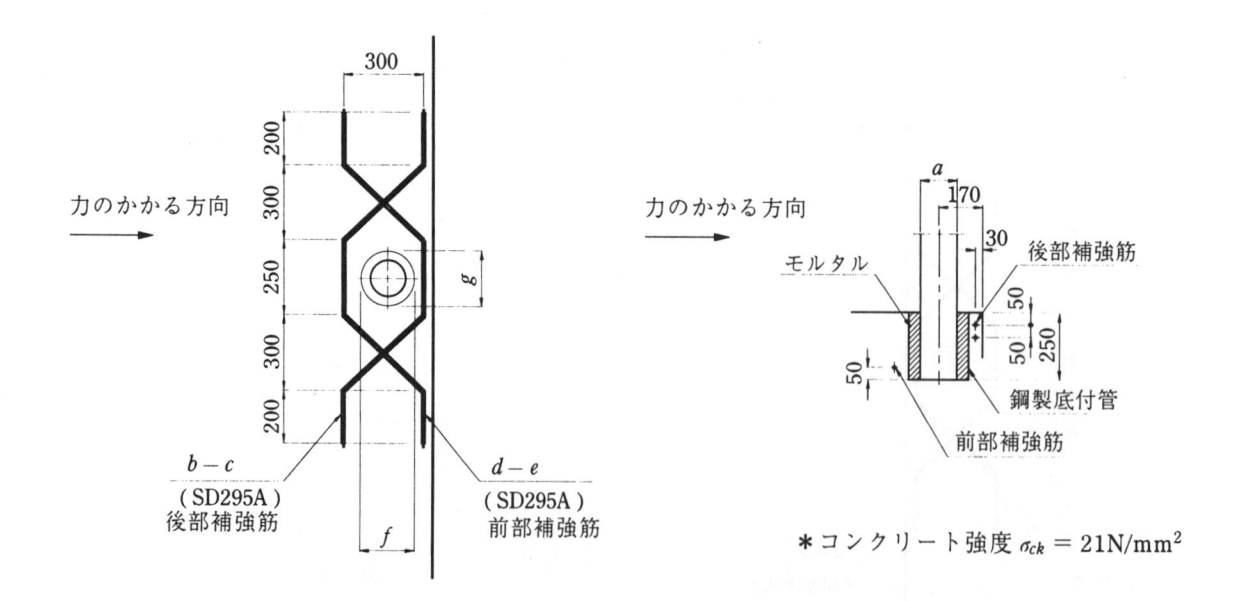

注）分離帯の場合は左右対称に配筋する。

表-1.9　コンクリートに設置する支柱の最大支持力

支柱形状	仕様記号	荷重作用高さ (m)	最大支持力P_{max} (kN) 埋込み深さ400mm 砂詰め固定	最大支持力P_{max} (kN) 埋込み深さ250mm モルタル固定
□-125×125×6	Gr-SB-1B, Gr-SA-1.5B Gr-SS-1B, Gr-SSm-1B	0.76	55	60
φ139.8×4.5	Gr-A-2B, Gr-SC-2B, Gr-SAm-1B Gc-A-4B Gp-A-2B, Gp-Ap-2B	0.6	50	60
φ114.3×4.5	Gr-C-2B, Gr-C-2B2 Gr-B-2B Gr-Cm-2B, Gr-Bm-2B Gr-Am-2B, Gr-SCm-1B Gr-SBm-1B Gc-C-4B, Gc-B-4B Gc-Bm-4B Gp-C-2B, Gp-B-2B Gp-B-2B3, Gp-B-2B4, Gp-Cp-2B, Gp-Bp-2B Gp-Bp-2B3, Gp-Bp-2B4	0.6	30	40
2□-75×75×4.5	Gp-A-2B2, Gp-SC-2B2 Gp-Ap-2B2, Gp-SCp-2B2	0.6	50	60
2□-75×75×3.2	Gp-C-2B2, Gp-B-2B2, Gp-Cp-2B2, Gp-Bp-2B2	0.6	30	40
H-125×60×6×8	Gb-Am-2B	0.6	40	50
H-100×50×5×7	Gb-Bm-2B	0.6	20	25

注）1. コンクリート構造物の基準強度は21N/mm²とする。

2. 支柱中心からコンクリート構造物端部までの最小距離は170mmとする。

3. ガードケーブルの基礎は埋込み深さ400mm（砂詰め固定）またはベースプレート方式とする。

別紙 2　剛性防護柵の各仕様の設計方法および変更方法

1．土中用の防護柵の基礎部構造諸元の設計方法

　土中用の防護柵の基礎部構造諸元（基礎幅および埋込み深さ）は，現場の形状や土質条件を考慮して設定し，衝突荷重に対する転倒，滑動，地盤反力について安定検討を行い決定する。

(1) 種別による衝突荷重の算定

　剛性防護柵での衝突荷重の算定には式（1）を用いる。式（1）は衝突実験によって得られたもので，衝撃度を衝突荷重に変換する式である。なお，車両条件としては，標準的な25tトラックとした。

$$F = \kappa_f \frac{2 \cdot (1+e_v)}{L_w \cdot \sin\theta} \cdot \left(\frac{W}{W_r}\right)^2 \cdot I_s \cdot a \quad \cdots\cdots\cdots\cdots (1)$$

ここに，F：衝突荷重（kN）
　　　　κ_f：補正比例係数（= 0.1）
　　　　Is：衝撃度（kJ）　　= $(1/2) \cdot (W/g) \cdot v^2 \cdot \sin^2\theta$
　　　　θ：衝突角度（度）　= 15度
　　　　L_w：車軸間隔（前後輪間隔：m）　= 6.455m
　　　　W：車両重量（kN）　　　　　　= 245kN
　　　　W_r：後輪軸重量（kN）　　　　 = 181kN
　　　　g：重力加速度（m/s²）　　　　= 9.8m/s²
　　　　v：衝突速度（m/s）
　　　　e_v：車両の反発係数　　　　　= 0.2
　　　　a：斜面低減係数　　　　　　　= $(K_t)^2 \cdot b \leq 1.0$
　　　　　　　　　　　　　　　　　　　　（単スロープ型およびフロリダ型のみ
　　　　　　　　　　　　　　　　　　　　考慮し，直壁型では1.0とする）
　　　　K_t：理論低減係数　　　　　　= $\sin^2\alpha$
　　　　α：車両斜面駆け上がり角度（度）= $\tan^{-1}(\sin\theta/\tan\beta)$
　　　　β：鉛直面からの斜面角度（度）= 単スロープ型　10度
　　　　　　　　　　　　　　　　　　　　　フロリダ型　　　6度
　　　　b：実験係数　　　　　　　　　= 単スロープ型　1.7
　　　　　　　　　　　　　　　　　　　　　フロリダ型　　　1.1

式(1)より求まる防護柵種別と衝突荷重の関係を**表-2.1**および**図-2.1**に示す。

表-2.1 防護柵種別と衝突荷重

種　別（衝突条件[1)]）	衝撃度 (kJ)	衝突荷重 F (kN)		
		単スロープ型	フロリダ型	直壁型
SC（25t－50km／h－15度）	160	34	35	43
SB（25t－65km／h－15度）	280	57	58	72
SA（25t－80km／h－15度）	420	86	88	109
SS（25t－100km／h－15度）	650	135	138	170

1) 車両質量－衝突速度－衝突角度

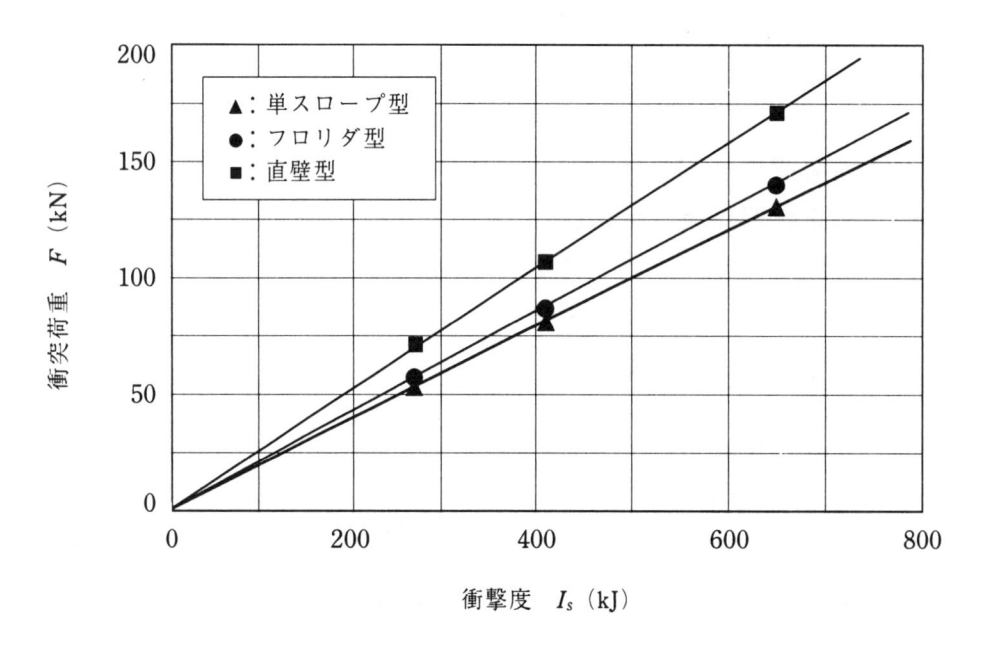

$W = 245\text{kN}, \ L_w = 6.455\text{m}, \ \theta = 15°$

図-2.1 衝撃度と衝突荷重

(2) 安定検討の荷重の計算

① 転倒および地盤反力の検討に用いる等分布衝突荷重（q_a）は，以下の式で求める。

なお，防護柵の総延長L_aには，施工延長が50m以上の場合は50m，50m未満の場合は実際の延長を用いる。

$$q_a = F/L_a \quad (\text{kN/m}) \quad \cdots\cdots (2)$$

ここに，L_a：防護柵の総延長≦50m

② 滑動の検討に用いる等分布衝突荷重（q_b）は以下の式で求める。

なお，滑動に対する有効延長L_bには，施工延長が10m以上の場合は10m，10m未満の場合は実際の延長を用いる。

$$q_b = F/L_b \quad (\text{kN/m}) \quad \cdots\cdots (3)$$

ここに，L_b：滑動に対する防護柵の有効延長≦10m

(3) 転倒に対する検討

① 転倒モーメント（M_a）は以下の式で求める。

$$M_a = q_a \cdot H = q_a \cdot (h_1 + h_2) \quad (\text{kN·m/m}) \quad \cdots\cdots (4)$$

ここに，H：底版から荷重作用点までの高さ（m）

h_1：路面から荷重作用点までの高さ（m）≦1.0m

（路面からの高さが1.0m以上の防護柵では$h_1 = 1.0$m，1.0m未満の防護柵では最上点までの高さとする）

h_2：埋込み深さ（m）

（埋込み深さは0.1m以上確保する）

② 抵抗モーメント（M_r）は以下の式で求める。

背面に盛土がある場合や基礎部の埋込み深さが大きく，受働土圧が見込める場合には，受働土圧による抵抗モーメントを式（5）で求まる抵抗モーメントに加算できる。

$$M_r = W_c \cdot d \quad (\text{kN·m/m}) \quad \cdots\cdots (5)$$

ここに，W_c：防護柵の単位長さ重量（kN/m）

d：支点O（図-2.2参照）と重心までの水平距離（m）

③ 安全率（F_s）は以下の式で求め，1.2を超えるようにする。

$$F_s = M_r/M_a > 1.2 \quad \cdots\cdots (6)$$

(4) 滑動に対する検討

① 滑動力（P_a）は以下のように求める。

$$P_a = q_b \quad (\text{kN/m}) \quad \cdots\cdots (7)$$

② 抵抗力（P_r）は以下の式で求める。

$$P_r = P_{r1} + P_{r2} \quad (\text{kN/m}) \quad \cdots\cdots (8)$$

ここに，P_{r1}：摩擦による抵抗力（kN/m）$= W_c \cdot \mu$

μ：摩擦係数$= 0.55$

P_{r2}：舗装，地盤による抵抗力（kN/m）

（舗装，コンクリートシールの場合は9.8kN/m，その他の場合は受働土圧による抵抗力を地盤条件（粘着力，内部摩擦角，N値，K値，CBR値など）から求める。）

③ 安全率（F_s）は以下の式で求め，1.2を超えるようにする。

$$F_s = P_r/P_a > 1.2 \qquad \cdots\cdots\cdots\cdots\cdots\cdots\cdots\cdots\cdots\cdots\cdots\cdots\cdots\cdots\cdots\cdots\cdots\cdots\cdots\cdots\cdots (9)$$

(5) 地盤反力に対する検討

① 地盤反力（q_1）は以下の式で求める。

なお，防護柵の基礎幅Dを変更する場合は実際の値を用いる。

$$q_1 = 2 \cdot W_c / \chi \quad (三角形分布)\ (\text{kN/m}^2) \qquad \cdots\cdots\cdots\cdots\cdots\cdots\cdots\cdots (10)$$

ここに，χ：地盤反力の作用幅$=3\cdot(d-e)$

d：支点O（図-2.2参照）と重心までの水平距離（m）

e：偏心位置$=M_a/W_c$

W_c：防護柵の単位長さ重量（kN/m）

② 許容支持力Q_aは，地盤条件（粘着力，内部摩擦角，N値，K値，CBR値など）から求める。

　　　常　　　　時：Q_a（kN/m²）

　　衝突荷重作用時：$1.5\cdot Q_a$（kN/m²）

③ 安全率（F_s）は以下の式で求め，1.2を超えるようにする。

$$F_s = 1.5 \cdot Q_a/q_1 > 1.2 \qquad \cdots\cdots\cdots\cdots\cdots\cdots\cdots\cdots\cdots\cdots\cdots\cdots\cdots\cdots\cdots (11)$$

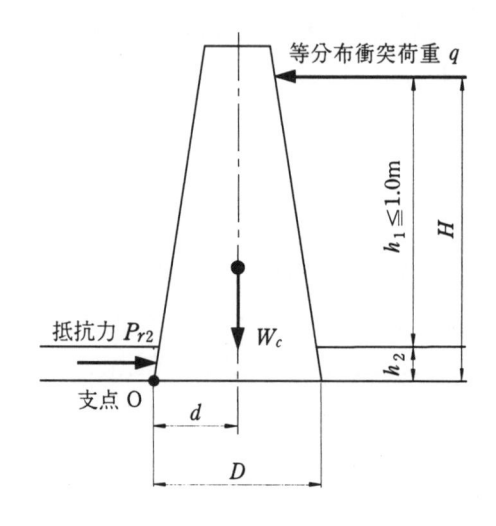

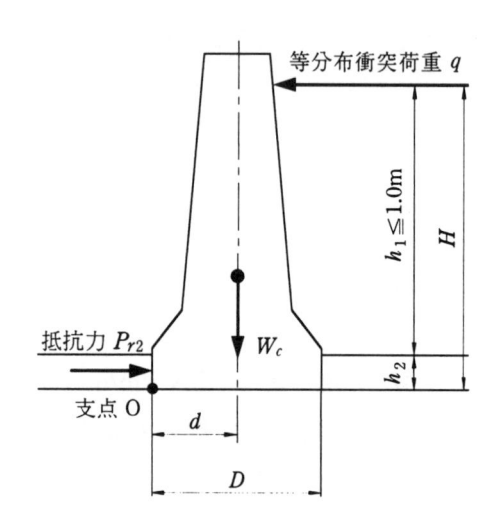

図-2.2 安定検討用の荷重

2. 構造物用の防護柵の基礎部構造諸元の設計方法

　構造物用の防護柵の基礎部構造諸元は，車両衝突時に対象構造物に与える影響（特に床版などの破壊防止）を考慮して設計する。具体的には，設置対象の構造物中の鋼材と何らかの方法で連結一体化する基礎構造（アンカーやボルトでの接合構造）とし，接合部に作用するモーメントによる破損（コンクリートの破壊あるいはアンカーやボルトの降伏）の有無を照査し，適正な構造諸元を決定する。

（1）種別による衝突荷重の算定

　各種別の衝突荷重 F を表-2.2に示す。なお，衝突荷重の算定については，1．の(1)式を用いている。

表-2.2　防護柵種別と衝突荷重

種　別（衝突条件[1]）	衝撃度 (kJ)	衝突荷重 F (kN)		
		単スロープ型	フロリダ型	直壁型
SC（25t－50km／h－15度）	160	34	35	43
SB（25t－65km／h－15度）	280	57	58	72
SA（25t－80km／h－15度）	420	86	88	109
SS（25t－100km／h－15度）	650	135	138	170

1）車両質量－衝突速度－衝突角度

（2）照査断面での構造計算

　構造計算に用いる断面力として，縦方向（高さ方向）のモーメント M_y および横方向（道路縦断方向）のモーメント M_x は以下の式で算定する。

① 縦方向のモーメント（M_y）

$$M_y = F \cdot L \cdot \alpha_R \cdot (1 - B/7.5) \quad (\text{kN} \cdot \text{m}) \quad \cdots\cdots (1)$$

　　ここに，α_R：縦方向断面係数＝0.5
　　　　　　F：衝突荷重（kN）
　　　　　　L：F の作用位置から断面照査位置までの高さ（m）
　　　　　　　（F の作用位置は，路面からの高さが1.0m以上の防護柵では路面から1.0mの高さ，1.0m未満の防護柵では路面から最上点までの高さとする。）
　　　　　　B：有効幅（m）＝ $2 \times L$

② 横方向のモーメント（M_x）

$$M_x = F \cdot \beta_R \quad (\text{kN} \cdot \text{m}) \quad \cdots\cdots (2)$$

　　ここに，β_R：横方向断面係数＝0.25

③ コンクリートおよび鉄筋の応力照査

　①，②より求めたモーメントから，それぞれ照査断面における縦方向および横方向のコンクリートおよび鉄筋の応力を計算する。この計算は，道路橋示方書に準拠した鉄筋コンクリートの応力計算方法に従って行う。得られた応力度とその許容値を比較することにより照査する。

　ただし，プレキャストの場合でボルトによる接合を行う場合には，道路橋示方書など信頼できる方法に準拠して鋼材の引抜き耐力の照査を行う。

3) 対象構造物に与える影響照査

　基礎部構造諸元を決めた後，車両衝突時に対象構造物（特に床版など）の照査断面に生じる応力を，道路橋示方書に準拠した鉄筋コンクリートの応力計算方法にしたがって計算する。得られた応力度とその許容値とを比較することにより照査する。

3. 形状・寸法の変更

　現地の状況により防護柵の躯体構造諸元を変更する必要がある場合は，以下に示す方法に従って行うことができる。ただし，

①コンクリートの設計基準強度は24 N/mm² 以上とし，鉄筋はSD-295A 以上とする。
②防護柵の前面形状に係る形状・寸法（図-2.3 に示す形状）の変更は行わないものとする。
③防護柵の高さは各仕様の高さを下回らないものとする。

　なお，直壁型の地覆については，地覆高さが100mm～120mmの場合は地覆幅を450mmまで広げることができる。

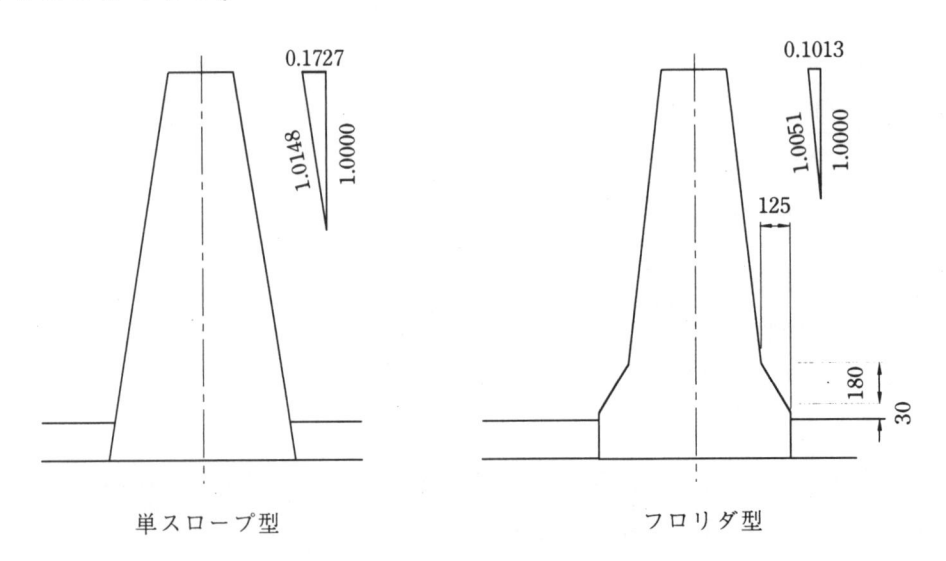

図-2.3　規定されている前面形状の寸法

（1）種別による衝突荷重の算定

　各種別の衝突荷重Fを表-2.3に示す。なお，衝突荷重の算定については，1.の式（1）を用いている。

表-2.3　防護柵種別と衝突荷重

種　別（衝突条件[1]）	衝撃度 (kJ)	衝突荷重F (kN)		
		単スロープ型	フロリダ型	直壁型
SC（25t－50km／h－15度）	160	34	35	43
SB（25t－65km／h－15度）	280	57	58	72
SA（25t－80km／h－15度）	420	86	88	109
SS（25t－100km／h－15度）	650	135	138	170

1) 車両質量－衝突速度－衝突角度

（2）照査断面での構造計算

構造計算に用いる断面力として，縦方向（高さ方向）のモーメントM_yおよび横方向（道路縦断方向）のモーメントM_xは以下の式で算定する。

① 縦方向のモーメント（M_y）

$$M_y = F \cdot L \cdot \alpha_R \cdot (1 - B/7.5) \quad (\mathrm{kN \cdot m}) \quad \cdots\cdots (1)$$

ここに，α_R：縦方向断面係数＝0.5
F：衝突荷重（kN）
L：Fの作用位置から断面照査位置までの高さ（m）
（Fの作用位置は，路面からの高さが1.0m以上の防護柵では路面から1.0mの高さ，1.0m未満の防護柵では路面から最上点までの高さとする。
B：有効幅（m）＝$2 \times L$

② 横方向のモーメント（M_x）

$$M_x = F \cdot \beta_R \quad (\mathrm{kN \cdot m}) \quad \cdots\cdots (2)$$

ここに，β_R：横方向断面係数＝0.25

③ コンクリートおよび鉄筋の応力照査

①，②より求めたモーメントから，それぞれ照査断面における縦方向および横方向のコンクリートおよび鉄筋の応力を計算する。この計算は，道路橋示方書に準拠した鉄筋コンクリートの応力計算方法に従って行う。断面照査は，コンクリートおよび鉄筋の許容応力度を得られた応力度で除した値が，各仕様のそれと同等以上となることを確認することにより行う。

④ 鉄筋の設置方法

③より，防護柵の縦方向および横方向の必要鉄筋量が求まる。これに対して使用鉄筋量（種類および径）を決め，各仕様における鉄筋の配置方法と同様に，衝突荷重の作用位置付近でのモーメントが大きいこと，また衝突によるコンクリートの角欠け防止を考慮して，横筋については上部を密に配筋する。具体的には，図-2.4および表-2.4に示すように配筋することを標準とする。高さを変更する場合の横筋の設置方法は，高さ増加分を図-2.4に示した鉄筋の各ピッチに比例配分することとする。

表-2.4 横筋の配筋

種別	横筋本数	フロリダ型および直壁型				単スロープ型			
		a (mm)	b (mm)	c (mm)	d	a (mm)	b (mm)	c (mm)	d
SC	5	35	3	185	1	20	3	190	1
SB	6				2				2
SA	7				3				3
SS	8				4				4

（単位：mm）

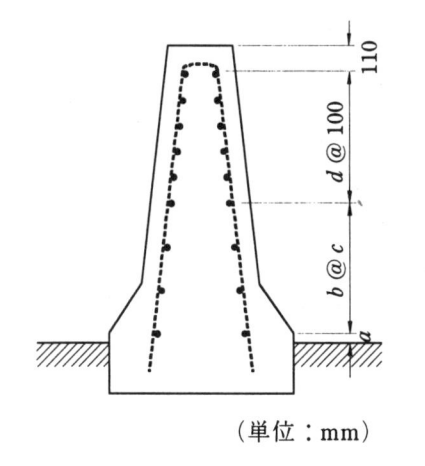

図-2.4 配筋図

なお，縦筋についても必要鉄筋量から使用鉄筋量を決めるが，道路縦断方向に一定のピッチで配置する。構造物上に設置する場合の縦筋は，構造物の連結対象鉄筋ピッチに合わせて配置する。

　なお，プレキャスト製防護柵の躯体構造諸元を変更する場合は，各仕様を設計した方法に準じて応力計算を行い，コンクリートおよび鉄筋の許容応力度を得られた応力度で除した値が各仕様のそれと同等以上となることを確認することにより行う。

(3) 基礎部の安定検討および対象構造物に与える影響照査

　躯体構造諸元が変更されることに伴い，土中用の防護柵にあっては基礎部について1.(2)から1.(5)までの転倒，滑動，地盤反力についての安定検討を行い，構造物用の防護柵にあっては2.(3)の対象構造物に与える影響照査を行い，所定の条件を満たすことを確認する。

解説・参考資料

1. 車両用防護柵標準仕様について

1-1 車両用防護柵の性能確認と車両用防護柵標準仕様

　平成10年11月5日付建設省道環発第29号により建設省道路局長より通知された防護柵の設置基準以降では，それまでの構造諸元等の仕様を規定する方式から防護柵の有すべき性能を規定する方式に変更され，車両用防護柵（以下「防護柵」という。）については，① 車両の逸脱防止性能，② 乗員の安全性能，③ 車両の誘導性能，④ 構成部材の飛散防止性能が規定されている。具体的に防護柵がこの性能を満たすことの確認は，原則として，実車による衝突試験により行うこととされている。

　これに対し，これまでに開発されている防護柵で実車衝突試験等により上記性能を満たすことの確認されている防護柵については車両用防護柵標準仕様（以下「標準仕様」という。）としてとりまとめられ，平成11年2月16日付建設省道環発第4号により建設省道路環境課長から各道路管理者あてに通知されている。したがって，この標準仕様に掲載されている仕様の防護柵については防護柵の設置基準の性能を満足するものとして使用することができるものである。

　なお，本標準仕様に記載されていない仕様の防護柵を新たに使用する場合については，平成10年11月5日付建設省道環発第30号「車両用防護柵性能確認試験方法について」に規定される試験方法により得られた試験結果により各道路管理者が防護柵の設置基準の性能を満たすことを確認した場合は使用することが可能である。なお，同課長通達の規定に該当する橋梁用ビーム型防護柵については，その構成部材の強度が設定に用いた値であることを静荷重試験結果により確認することをもって，衝突試験にかえることができることになっている。

　以上の防護柵の性能確認の方法を整理すると**付図-1.1**のようになる。

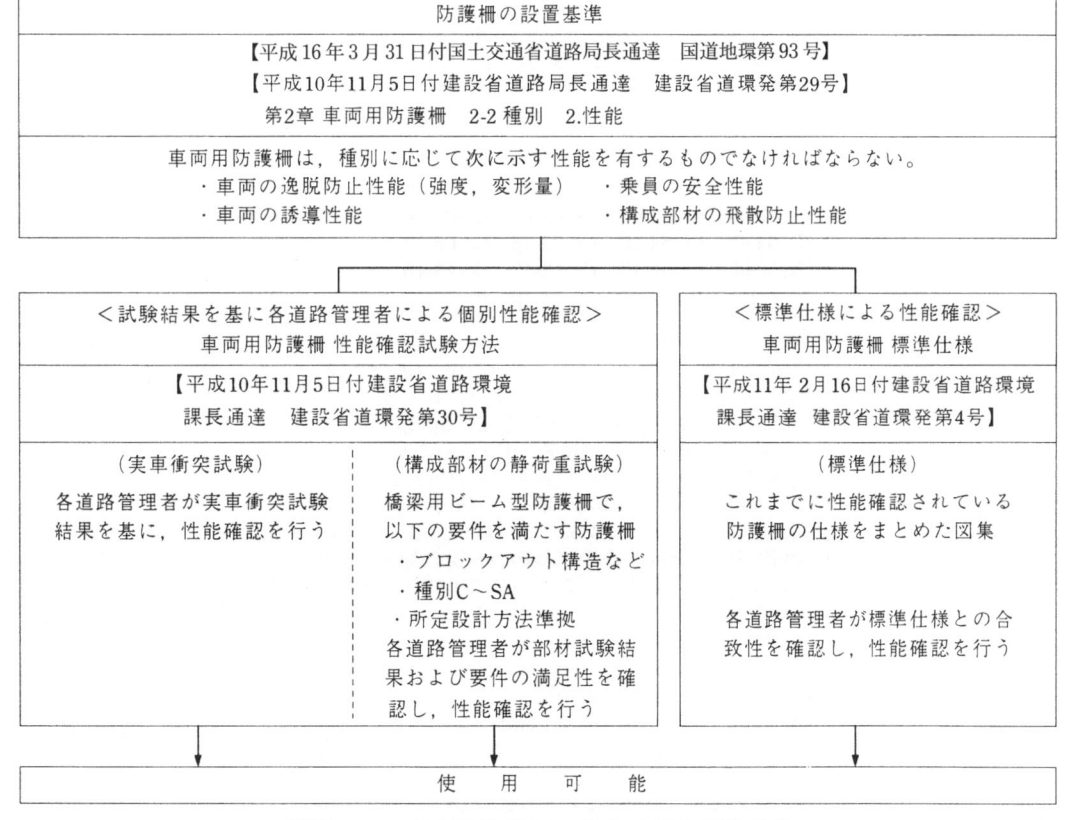

付図-1.1　車両用防護柵の性能確認と標準仕様

1－2 標準仕様に掲載の車両用防護柵

本標準仕様に掲載されている防護柵は，標準仕様の**表-1**および**表-2**にまとめられている。これを防護柵の形式により再分類すると**付表-1.1**のようになる。

付表-1.1 本標準仕様に掲載の車両用防護柵

防護柵の形式	仕様記号
ガードレール （路側用標準型）	Gr-C-4E，Gr-C-2B，Gr-C-4E2，Gr-SC-2B2 Gr-B-4E，Gr-B-2B，Gr-A-4E，Gr-A-2B Gr-SC-4E，Gr-SC-2B，Gr-SB-2E，Gr-SB-1B Gr-SA-3E，Gr-SA-1.5B，Gr-SS-2E，Gr-SS-1B
ガードレール （分離帯用標準型）	Gr-Cm-4E，Gr-Cm-2B，Gr-Bm-4E，Gr-Bm-2B Gr-Am-4E，Gr-Am-2B，Gr-SCm-2E，Gr-SCm-1B Gr-SBm-2E，Gr-SBm-1B，Gr-SAm-2E，Gr-SAm-1B Gr-SSm-2E，Gr-SSm-1B
ガードケーブル （路側用標準型）	*Gc-C-6E，Gc-C-4B，Gc-B-6E，Gc-B-4B，Gc-A-6E，Gc-A-4B*
ガードケーブル （分離帯用標準型）	*Gc-Bm-6E，Gc-Bm-4B*
ガードパイプ （路側用標準型）	Gp-C-3E，Gp-C-2B，Gp-Cp-2E，Gp-Cp-2B Gp-B-3E，Gp-B-2B，Gp-Bp-2E，Gp-Bp-2B Gp-A-3E，Gp-A-2B，Gp-Ap-2E，Gp-Ap-2B Gp-C-3E2，Gp-C-2B2，Gp-Cp-2E2，Gp-Cp-2B2 Gp-B-3E2，Gp-B-2B2，Gp-Bp-2E2，Gp-Bp-2B2 Gp-A-3E2，Gp-A-2B2，Gp-Ap-2E2，Gp-Ap-2B2 Gp-SC-3E2，Gp-SC-2B2，Gp-SCp-2E2，Gp-SCp-2B2 Gp-B-3E3，Gp-B-2B3，Gp-Bp-3E3，Gp-Bp-2B3 Gp-B-3E4，Gp-B-2B4，Gp-Bp-3E4，Gp-Bp-2B4
ボックスビーム （分離帯用標準型）	Gb-Bm-2E，Gb-Bm-2B，Gb-Am-2E，Gb-Am-2B
ガードレール （路側用耐雪型）	Gr-C2-3E，Gr-C2-2B，Gr-C3-2E，Gr-C3-2B Gr-B2-4E，Gr-B2-2B，Gr-B3-3E，Gr-B3-2B Gr-B4-2E，Gr-B4-2B Gr-A2-4E，Gr-A2-2B，Gr-A3-3E，Gr-A3-2B Gr-A4-2E，Gr-A4-2B，Gr-A5-2E，Gr-A5-2B Gr-SC2-4E，Gr-SC2-2B，Gr-SC3-3E，Gr-SC3-2B Gr-SC4-2E，Gr-SC4-2B，Gr-SC5-2E，Gr-SC5-2B Gr-SB2-2E，Gr-SB2-1B，Gr-SB3-2E，Gr-SB3-1B Gr-SB4-1E，Gr-SB4-1B，Gr-SB5-1E，Gr-SB5-1B
ガードケーブル （路側用耐雪型）	Gc-C2-6E，Gc-C2-4B，Gc-C3-5E，Gc-C3-4B Gc-C4-4E，Gc-C4-4B，Gc-C5-3E，Gc-C5-3B Gc-B2-6E，Gc-B2-4B，Gc-B3-5E，Gc-B3-4B Gc-B4-4E，Gc-B4-4B，Gc-B5-3E，Gc-B5-3B Gc-A2-6E，Gc-A2-4B，Gc-A3-5E，Gc-A3-4B Gc-A4-4E，Gc-A4-4B，Gc-A5-3E，Gc-A5-3B
ガードパイプ （路側用耐雪型）	Gp-C1-1.5E，Gp-C1-1.5B，Gp-C2-1E，Gp-C2-1B Gp-Cp1-1.5E，Gp-Cp1-1.5B，Gp-Cp2-1E，Gp-Cp2-1B Gp-B1-2E，Gp-B1-2B，Gp-B2-1E，Gp-B2-1B Gp-Bp1-2E，Gp-Bp1-2B，Gp-Bp2-1E，Gp-Bp2-1B Gp-A1-2E，Gp-A1-2B，Gp-A2-1E，Gp-A2-1B Gp-Ap1-2E，Gp-Ap1-2B，Gp-Ap2-1E，Gp-Ap2-1B Gp-C1-2E2，Gp-C1-2B2，Gp-C2-1.5E2，Gp-C2-1.5B2 Gp-Cp1-2E2，Gp-Cp1-2B2，Gp-Cp2-1.5E2，Gp-Cp2-1.5B2 Gp-B1-2E2，Gp-B1-2B2，Gp-B2-1.5E2，Gp-B2-1.5B2 Gp-Bp1-2E2，Gp-Bp1-2B2，Gp-Bp2-1.5E2，Gp-Bp2-1.5B2 Gp-A1-2E2，Gp-A1-2B2，Gp-A2-1.5E2，Gp-A2-1.5B2 Gp-Ap1-2E2，Gp-Ap1-2B2，Gp-Ap2-1.5E2，Gp-Ap2-1.5B2 Gp-SC1-2E2，Gp-SC1-2B2，Gp-SC2-1.5E2，Gp-SC2-1.5B2 Gp-SCp1-2E2，Gp-SCp1-2B2， Gp-SCp2-1.5E2，Gp-SCp2-1.5B2 Gp-B2-2.5E3，Gp-B2-2B3，Gp-B3-2E3，Gp-B3-2B3 Gp-Bp2-2.5E3，Gp-Bp2-2B3，Gp-Bp3-2E3，Gp-Bp3-2B3 Gp-B2-2.5E4，Gp-B2-2B4，Gp-B3-2E4，Gp-B32-2B4 Gp-Bp2-2.5E4，Gp-Bp2-2B4，Gp-Bp3-2E4，Gp-Bp3-2B4

このうち，太字で示した防護柵は新しい仕様の防護柵である。太字斜字体で示した防護柵は従来から用いられている仕様に一部改良を施し性能をさらに向上させた仕様の防護柵である。なお，従来の防護柵の設置基準に規定されている防護柵で今回本標準仕様に掲載されていない防護柵を**付表-1.2**に示す。

付表-1.2 従来の防護柵の設置基準で規定されている防護柵で本標準仕様に掲載されていない防護柵

防護柵の形式	仕様記号（従来記号）	理　　由
ガードレール（歩道用）	Gr-Cp-2E, Gr-Cp-2B Gr-Bp-2E, Gr-Bp-2B Gr-Ap-2E, Gr-Ap-2B	歩車道境界用にガードパイプを充実したため
ガードレール　（S種） ガードケーブル（S種）	Gr-S-2E, Gr-S-1B Gc-S-4E, Gc-S-2B	種別SC〜SSを設定したため
オートガード	Ga-C-4E, Ga-C-2B Ga-B-4E, Ga-B-2B Ga-A-4E, Ga-A-2B	使用例が少ないため
ガードケーブル（分離帯用）	Gc-Am-6E, Gc-Am-4B	近年の使用例が少ないため

2. たわみ性防護柵の標準仕様について

2－1 構造諸元等に関する解説

　たわみ性防護柵は，構成する部材と支柱基礎を塑性変形させることによって車両用防護柵の備えるべき性能を確保するものである。

　標準仕様にまとめられたたわみ性防護柵に関する構造諸元等についての解説を以下に示す。

(1) ガードレール

　1) ガードレールは，付図-2.1，付図-2.2に示すように適度な剛性とじん性を有する波形断面のビームおよび支柱により構成し，車両衝突時の衝撃に対してビームの引張りと支柱の変形で抵抗する防護柵である。分離帯に設置する場合は，路側用と同様のビームを用いたブロックアウト両面型を採用している。これは支柱に取り付けた間隔材の両側にビームを取付けたものである。ビームが支柱から大きく前面に張り出したブロックアウト方式としているため，車輪の支柱への衝突，支柱の倒れによるビーム中心高さの低下が低減できる。また，両側のビームは間隔材でつないでいるため，ビーム全体としての剛性が高くビーム材の変形が緩やかになり，車両の方向転換がなめらかに行われる。この傾向を一層高めるため支柱強度はむしろ必要最小限度まで落としている。また大変形時には，衝突側と反対側のビームが地面につき，間隔材を通じて衝突時のビームを支える（ひじ付き効果）ため安全性が高い。

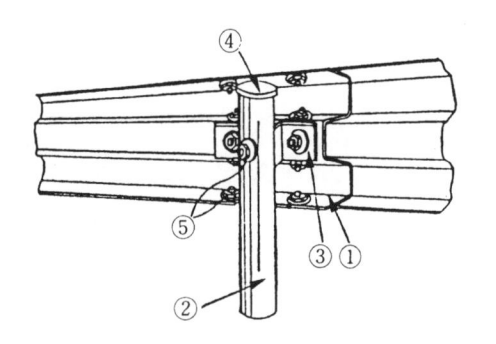

① ビーム
② 支柱
③ ブラケット
④ キャップ
⑤ ボルトナット

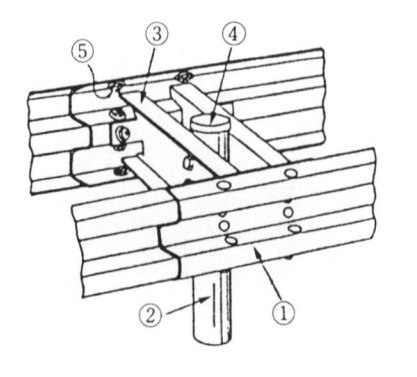

付図-2.1　路側用ガードレール（種別A）

① ビーム
② 支柱
③ 間隔材
④ キャップ
⑤ ボルトナット

付図-2.2　分離帯用ガードレール（種別Am）

2) ガードレールの仕様については，種別SC，SB，SA，SSのビームは3山型とし，形状寸法は材料の入手，維持管理の容易さ，経済性等を考慮して同一にされている。強度への対応は，支柱の形状寸法，支柱間隔を変更することによって行っている。種別C，B，Aのビームは従来の形状と同様の2山型である。種別SB，SA，SSの支柱は角形鋼管が用いられている。これは最近の研究開発により衝撃度が大きくなる種別においては，高い荷重領域でも安定した支柱の極限支持力が確保でき，かつ，ねじれ剛性にも優れている角形鋼管を用いた衝突実験の結果良好な性能を示したことによる。種別C，B，A，SCの支柱は従来の形状と同様の鋼管である。

3) ガードレールの施工にあたっては，「防護柵の設置基準・同解説（平成16年3月）」（社団法人　日本道路協会）に示す事項のほか以下の点に留意する必要がある。

① 種別SC，SB，SA，SSの施工は，種別C，B，Aの2山型と同一の方法で行うことができる。ただし，一枚あたりのビーム質量が種別C，B，Aに比べ大きくなっているので施工時の小運搬等においてクレーン車を使用するなどの配慮が必要である。

付表-2.1　1枚あたりのビーム質量

種　別	C	B	A	SC	SB	SA	SS
質量（kg/枚）	33	46	66	101	101	78	101

② 支柱間隔は，ビームの断面性能，支柱の径，埋込み深さと密接な関係にあり，間隔が大きいほど経済上は有利であるが，機能，施工，運搬などを考慮して土中に埋設する場合は標準仕様に示している値を最大値としている。

また，橋梁，擁壁，函渠などの構造物区間に設置される場合，土中用の支柱間隔の1/2が最大値とされているのは，防護柵の変位が限定されること，および埋め込み部がコンクリートで固定されるため，支柱の反力が大きくなることによるビームの局部的な変形を防止し，車両の乗り上げを防ぐことなどを考慮していることによる。

③ 袖ビームは巻形を原則とし，板厚は種別C，Bは2.3mm，種別A，SC，SB，SA，SSは3.2mm以上とする。

(2) ガードケーブル

1) ガードケーブルは，弾性域内で働く複数のケーブルおよび適度な剛性とじん性を有する支柱により構成し，車両衝突時の衝撃に対して，ケーブルの引張りと支柱の変形で抵抗する防護柵である。

2) ガードケーブルの仕様に関し，標準仕様において，ガードケーブルは種別C，B，A，Bmについて設定されている。各仕様のうち，ケーブル，支柱については，従来の仕様

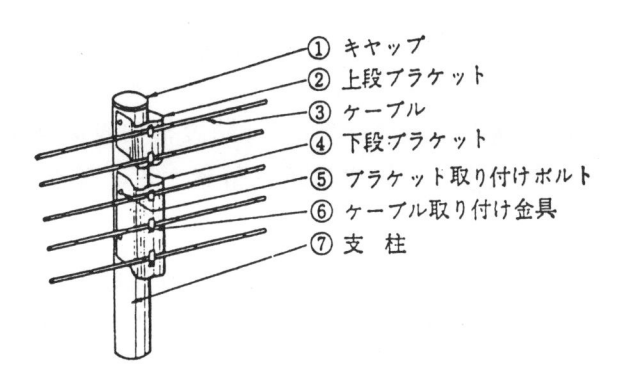

付図-2.3　路側用ガードケーブル（種別A）

と同様であるが，ケーブル間隔は衝突車からの荷重伝達が各ケーブルに均等になされるように配慮して設定されている。最近の研究によれば，最上段から最下段までのケーブルを間隔保持材でつなぐことにより，複数のケーブルが一体として作用し，機能を向上させることが確認されている。間隔保持材がない場合でも所要の性能を満足しているが，間隔保持材を付加することにより，機能をさらに向上させることができることから標準仕様では間隔保持材を用いたものを掲載している。

間隔保持材の形状を付図-2.4に示す。間隔保持材は支柱間に1～2本を等間隔に配置する。

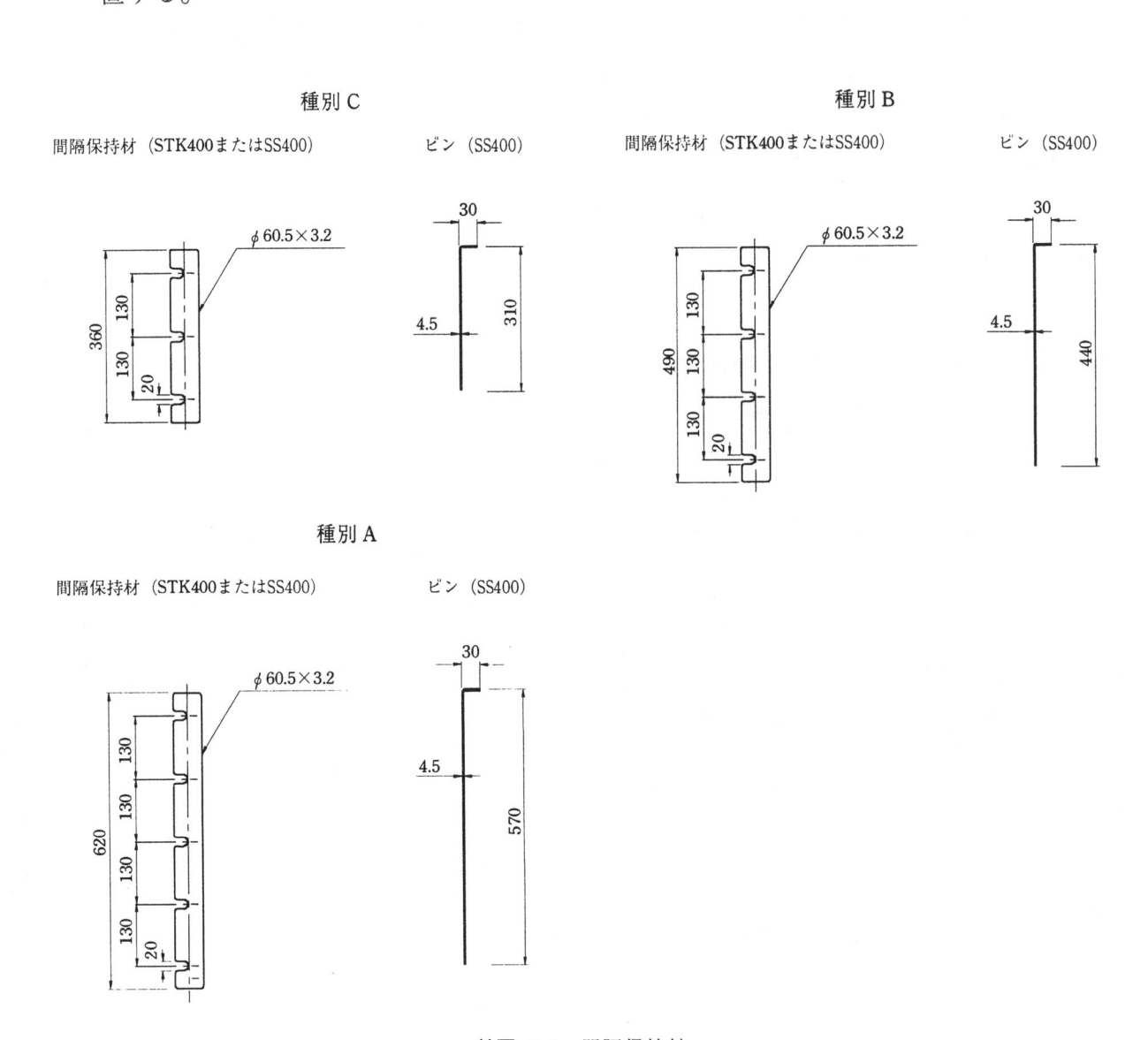

付図-2.4　間隔保持材

3) ガードケーブルの施工にあたっては，「防護柵の設置基準・同解説（平成16年3月）」（社団法人 日本道路協会）に示す事項に留意する必要がある。

(3) ガードパイプ

1) ガードパイプは適度な剛性とじん性を有する複数のビームパイプおよび支柱により構成し，車両衝突時の衝撃に対してビームの引張りと支柱の変形で抵抗する防護柵である。

2) 標準仕様には道路環境との調和に配慮したものとして開発された新しい二つの形式

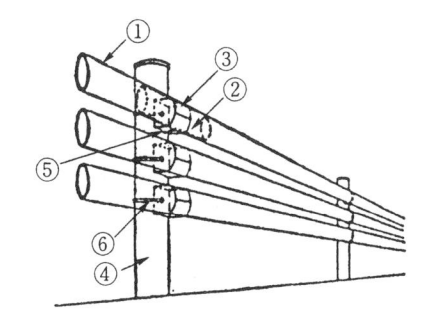

① ビームパイプ
② インナースリーブ
③ ブラケット
④ 支柱
⑤ ボルト，ナット
⑥ ブラケット取付けボルト

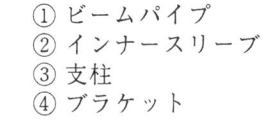

付図-2.5　ガードパイプ（Gp-B-2Eなど）

① ビームパイプ
② インナースリーブ
③ 支柱
④ ブラケット

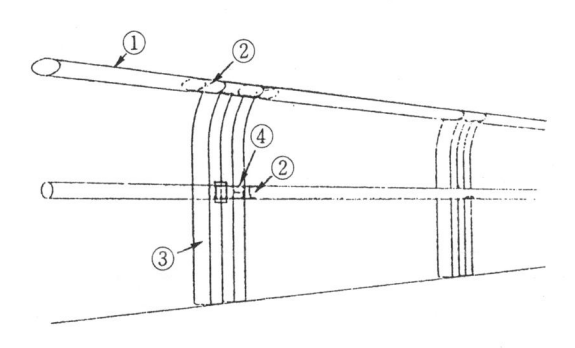

① ビームパイプ
② 上段ビームコネクター
③ 下段ビームコネクター
④ インナースリーブ
⑤ 支柱

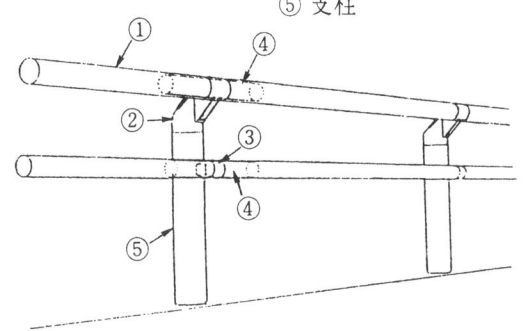

付図-2.6　ガードパイプ（Gp-B-3E2など）　　付図-2.7　ガードパイプ（Gp-B-3E3など）

が掲載されている。この概略図を付図-2.6，付図-2.7に示す。

3) ガードパイプの施工にあたっては，「防護柵の設置基準・同解説（平成16年3月）」（社団法人 日本道路協会）に示す事項のほか以下の点に留意する必要がある。

　従来の形式のガードパイプ（Gp-B-2Eなど）の施工は，ガードレールの場合に準じて行うことができるが，新しい2つの形式の施工は，以下の事項に配慮して行う必要がある。

① Gp-C-3E2，Gp-B-3E2，Gp-A-3E2，Gp-SC-3E2およびGp-Cp-2E2，Gp-Bp-2E2，Gp-Ap-2E2，Gp-SCp-2E2の施工

　支柱は地上部と地中部で分離された構造になっている。支柱の施工手順と留意事項を付図-2.8に示す。

　ビームの施工方法は，従来の形式のガードパイプと同様にして行うことができる。

② Gp-B-3E3，Gp-B-3E4，Gp-Bp-3E3，Gp-Bp-3E4の施工

　支柱は，支柱部分と上段ビームコネクター部分に分離した構造になっている。支柱を所定の位置，高さに設置後に上段ビームコネクターを取り付ける。他の施工は従来の形式のガードパイプと同様にして行うことができる。

(4) ボックスビーム

1) ボックスビームは幅の狭い分離帯用防護柵として開発されたものであり，その基本的な考え方はビームを強くし，支柱を弱くすることである。ビームの剛性が大きいため，変形がゆるやかで，荷重の分散，衝突車の誘導性が良く，強度が高い。また，支柱はビームと離脱可能であり，また車の進行方向に弱くなっているため，衝突車の車輪が

支柱構造

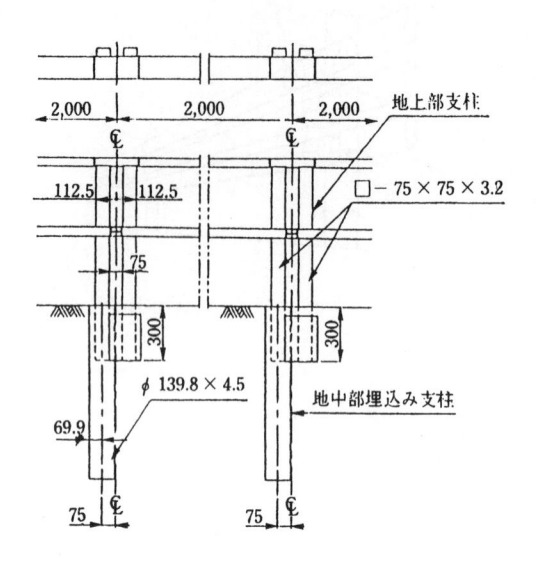

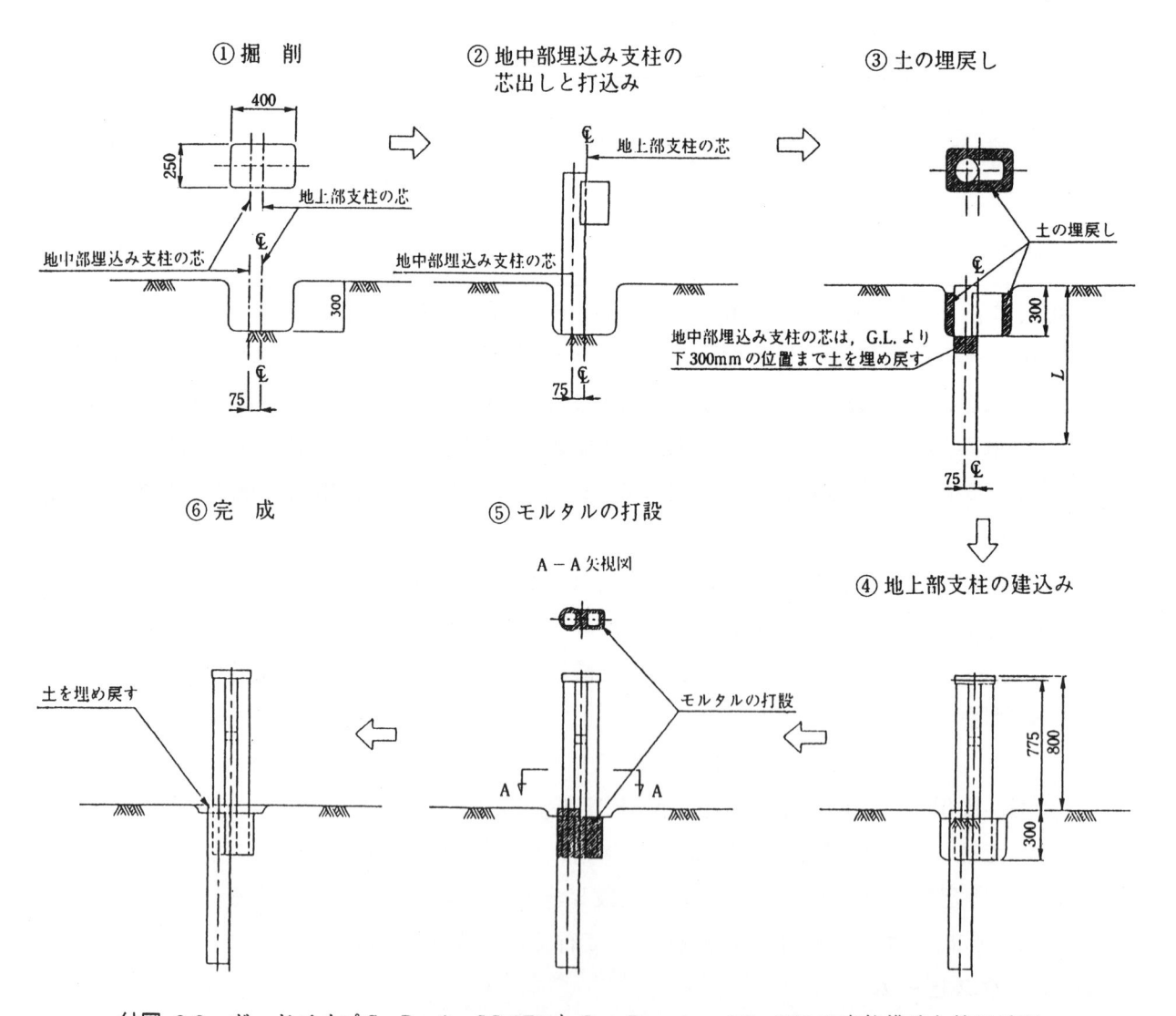

付図-2.8 ガードパイプC, B, A, SC-3E2とCp, Bp, Ap, SCp-2E2の支柱構造と施工手順

① ビームパイプ
② パドル
③ 支柱
④ ボルト，ナット

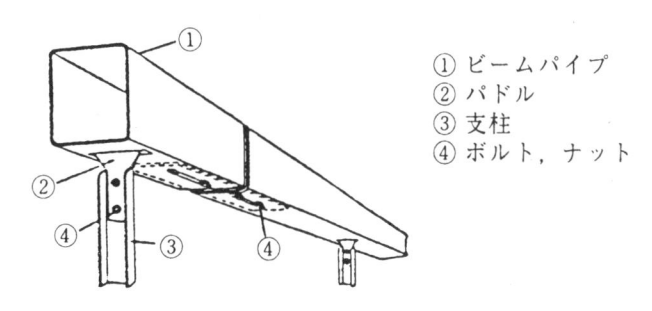

付図-2.9 分離帯用ボックスビーム（種別 Am）

衝突しても支柱は容易にビームから外れて曲がり，衝突車に与える衝撃は少ないこと，ビーム剛性が高いため支柱が倒れてもビームの高さが低くなりにくく，乗り越しが生じにくいことなどの特徴がある。

2) 支柱の断面形状は構造上支柱に直接車輪が衝突するので，車輪の損傷を軽減するために，車の進行方向に対して弱い強度を持つ反面，ビーム直角方向に対して十分な強度を持つ必要がある。このような特性を持つ支柱として支柱の静荷重実験，衝突実験結果に基づきH形鋼が採用されている。

また，支柱には根架せプレートを取り付けている。これはビーム直角方向支持力を増すものであり，プレート取り付け位置は抵抗モーメントが最大となる位置になっている。

3) 支柱間隔は広いほど経済上有利であるが，変位量，誘導性などの機能上から土中に設置する場合，橋梁，擁壁，函渠などの構造物区間に設置する場合とも 2m としている。

4) 標準仕様に示すボックスビームの継手構造はビームの曲げ応力を十分に伝えると同時にビーム長さ方向の軸線が変化するような大きな曲げ変形を受ける場合や塑性域までの変形を生じる場合の引張り力を伝える構造としている。継手構造を**付図-2.10** に示す。

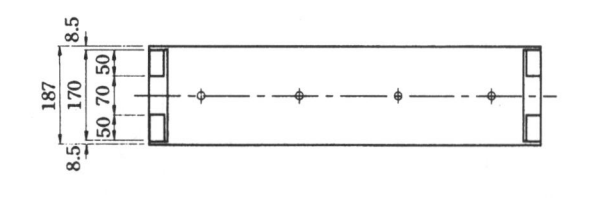

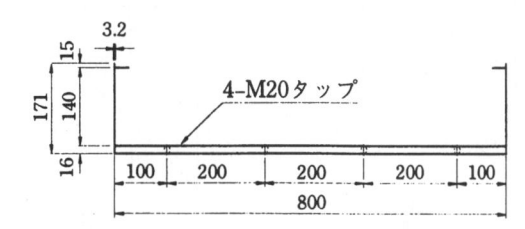

付図-2.10 ボックスビーム継手構造

2－2 支持条件の変更の適用例

防護柵の設置場所によっては支柱間隔や支柱埋込み深さなどが各仕様に示された値をとれないことが考えられる。このような場合において防護柵の支持条件を変更する方法については標準仕様の別紙 1 に示されている。ここでは，これにより支持条件を変更する場合の背面土の質量の算出方法と計算例を示す。

(1) ガードレール，ガードパイプ，ボックスビームの支柱およびガードケーブルの中間支柱（土中埋込み用の場合）の支柱基礎の計算例

1) 支柱1本が関与する背面土量

支柱1本が関与する背面土量の一例を**付表-2.2**に示す。

付表-2.2 支柱1本が関与する背面土量（m³）

法面勾配 (1:y)	法肩距離 X (m)	支柱根入れ長 H (m)					
		1.1	1.2	1.3	1.4	1.5	1.65
0.8	0.0	0.097	0.126	0.160	0.200	0.246	0.327
	0.2	0.187	0.232	0.282	0.340	0.406	0.518
	0.4	0.304	0.367	0.438	0.518	0.605	0.754
	0.6	0.436	0.522	0.617	0.721	0.834	1.024
	0.8	0.573	0.685	0.807	0.939	1.082	1.319
	1.0	0.705	0.846	0.998	1.162	1.338	1.626
1.0	0.0	0.130	0.169	0.215	0.268	0.330	0.439
	0.2	0.223	0.278	0.342	0.414	0.496	0.638
	0.4	0.338	0.413	0.497	0.592	0.697	0.876
	0.6	0.467	0.563	0.671	0.790	0.921	1.142
	0.8	0.598	0.72	0.854	1.001	1.161	1.428
	1.0	0.722	0.872	1.036	1.213	1.405	1.723
1.5	0.0	0.209	0.271	0.345	0.431	0.530	0.705
	0.2	0.304	0.383	0.475	0.581	0.701	0.911
	0.4	0.413	0.512	0.624	0.752	0.896	1.143
	0.6	0.530	0.650	0.786	0.937	1.106	1.395
	0.8	0.648	0.791	0.951	1.128	1.325	1.657
	1.0	0.757	0.926	1.112	1.318	1.544	1.923
水平地盤		0.970	1.260	1.602	1.999	2.453	3.239

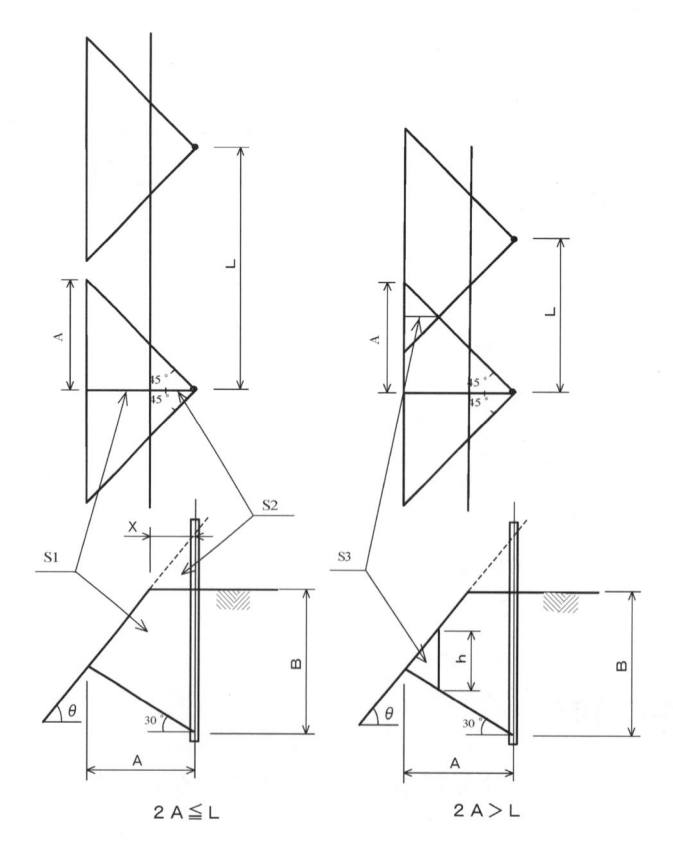

これらの背面土の質量は，下記式によって求めることができる。

・隣接支柱と重複しない場合（$2A \leqq L$）

$$A = (B + X\tan\theta)/(\tan\alpha + \tan\theta)$$

ここで A：支柱1本あたりの片側影響範囲 (m)
　　　　L：支柱間隔 (m)
　　　　B：有効埋込長（＝0.9×支柱埋込）(m)
　　　　X：路法肩距離 (m)
　　　　θ：法面角度（度）
　　　　α：影響角度（＝30度）

$$S_1 = A \cdot (X\tan\theta + B)/2$$
$$S_2 = (X^2 \cdot \tan\theta)/2$$
$$V_1 = 2 \cdot S_1 \cdot A/3$$
$$V_2 = 2 \cdot S_2 \cdot X/3$$
$$V = V_1 - V_2$$

ここで　S_1：三角錐底面積（全体；m²）
　　　　　S_2：三角錐底面積（路面上；m²）
　　　　　V_1：影響範囲の仮想全土量 (m³)
　　　　　V_2：路面上の仮想土量 (m³)
　　　　　V：背面土量 (m³)

・隣接支柱と重複する場合 ($2A > L$)

$$h = (A - L/2) \cdot (\tan\alpha + \tan\theta)$$
$$S_3 = h \cdot (A - L/2)/2$$
$$V_3 = 2 \cdot S_3 \cdot (A - L/2)/3$$
$$V' = V - V_3$$

ここで　h：支柱間の影響範囲が重複する土量部分の高さ (m)
　　　　　S_3：三角錐底面積（重複範囲；m²）
　　　　　V_3：重複範囲土量 (m³)
　　　　　V'：背面有効土量 (m³)

路肩距離が大きいために法面の影響が生じない場合，および平地の場合（$X > \sqrt{3} \cdot B$）には $\theta = 0$ で計算する。

$$M = V' \cdot \gamma$$

ここで　M：背面土の質量 (t)
　　　　　γ：土の単位体積質量 (t/m³)

なお，設置場所の制約条件などから根巻き基礎や連続基礎構造による対応策ができない場合，土中内に埋設物などがあり所定の埋込み深さよりも浅くせざるを得ない場合などは，支柱間隔を短縮することにより1m当たりの背面土の質量が同等になるように対策を行うが，この場合の背面土の質量は支柱1本あたり0.7tを下回らないものとする。

2) 土中埋込み支柱の根巻きコンクリート補強

　①設置防護柵
　　　防護柵仕様記号：Gr-A-4E
　　　支柱形状：$\phi - 139.8 \times 4.5$, $H = 1.65$ m

上記防護柵の仕様が前提としている支柱1本が関与する背面土の質量は標準仕様の別表1 **表-1.4**より2.51tである。

②設置条件

　法肩距離：$X=0.4\,\mathrm{m}$

　法勾配：$y=1$割勾配

　地盤質量：$\gamma_a=1.8\,\mathrm{t/m^3}$

③設置場所における支柱1本が関与する背面土の質量の算定

　ⅰ）**付表-2.2**から支柱1本が関与する背面土量（ハッチング部の体積）

　　$V_1=0.876\,\mathrm{m^3}$

　ⅱ）支柱の関与する背面土の質量（W_1）の算定と評価

　　$W_1=\gamma_a\times V_1=1.8\times 0.876=1.58\,\mathrm{t}$

　　仕様が前提としている背面土の質量と現場の背面土の質量との比較

　　$2.51-W_1=2.51-1.58=0.93\,\mathrm{t}$

　　支柱1本が関与する背面土の質量が不足する。

④根巻きコンクリート基礎の検討

　付図-2.11に示す根巻きコンクリート基礎により，不足する背面土の質量を補填する。

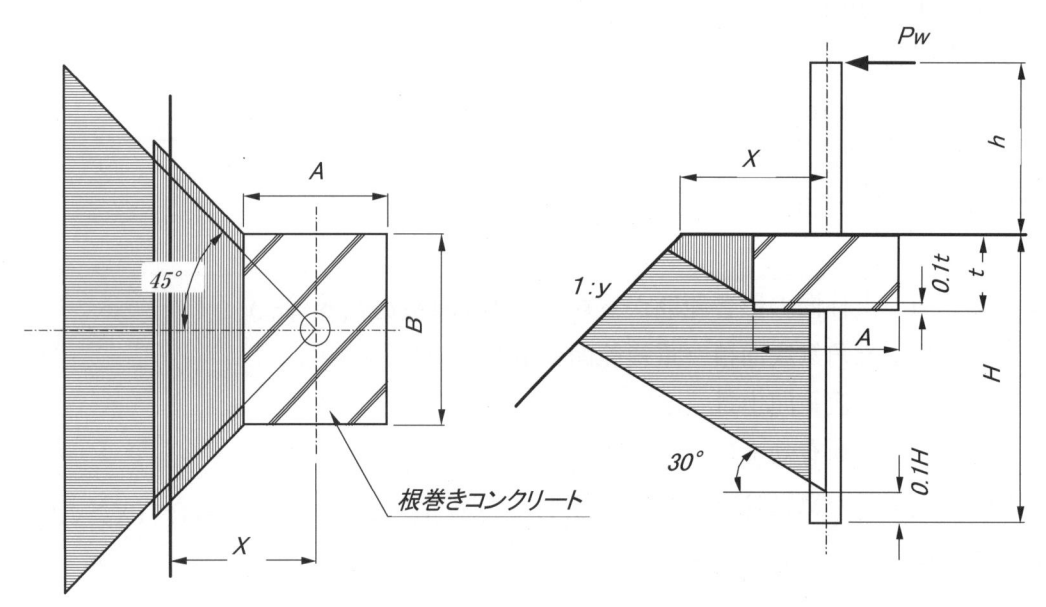

付図-2.11　根巻きコンクリート基礎による支持力補強

　ⅰ）基礎形状の仮定

　　A（幅）$=0.7\,\mathrm{m}$，B（長さ）$=1.1\,\mathrm{m}$，t（深さ）$=0.6\,\mathrm{m}$

　　コンクリートの単位質量：$\gamma_c=2.3\,\mathrm{t/m^3}$

　　コンクリート基礎の質量：$W_c=\gamma_c\times A\times B\times t=2.3\times 0.7\times 1.1\times 0.6=1.063\,\mathrm{t}$

　ⅱ）仕様が前提としている背面土の質量への適合確認

　　コンクリートで置換された地盤の土量：$V_2=(0.7\times 0.7\times 0.6)/4=0.0735\,\mathrm{m^3}$

　　コンクリートで置換された地盤の質量：$W_2=\gamma_a\times V_2=0.132\,\mathrm{t}$

　　コンクリートにより新たに関与する地盤の土量：$V_3=0.0436\,\mathrm{m^3}$

　　コンクリートにより新たに関与する地盤の質量：$W_3=\gamma_a\times V_3=0.0785\,\mathrm{t}$

　　基礎全体の背面土の質量：$W=W_1-W_2+W_c+W_3$

$$= 1.58 - 0.132 + 1.063 + 0.0785 = 2.59 \text{ t}$$

よって，支柱根入れ部は基礎形状（幅×長さ×深さ）0.7m×1.1m×0.6m の根巻きコンクリートにより Gr-A-4E の構造に適合させることが出来る。

3) 連続基礎の設計

検討した形状寸法が道路延長方向に極めて長くなり，施工上連続基礎にすることが有利と判断される場合には，連続基礎として設計を行うものとする。このとき，支柱の定着は標準仕様の別紙1 表-1.9 の最大支持力（P_{max}）により設計を行う。またコンクリート基礎躯体の安定計算は，以下により行う。

①設計方法

付図-2.12 に示す基礎条件について行う。

安定計算は，転倒，滑動，地盤応力の計算を行う。このとき基礎の健全性を保つため安全率は1.5を確保するものとする。なお，路肩条件により基礎の大きさが制約される場合等においては，設置条件を十分鑑みて安全率を別途設定するものとする。

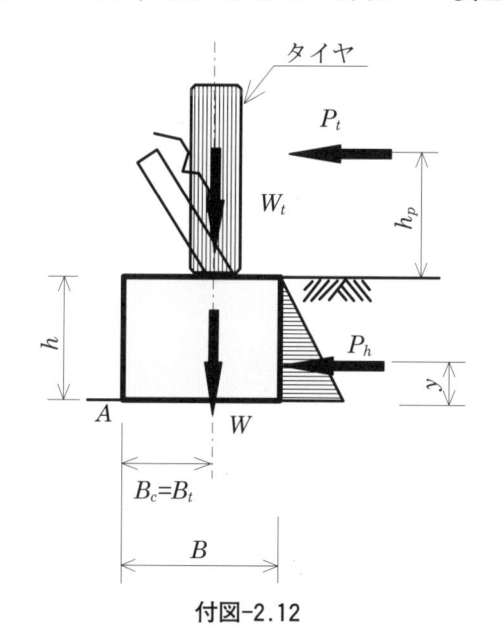

付表-2.3

種 別	衝突荷重kN
C	30
B	30
A	55
SC	60
SB	80
SA	100
SS	130

付図-2.12

基礎の長さは，基礎の目地間を安定計算に用いる一連の長さとして計算を行うものとするが，基礎の長さが10mより長くなる場合については，10mを最大の長さとして計算を行うものとする。

ⅰ）転倒計算

A点回りの転倒側のモーメント M_a は，

$$M_a = P_t \times (h_p + h) + P_h \times y$$

ここで，P_t：設計荷重，P_h：主働土圧

P_t は，たわみ性防護柵の場合，付表-2.3 の数値を用いる。

h_p は，路面から防護柵のビーム中心位置までの高さであり，複数のビームを用いている構造では，各ビームの曲げ剛性からみた重心高さとする。

また，転倒に抵抗する側のモーメント M_r は，

$$M_r = W \times B_c + W_t \times B_t$$

ここで　W：基礎重量，　W_t：輪荷重（$=25$kN）

B_c：基礎重量の作用中心から A 点までの水平距離

B_t：輪荷重の作用中心から A 点までの距離

ここで輪荷重の作用中心は支柱の設置中心とする。

このとき，$M_r/M_a > F_m$ であれば OK。ここで F_m：転倒に対する安全率

ii）滑動計算

滑動させる側の作用力 T_f は

$T_f = P_t + P_h$

また，滑動に抵抗する力 T_r は

$T_r = (W + W_t) \times \mu$

ここで μ：基礎と地盤との間の摩擦係数

このとき，$T_r/T_f > F_f$ であれば OK。ここで F_f：滑動に対する安全率

iii）地盤応力計算

付図-2.12 における A 点から基礎重量および輪荷重の合力が作用する位置までの距離 d は，

$d = (M_r - M_a)/(W + W_t)$

また，偏心距離 e は，

$e = B/2 - d$

地盤に作用する力 T_b は，

$e \leq B/6$ の場合

$T_b = (W + W_t)/(L \times B) \times (1 + 6 \times e/B)$

ここで，L：基礎長（目地間）

B：基礎幅

$e > B/6$ の場合

$T_b = 2(W + W_t)/(3 \cdot d \cdot L)$

このとき，地盤支持力 $q/T_b > F_b$ であれば OK。

ここで F_b：沈下に対する安全率

連続基礎の端部は，車両衝突に対して抵抗する支柱本数が中間部に比べて限られるので，基礎に作用する荷重も中間部の基礎に比べて小さくなり，中間部と同様の設計を行えば，基礎の変形等の問題は生じない。ただし，端部では防護柵の円滑な誘導が期待できないことから，車両の安全性を確保する必要のある区間内に端部を設けると，十分な車両誘導が行えない可能性があり，防護柵の設置基準・同解説等を参考に，防護柵設置対象区間の前後に余裕をもって防護柵を設置することが必要である。支柱を設置するときの鉄筋の配筋については，防護柵の設置基準・同解説における橋梁用ビーム型防護柵の設計方法を参考にするとよい。

②連続基礎の計算例

Gr-C を連続基礎上に設置する場合について検討する。

連続基礎上に設置するため Gr-C-2B を用いるものとし，計算条件を以下のとおりとする。

付表-2.4 各設計因子の入力値

設計荷重 P_t (kN)	載荷高さ h_p (m)	基礎幅 B (m)	基礎高さ h (m)	基礎長さ L (m)	基礎単位質量 γ_c (kg/m³)	土単位質量 γ_t (kg/m³)	路面摩擦 μ	土のせん断抵抗角 ϕ (度)	許容支持力 q (kN/m²)
30	0.6	0.85	0.5	10	2350	1700	0.55	30	147

ⅰ) 主働土圧

壁面が鉛直である場合の主働土圧は,

$$p_h = \frac{1}{2}\gamma_t g h^2 \tan^2\left(45°-\frac{\phi}{2}\right) = \frac{1}{2}\times\left(\frac{1700}{1000}\right)\times 9.8 \times 0.5^2 \times \tan^2\left(45°-\frac{30}{2}\right) = 0.694\,\mathrm{kN/m}$$

主働土圧荷重

$P_h = p_h \cdot L = 0.694 \times 10 = 6.9\,\mathrm{kN}$

L：基礎長さ10 m

ⅱ) 転倒計算

A点回りの転倒側のモーメントM_aは,

$M_a = P_t \times (h_p + h) + P_h \times y = 30 \times (0.6+0.5) + 6.9 \times 0.5/3 = 34.2\,\mathrm{kN\cdot m}$

$M_r = W \times B_c + W_t \times B_t = (0.85 \times 0.5 \times 2350 \times 9.8/1000 \times 10) \times 0.85/2 + 25 \times 0.85/2$

$\quad = 97.9 \times 0.425 + 25 \times 0.425 = 52.2\,\mathrm{kN\cdot m}$

安全率 $= M_r/M_a = 52.2/34.2 = 1.53$ OK

ⅲ) 滑動計算

$T_f = P_t + P_h = 30 + 6.9 = 36.9\,\mathrm{kN}$

$T_r = (W + W_t) \times \mu = (97.9 + 25) \times 0.55 = 67.6\,\mathrm{kN}$

安全率 $= T_r/T_f = 67.6/36.9 = 1.83$ OK

ⅳ) 地盤応力計算

$d = (M_r - M_a)/(W + W_t) = (52.2 - 34.2)/(97.9 + 25) = 18.0/122.9 = 0.15\,\mathrm{m}$

$e = B/2 - d = 0.85/2 - 0.15 = 0.28 > B/6 = 0.14\,\mathrm{m}$

$T_b = 2(W + W_t)/(3 \cdot d \cdot L) = 2 \times (97.9 + 25)/(3 \times 0.15 \times 10) = 54.6\,\mathrm{kN/m^2}$

安全率 $= q/T_b = 147/54.6 = 2.69$ OK

4) 支柱間隔の短縮構造計算例

①設置防護柵

防護柵仕様記号：Gr-A-4E

支柱形状：$\phi-139.8 \times 4.5$, $H = 1.65\,\mathrm{m}$

上記防護柵の仕様が前提としている支柱1本が関与する背面土の質量は,標準仕様の**別紙1表-1.4**より2.51tである。

②設置条件

路肩距離：$X = 0.2\,\mathrm{m}$

法面勾配：$y = 1$割5分勾配

地盤質量：$\gamma_a = 1.8\,\mathrm{t/m^3}$

③設置場所における支柱1本が関与する背面土の質量の算定

ⅰ）付表-2.2から支柱1本が関与する背面土量は

$V = 0.911 \, \text{m}^3$

ⅱ）背面土の質量（W）の算定と評価

$W = \gamma_a \times V = 1.8 \times 0.911 = 1.64 \, t$

仕様が前提としている背面土の質量と現場の背面土の質量との比較

2.51 t ＞ W = 1.64 t であり支柱1本が関与する背面土の質量が不足するので，1 m当たりの背面土の質量が同等以上になるように支柱間隔を短縮する。

④支柱間隔の短縮

ⅰ）支柱間隔を $L = 2 \, \text{m}$ に短縮する。

ⅱ）支柱1本が関与する背面土量

付表-2.2 の支柱1本が関与する背面土量の計算例から

$A = (B + X \tan\theta)/(\tan\alpha + \tan\theta)$

　　B：支柱有効埋込長 = 1.65 × 0.9 = 1.485 m

　　X：法肩距離 = 0.2 m　　　θ：法面角度 = 33.7 度　　　α：影響角度 = 30 度

$A = (1.485 + 0.2 \times \tan 33.7°)/(\tan 30° + \tan 33.7°) = 1.301 \, \text{m}$

$S_1 = A(X\tan\theta + B)/2 = 1.301(0.200 \times \tan 33.7° + 1.485)/2 = 1.053 \, \text{m}^2$

$S_2 = (X^2 \cdot \tan\theta)/2 = (0.200^2 \times \tan 33.7°)/2 = 0.013 \, \text{m}^2$

$V_1 = 2 \cdot S_1 \cdot A/3 = 2 \times 1.053 \times 1.301/3 = 0.913 \, \text{m}^3$

$V_2 = 2 \cdot S_2 \cdot X/3 = 2 \times 0.013 \times 0.200/3 = 0.002 \, \text{m}^3$

$V = V_1 - V_2 = 0.913 - 0.002 = 0.911 \, \text{m}^3$

ここで $2A > L$ であるので隣接支柱と重複する土量を差し引く。

$h = (A - L/2) \cdot (\tan\alpha + \tan\theta) = (1.301 - 2.00/2) \times (\tan 30° + \tan 33.7°) = 0.375 \, \text{m}$

$S_3 = h \cdot (A - L/2)/2 = 0.375 \times (1.301 - 2.00/2)/2 = 0.056 \, \text{m}^2$

$V_3 = 2 \cdot S_3 \cdot (A - L/2)/3 = 2 \times 0.056 \times (1.301 - 2.00/2)/3 = 0.011 \, \text{m}^3$

したがって有効背面土量 V' は

$V' = V - V_3 = 0.911 - 0.011 = 0.900 \, \text{m}^3$

支柱1本が関与する背面土の質量 W は

$W = \gamma_a \times V = 1.8 \times 0.900 = 1.62 \, t$ となる。

ⅲ）1 m 当たりの背面土の質量

標準仕様（支柱間隔4.0 m）の1 m 当たりの背面土の質量

$w_a = 2.51/4.00 = 0.628 \, \text{t/m}$

支柱間隔2.0 m の場合の1 m 当たりの背面土の質量

$w = 1.62/2.0 = 0.810 \, \text{t/m} > 0.628 \, \text{t/m}$

したがって，支柱間隔を2.0 mに短縮すれば，標準仕様と同等以上の1 m 当たりの背面土の質量を確保することができる。

なお，支柱間隔を短縮する場合は，支柱1本当たりの背面土の質量は0.7 tを下回ってはならない。

(2) **ガードケーブル端末支柱基礎の計算例**

ガードケーブル端末支柱の基礎の安定計算について Gc-A-6E を例に示す。

外力と地盤反力の関係を**付図-2.13**に示す。

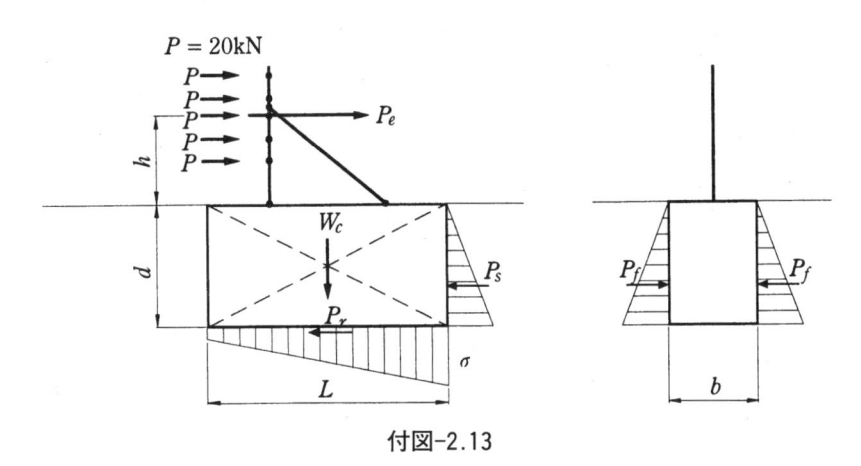

付図-2.13

1) 設計条件
   ① 基礎コンクリートの形状寸法（深さd×長さL×幅b）：1.5m×4.2m×0.7m
      ケーブル張力：$P_e=100$kN（初張力 20kN×5本）
      力点の高さ：$h=0.70$m
      回転中心の深さ：$d=1.5$m
   ② 外力によるモーメント：$M_e=P_e(h+d)=100(0.7+1.5)=220$kN·m
   ③ 地盤とコンクリートに関する諸数値
      土の内部摩擦角：$\phi=30$度，主働土圧係数：$K_a=0.3$，受働土圧係数：$K_p=3.0$
      土とコンクリートとの摩擦係数$\mu=0.55$，支持地盤の地耐力度：$q=147$kN/m²
      土の単位質量：$\gamma_s=1.8$t/m³，コンクリートの単位質量：$\gamma_c=2.3$t/m³
      重力加速度：$g=9.8$m/s²
      基礎安定に対する安全率：$s_f=1.2$

2) 基礎の安定計算
   ① 滑動に対する検討
      ⅰ) 自重による抵抗
      $P_w=\mu W_c=\mu \times d \times L \times b \times \gamma_c \times g=0.55\times 1.5\times 4.2\times 0.7\times 2.3\times 9.8=54.7$kN
      ⅱ) 側面の土圧による抵抗
      $P_f=\mu K_a \times \gamma_s \times g \times d^2 \times L=0.55\times 0.3\times 1.8\times 9.8\times 1.5^2\times 4.2=27.5$kN
      ⅲ) 前面の土圧による抵抗
      $P_s=K_p \times \gamma_s \times g \times b \times d^2/2=3.0\times 1.8\times 9.8\times 0.7\times 1.5^2/2=41.7$kN
      ⅳ) 滑動に対する抵抗
      $P_r=P_w+P_f+P_s=54.7+27.5+41.7=123.9$kN
      ⅴ) 滑動に対する安定
      $s_f \times P_e=1.2P_e=1.2\times 100=120kN<P_r=123.9$kN OK
   ② 転倒に対する検討
      ⅰ) 自重による抵抗
      $M_w=W_c\times L/2=1.5\times 4.2\times 0.7\times 2.3\times 9.8\times 4.2/2=208.7$kN·m
      ⅱ) 側面の土圧による抵抗
      $M_f=P_f\times L/2=27.5\times 4.2/2=57.8$kN·m

ⅲ）前面の土圧による抵抗

$M_s = P_s \times d/3 = 41.7 \times 1.5/3 = 20.9 \text{kN·m}$

ⅳ）転倒に対する抵抗

$M_r = M_w + M_f + M_s = 208.7 + 57.8 + 20.9 = 287.4 \text{kN·m}$

ⅴ）転倒に対する安定

$s_f \times M_e = 1.2 M_e = 1.2 \times 220 = 264 < M_r = 287.4 \text{kN·m}$ OK

③地盤応力度に対する検討

$M = M_e - M_f - M_s = 220 - 57.8 - 20.9 = 141.3 \text{kN·m}$

$\sigma = W_c/(L \times b) + 6M/(L^2 \times b) = 99.4/(4.2 \times 0.7) + 6 \times 141.3/(4.2^2 \times 0.7)$
$= 102.5 \text{kN/m}^2$

$s_f \times \sigma = 1.2\sigma = 1.2 \times 102.5 = 123.0 \text{kN/m}^2 < q = 147 \text{kN/m}^2$ OK

(3) コンクリート構造物に設置するベースプレート方式支柱の計算例

ベースプレート方式支柱の計算例を示す。検討に当たっては，衝突後変形した支柱の取り替えを容易にするため，アンカーボルトには，残留変形が生じないようにしている。ベースプレートはアンカーボルトから容易に取り外しができる程度の塑性曲げ変形状態まで許容して板厚を算定する。この場合，設計に用いる支柱の最大支持力（$P_{\max}$）は，標準仕様別紙1**表-1.9**に示すモルタル固定と同じ値とする。計算は主構成材となるアンカーボルト，ベースプレート及びコンクリート支持体の応力度について照査する。このときベースプレート板厚の算定には，ベースプレート材の塑性変形までを想定した補正係数（2.5）を考慮する。なお，ベースプレートの設計にあたっては維持管理の効率化などを考慮して，ボルト位置，ボルト径を統一するなど標準化への配慮が必要である。

1) 4枚リブ式ベースプレートの計算例

①設計条件

　ベースプレートの許容曲げ応力度（SS400）：$f_b = 235 \text{N/mm}^2$

　コンクリートの設計基準強度：$\sigma_{ck} = 21 \text{N/mm}^2$

　コンクリートの許容圧縮応力度：$\sigma_{cka} = 21 \times 2/3 = 14 \text{N/mm}^2$

　ヤング係数比：$n = 15$

付図-2.14に4枚リブ式ベースプレート支柱のモデルを示す。

　支柱：$\phi - 114.3 \times 4.5$，最大支持力：$P_{\max} = 40 \text{kN}$

　荷重の作用高さ：$h = 600 \text{mm}$

　アンカーボルトの強度区分：4.6

　許容引張応力度：$f_t = 240 \text{N/mm}^2$

　ベースプレートの仮定形状：$B = 280 \text{mm}$, $D = 280 \text{mm}$,
　　　　　　　　　　　　　　　$d = 240 \text{mm}$

　$\alpha =$ 補正係数

②計算例

　ⅰ）柱脚部に生じる最大曲げモーメント：$M_{\max}$

　　$M_{\max} = P_{\max} \times h = 40 \times 0.6 = 24 \text{kN·m}$

　ⅱ）圧縮側縁端から中立軸までの距離：k

　　引張側アンカーボルトの仮定有効断面積：A_e

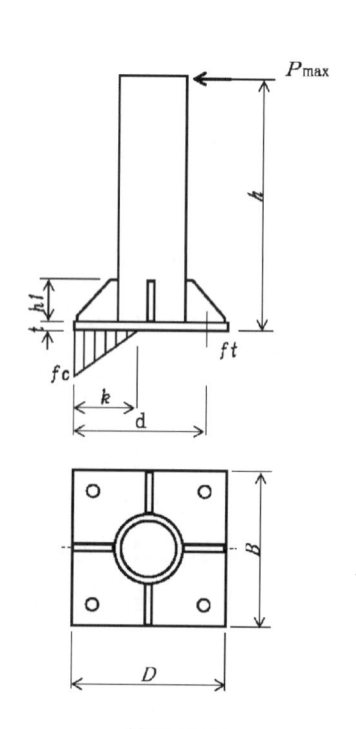

付図-2.14

$A_e = 2 \times 245 = 490 \, \text{mm}^2$（2-M20 を使用する）

$k = [-1 + \{1 + (2B \times d)/(n \times A_e)\}^{0.5}] \times (n \times A_e)/B$

$= [-1 + \{1 + (2 \times 280 \times 240)/(15 \times 490)\}^{0.5}] \times (15 \times 490)/280 = 89.0 \, \text{mm}$

iii) コンクリートに生じる圧縮応力度：f_c

$f_c = 2M_{max}/\{B(d-k/3)k\} = 2 \times 24 \times 10^6/\{280(240-89.0/3) \times 89.0\}$

$= 9.2 \, \text{N/mm}^2 < 14 \, \text{N/mm}^2$ OK

iv) アンカーボルトの必要有効断面積（A_d）の検討

$P_t = M_{max}/N(d-k/3) = 24000/2\,(240-89.0/3) = 57.1 \, \text{kN}$

$A_d = P_t/f_t = 57100/240 = 238 \, \text{mm}^2 < 245 \, \text{mm}^2$ (M20) OK

v) ベースプレートの必要板厚：t_d

ベースプレートの板厚は，**付図-2.15** に示すように引張側プレートについてリブによる2辺（X, Y）固定された板の解析により検討する。

$t_d = [(6L_1 \times L_2 \times P_t)/\{(L_1 \times L_x + L_2 \times L_y)f_b \times \alpha\}]^{0.5}$

$= [(6 \times 100 \times 100 \times 57100)/\{(100 \times 140 + 100 \times 140)235 \times 2.5\}]^{0.5}$

$= 14.4 \, \text{mm}$

ここで，$L_x = 140 \, \text{mm}$, $L_1 = 100 \, \text{mm}$, $L_y = 140 \, \text{mm}$, $L_2 = 100 \, \text{mm}$

使用板厚（t）は 16 mm とする。

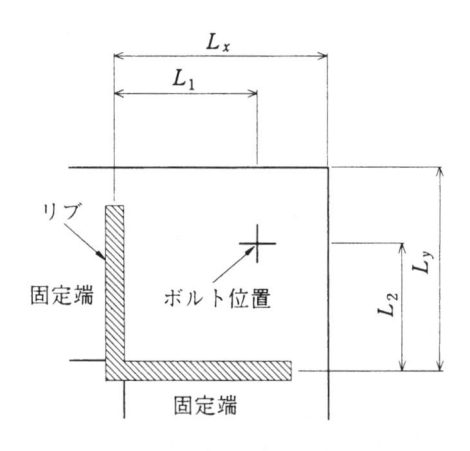

付図-2.15 二辺固定板解析モデル

2) リブ無し式ベースプレートの計算例

①設計条件

ベースプレートの許容曲げ応力度（SS 400）：$f_b = 235 \, \text{N/mm}^2$

コンクリートの設計基準強度：$\sigma_{ck} = 21 \, \text{N/mm}^2$

コンクリートの許容圧縮応力度：$\sigma_{cka} = 21 \times 2/3 = 14 \, \text{N/mm}^2$

ヤング係数比：$n = 15$

付図-2.16 にリブ無し式ベースプレート支柱のモデルを示す。

支柱：$\phi - 114.3 \times 4.5$，最大支持力：$P_{max} = 40 \, \text{kN}$

荷重の作用高さ：$h = 600 \, \text{mm}$

アンカーボルトの強度区分：4.6

許容引張応力度：$f_t = 240 \, \text{N/mm}^2$

ベースプレートの仮定形状：$B = 280 \, \text{mm}$, $D = 280 \, \text{mm}$,

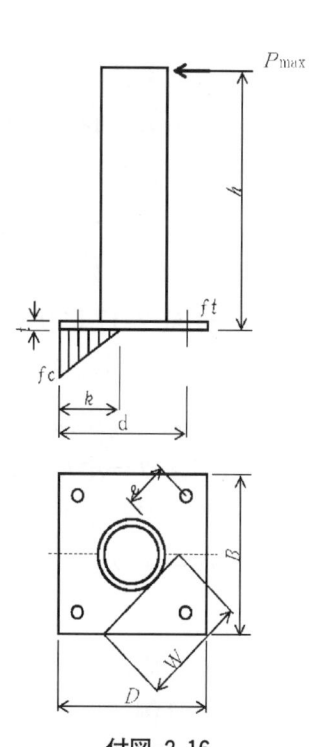

付図-2.16

$$d = 240\,\text{mm}$$

$\alpha=$ 補正係数

②計算例

　ⅰ）柱脚部に生じる最大曲げモーメント：M_{max}

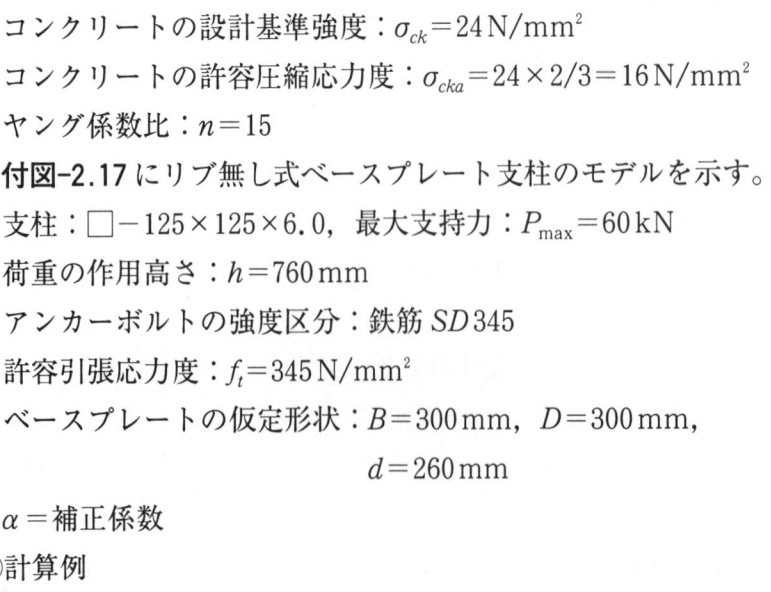

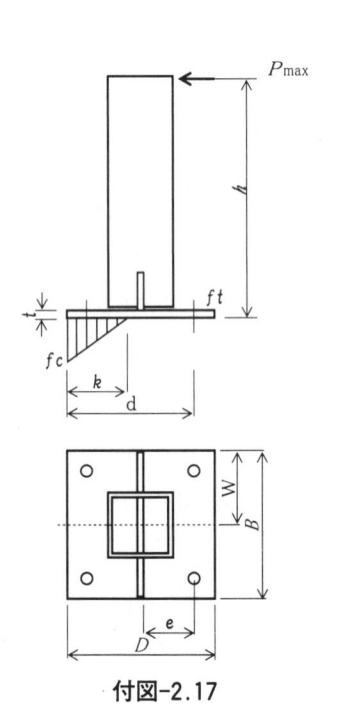

　　$M_{max} = P_{max} \times h = 40 \times 0.6 = 24\,\text{kN·m}$

　ⅱ）圧縮側縁端から中立軸までの距離：k

　　引張側アンカーボルトの仮定有効断面積：A_e

　$A_e = 2 \times 245 = 490\,\text{mm}^2$（2-M20 を使用する）

　$k = [-1 + \{1 + (2B \times d)/(n \times A_e)\}^{0.5}] \times (n \times A_e)/B$

　　$= [-1 + \{1 + (2 \times 280 \times 240)/(15 \times 490)\}^{0.5}] \times (15 \times 490)/280$

　　$= 89.0\,\text{mm}$

　ⅲ）コンクリートに生じる圧縮応力度：f_c

　　$f_c = 2M_{max}/\{B(d-k/3)k\} = 2 \times 24 \times 10^6/\{280(240-89.0/3) \times 89.0\}$

　　　$= 9.2\,\text{N/mm}^2 < 14\,\text{N/mm}^2$　OK

　ⅳ）アンカーボルトの必要有効断面積（A_d）の検討

　　$P_t = M_{max}/N(d-k/3) = 24000/2(240-89.0/3) = 57.1\,\text{kN}$

　　$A_d = P_t/f_t = 57100/240 = 238\,\text{mm}^2 < 245\,\text{mm}^2$　(M20)　OK

　ⅴ）ベースプレートの必要板厚：t_d

　　ボルト穴中心と支柱の最小距離：$e = 84.3\,\text{mm}$

　　1本のアンカーボルトを分担するベースプレートの有効幅：$W = 198\,\text{mm}$

　　$t_d = \{(6 \times P_t \times e)/(\alpha \times f_b \times W)\}^{0.5}$

　　　$= \{(6 \times 57100 \times 84.3)/(2.5 \times 235 \times 198)\}^{0.5} = 15.8\,\text{mm}$

　　使用板厚（t）は19mmとする。

3) 割込リブ式ベースプレートの計算例

　①設計条件

　　ベースプレートの許容曲げ応力度（SS400）：$f_b = 235\,\text{N/mm}^2$

　　コンクリートの設計基準強度：$\sigma_{ck} = 24\,\text{N/mm}^2$

　　コンクリートの許容圧縮応力度：$\sigma_{cka} = 24 \times 2/3 = 16\,\text{N/mm}^2$

　　ヤング係数比：$n = 15$

　　付図-2.17にリブ無し式ベースプレート支柱のモデルを示す。

　　支柱：□-125×125×6.0，最大支持力：$P_{max} = 60\,\text{kN}$

　　荷重の作用高さ：$h = 760\,\text{mm}$

　　アンカーボルトの強度区分：鉄筋 SD345

　　許容引張応力度：$f_t = 345\,\text{N/mm}^2$

　　ベースプレートの仮定形状：$B = 300\,\text{mm}$，$D = 300\,\text{mm}$，

　　　　　　　　　　　　　　　$d = 260\,\text{mm}$

　$\alpha=$ 補正係数

　②計算例

　　ⅰ）柱脚部に生じる最大曲げモーメント：M_{max}

付図-2.17

$M_{max} = P_{max} \times h = 60 \times 0.76 = 45.6 \, \text{kN·m}$

ii) 圧縮側縁端から中立軸までの距離：k

引張側アンカーボルトの仮定有効断面積：A_e

$A_e = 2 \times 303 = 606 \, \text{mm}^2$ （2-M22 を使用する）

$k = [-1 + \{1 + (2B \times d)/(n \times A_e)\}^{0.5}] \times (n \times A_e)/B$
$= [-1 + \{1 + (2 \times 300 \times 260)/(15 \times 606)\}^{0.5}] \times (15 \times 606)/300 = 98.8 \, \text{mm}$

iii) コンクリートに生じる圧縮応力度：f_c

$f_c = 2M_{max}/\{B(d - k/3)k\} = 2 \times 45.6 \times 10^6/\{300(260 - 98.8/3) \times 98.8\}$
$= 13.6 \, \text{N/mm}^2 < 16 \, \text{N/mm}^2$ OK

iv) アンカーボルトの必要有効断面積（A_d）の検討

$P_t = M_{max}/N(d - k/3) = 45.6 \times 10^3/2(260 - 98.8/3) = 100 \, \text{kN}$

$A_d = P_t/f_t = 100000/345 = 290 \, \text{mm}^2 < 303 \, \text{mm}^2 (\text{M 22})$ OK

v) ベースプレートの必要板厚：t_d

ボルト穴中心と支柱の最小距離：$e = 101 \, \text{mm}$

縦リブ板厚：19 mm

1本のアンカーボルトを分担するベースプレートの有効幅：$W = 150 \, \text{mm}$

$t_d = \{(6 \times P_t \times e)/(\alpha \times f_b \times W)\}^{0.5} = \{(6 \times 100000 \times 101)/(2.5 \times 235 \times 150)\}^{0.5} = 26.2 \, \text{mm}$

使用板厚（t）は 28 mm とする。

3. 剛性防護柵の標準仕様について

3-1 構造諸元等に関する解説

　剛性防護柵は，防護柵を構成する主たる部材の弾性限界内での変形しか見込まない防護柵である。このため，車両衝突時の防護柵の変形がほとんど生じず，車両衝突時の衝撃を車両の変形と防護柵形状の工夫で緩和するものである。標準仕様にまとめられた剛性防護柵の構造諸元等についての解説を以下に示す。

(1) コンクリート製壁型防護柵の種類

　1) 柵前面の形状

　　　柵前面の形状では，付図-3.1に示す3種類がある。単スロープ型は柵前面が80度の傾斜面でできているコンクリート製防護柵である。フロリダ型は柵前面が2種類の傾斜角度（下部スロープ：55度，上部スロープ：84度）を持ち，下部スロープの鉛直高さが18cmのコンクリート製の防護柵である。

　　　直壁型は柵前面が90度の垂直面でできているコンクリート製の防護柵であり，車両衝突時の衝撃緩和の目的で地覆を設けるものとする。地覆には，車両の接近防止や衝撃荷重が基礎または床版に与える影響を減ずる効果もある。

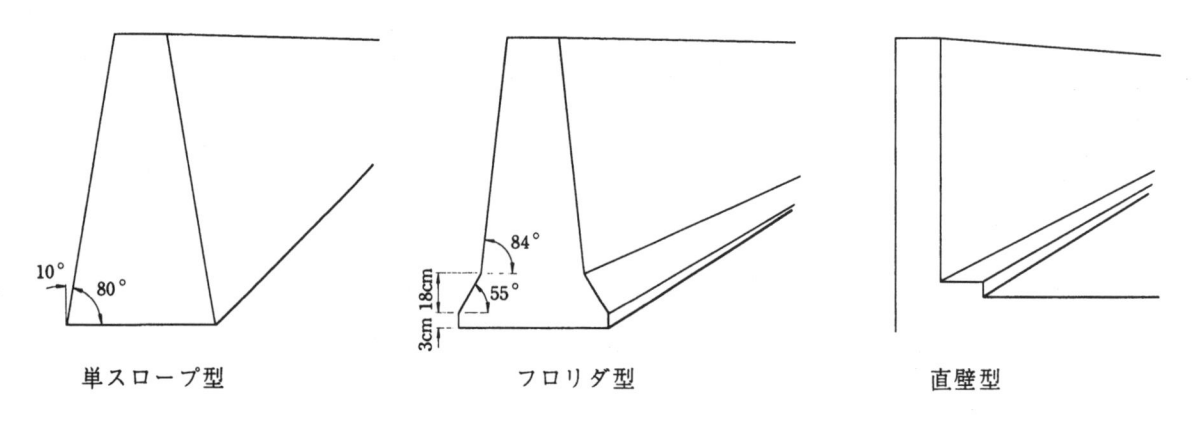

　　　　　単スロープ型　　　　　　　　フロリダ型　　　　　　　　直壁型

付図-3.1　コンクリート製壁型防護柵の前面形状

　2) 施工方法

　　　施工方法では，現場打ちコンクリート製防護柵とプレキャストコンクリート製防護柵の2種類がある。現場打ちでは，型枠にコンクリートを流し込み，コンクリートが硬化した後型枠を撤去する工法（セットフォーム工法）と専用機械により連続打設・成型するスリップフォーム工法で施工されるものがある。プレキャストはJIS認定工場で製造される工場製品を用いて行う施工方法である。

　3) 使用位置

　　　使用位置では，分離帯用で土中用，路側用で土中用および路側用で構造物用の3種類がある。土中用は，舗装地盤上において所定の埋込み深さをとって設置されるものであり，構造物用は橋梁や擁壁などの構造物上に一体化させて設置されるものである。

　4) 対応種別

　　　対応種別では大きい衝撃度に対応する種別として8種類がある（SC，SB，SA，SS，

SCm, SBm, SAm, SSm)。

(2) 標準仕様について

1) 標準仕様に掲載の各防護柵の仕様は，基本的に躯体構造諸元と基礎部構造諸元からなる。ただし，土中用の防護柵で路側に用いるものについては，路側部の背面の形状や土質条件が設置場所によって異なることから，躯体構造諸元のみを示し，基礎部構造諸元は示していない。この場合，基礎部構造諸元については標準仕様 別紙2の「1.土中用の防護柵の基礎部構造諸元の設計方法」を参照して検討する。

また，構造物用の防護柵も構造物中の鋼材と何らかの方法で連結一体化して設置するが，この場合の構造諸元も設置場所によって異なることから，この防護柵についても躯体構造諸元のみを示し，基礎部構造諸元は示していない。この場合の基礎部構造諸元については，標準仕様 別紙2の「2.構造物用の防護柵の基礎部構造諸元の設計方法」を参照して検討する。

2) 設置延長

剛性防護柵は，車両衝突時の荷重を道路延長方向への荷重分散により支える構造であるため，防護柵の性能を十分発揮できる設置延長を確保しなければならない。コンクリート製剛性防護柵は，実車衝突実験によると，転倒に対しては少なくとも50mで抵抗していることが確認されているため，転倒に対する安定検討では延長50mを対象としている。

滑動に対しては，実車衝突実験によると，衝突地点を中心に約10mの区間で抵抗することが確認されているため，滑動に対する安定検討では延長10mを対象としている。

3) 使用材料

コンクリートの設計基準強度は$24N/mm^2$以上，鉄筋は$SD-295A$以上としている。これらは，実車衝突実験でコンクリートの飛散がなく，衝突時に十分な耐力が確認されていることによる。

4) 柵前面の形状

防護柵の前面形状は緩衝機能を高めて，車両や乗員に与える衝撃力を減少させるものである。特に小型車の転倒防止に対して有効な誘導機能をもつものであり，**付図-3.2**に示す柵前面形状（車道側の面）は変更しないこととしている。

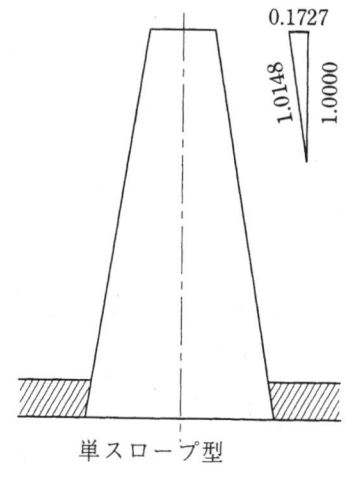

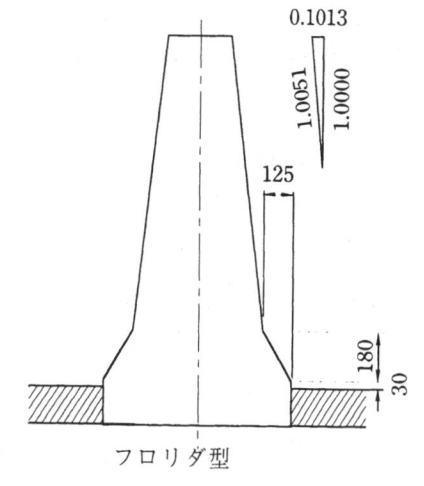

付図-3.2　剛性防護柵の前面形状

5) 柵高さ

防護柵高さは，種別ごとに必要高さ以上を確保する（付表-3.1参照）。これらの値は，大型車（25t車）による実車衝突実験結果および横転検討の計算結果から導かれたもので，大型車両が衝突した際に，対向車線もしくは路外への逸脱を防止するために必要な高さである。

付表-3.1　剛性防護柵の必要高さ

種別	SC	SB	SA	SS
高さ（cm）	80以上	90以上	100以上	110以上

6) 支持条件

分離帯用で土中用防護柵の支持地盤の許容支持力は150kN/m^2以上，水平抵抗力は9.8kN/mとしている。許容支持力は標準的な道路地盤の値であり，また水平抵抗力は，一般的なアスファルト舗装の値である。

7) 基礎部の埋込み深さ

基礎部の埋込み深さは10cm以上としている。実車衝突実験により，埋込み深さを10cm以上とすることで，滑動抵抗の向上と水平変位を無視できる程度に抑制できることが確認されている。

(3) 各仕様の変更方法について

1) 形状・寸法の変更

① 現場によっては設置延長が50m以上取れないため，防護柵の安定が問題となる場合がある。そこで，基礎部構造諸元（基礎幅および埋込み深さ）を変更することによって安定を確保する必要がある。また，現地の状況により，防護柵の厚さや高さを変更しなければならない場合もある。このように，現地の状況により防護柵の躯体構造諸元を変更する必要がある場合は，標準仕様 別紙2の「3.形状・寸法の変更」を参照してコンクリートおよび鉄筋の応力照査を行い，躯体の実車衝突時の衝撃に対する安全性を確保する。また，躯体構造諸元が変更されることにともない，基礎部の安定検討や構造物に与える影響を照査する。ただし，道路橋示方書などに示される所定の鉄筋かぶり厚さを確保し，また，使用するコンクリートの設計基準強度は24N/mm^2以上，鉄筋はSD-295A以上とする。

なお，柵前面形状の変更は行わないこととし，また，防護柵高さは各仕様の高さを下回らないものとする。

② 標準仕様 別紙2に示されている衝突荷重の算定式は，実車衝突実験より導かれたものである。また，安定検討や構造検討に用いる計算式は，道路橋示方書などに示されている一般的なものである。

これらに基づき，諸元を変更した場合，変更前の防護柵の強度と同等以上の強度が確保できるようにするため，安定検討での安全率は1.2以上とすること，また，躯体構造検討で得られたコンクリートおよび鉄筋の応力度でそれぞれの許容応力度を除した値（コンクリートおよび鉄筋の安全率に相当する値）が変更前の防護柵の仕様と同等以上の値になるように変更するものとしている。

③ 標準仕様 別紙2の3.(2)でいうプレキャストコンクリート製防護柵の各仕様を変更する場合，プレキャストコンクリート製防護柵は，道路縦断方向に対しては弾性

床上の梁とし，この部分に等分布荷重が作用するとして最大曲げモーメントを計算し，また，高さ方向に対しては，片持ち梁として検討を行う。この場合，片持ち梁としての天端線荷重P_h（縦方向のコンクリートおよび鉄筋の応力度算定）および弾性床上梁としての最大モーメント$M_{\max}$（横方向のプレストレス導入断面のコンクリートおよび鉄筋の応力度算定）は以下の式で算定する。

ⅰ）片持ち梁としての天端線荷重（P_h）の算定

$P_h = M_a/h$ （kN/m）

ここに，M_a：片持ち梁の曲げモーメント（kN/m）
$= W_k \cdot (h - h_w) \cdot (h - h_w/2)$
h：防護柵の高さ（m）
h_w：路面から車軸中心までの高さ（車軸高さ）（m）$= 0.5$m
W_k：等分布荷重Wが作用するときの荷重強度（kN/m²）
$= F/(h_k \cdot L_k)$
h_k：荷重作用高さ（m）
L_k：構造計算用の荷重作用長さ（m）
$= L_w \cdot \cos\theta \cdot (W_f/W) + (L_r/2)$
L_w：車軸間隔（前後輪間隔）（m）$= 6.455$m
θ：衝突角度（度）
W_f：前輪軸重量（kN）$= 64$kN
W：車両全重量（kN）$= 245$kN
L_r：後輪車軸間隔（m）$= 1.31$m

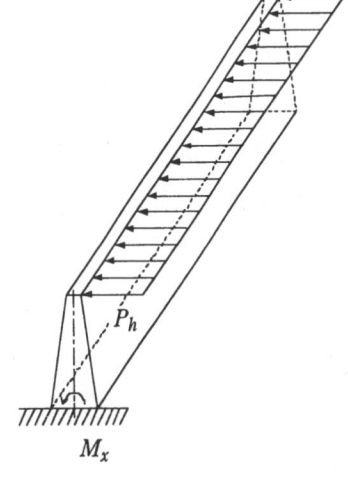

付図-3.3　片持ち梁としての天端線荷重

ⅱ）弾性床上の梁としての最大モーメント（$M_{\max}$）の算定

$$M_{\max} = \frac{q}{2 \cdot \beta_p^2} \cdot e^{(-L_k/2 \cdot \beta)} \cdot \sin\left(\frac{L_k}{2} \cdot \beta_p\right)$$

ここに，β_p：弾性床上の梁の相対曲げ剛さ $= \{K_p/(4 \cdot E \cdot I_x)\}^{1/4}$
K_p：仮想バネ定数（kN/m）$= K_o \cdot l_k/l_1$
K_o：舗装等のバネ定数 $= 20$MN/m³
l_1：防護柵下端から衝突中心までの高さ（m）
l_k：埋込み深さ（m）
E：コンクリートの弾性係数（kN/m²）

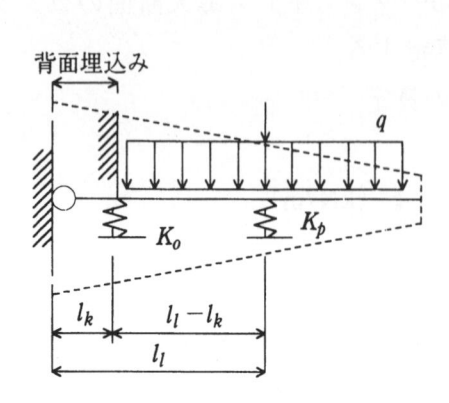

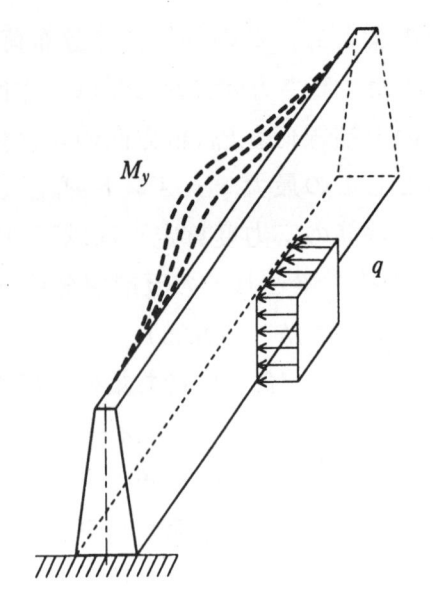

付図-3.4 バネ定数の設定　　　　付図-3.5 弾性床上梁としての最大モーメント

I_x：梁（剛性防護柵）の断面二次モーメント（m⁴）
q：部分等分布荷重（kN/m）= F/L_k
L_k：構造計算用の荷重作用長さ（m）

iii）コンクリートおよび鉄筋の応力照査

前記 i），ii）より求めたモーメントから，それぞれ照査断面における縦方向および横方向のコンクリートおよび鉄筋の応力を計算する。躯体は上部に挿入されるPC鋼材で緊張されているため，躯体高さの上部1/3はPC部材として，またその下の部分はRC部材として検討する。付図-3.6に示すように，躯体高さの1/3ずつの断面が計算で得られるモーメントの1/3ずつを負担するものとし，具体的には付図-3.7に示すように，各検討断面の幅をそれぞれ平均化した矩形断面として検討す

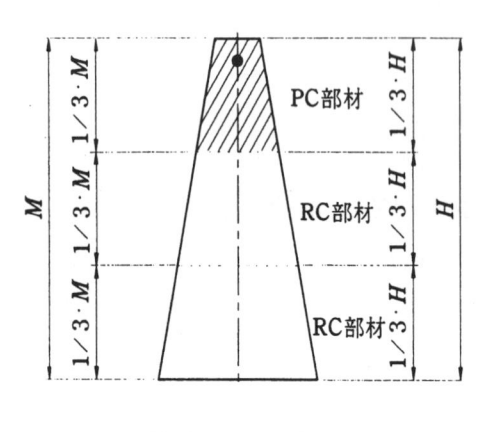

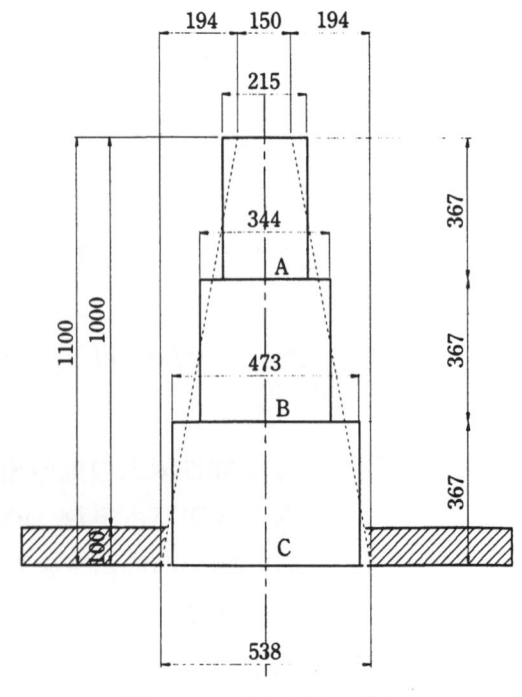

付図-3.6 照査断面　　　　付図-3.7 照査断面の検討例

る。応力計算については，道路橋示方書に準拠し鉄筋コンクリートの応力計算方法にしたがって行う。得られた応力度とその許容値を比較することにより安全率を照査する。

2）支持条件の変更

現地の状況によっては，分離帯用で土中用防護柵の地盤の支持条件が各仕様の条件（許容支持力：150kN/m²以上，水平抵抗力9.8kN/m以上）を確保できない場合がある。この様な場合には，標準仕様 別紙2の1.を参照して，基礎部の安定性の確認を行う。安定性が確保できない場合は，形状寸法の変更を行い，安定を確保する必要がある。

（4）施工時の留意事項

剛性防護柵の施工方法には，現場打ちではスリップフォーム工法およびセットフォーム工法が，また工場製品を使用するプレキャスト工法がある。各工法の施工にあたっては，「防護柵の設置基準・同解説（平成16年3月）」（社団法人日本道路協会）に示す事項について留意する必要がある。

3－2 設計方法および変更方法の適用例

（1）土中用の防護柵の基礎部構造諸元の設計に関する計算例

標準仕様 別紙2の1.により，土中用の防護柵（Rr-SA-FE）の基礎部構造諸元を設計する場合の計算例を示す。なお，本計算例は50m以上の設置延長が確保できる場合であるが，支持条件（地盤の許容支持力，水平抵抗力）が十分に見込めないため，基礎コンクリート部を設けて基礎幅および埋込み深さを変更する場合の計算例である。

1）設計条件

計算に用いた諸条件を以下に示す。

① 車両条件

車両条件は，以下に示す標準的な25tトラックとした。

- 車両重量 $W = 245$ （kN）
- 前輪軸重量 $W_f = 64$ （kN）
- 後輪軸重量 $W_r = 181$ （kN）
- 車軸間隔 $L_w = 6.455$ （m）

② 衝突条件

種別SAの防護柵を設置することから，以下の条件とした。

- 衝突速度 $v = 80$ （km/h）$= 22.22$ （m/s）
- 衝突角度 $\theta = 15$ （度）
- 車両の反発係数 $e_v = 0.2$
- 重力加速度 $g = 9.8$ （m/s²）

③ コンクリートの単位容積重量

- 躯体コンクリート 24.50 （kN/m³）
- 基礎コンクリート 22.54 （kN/m³）

④ 設置状況

付図-3.8に設置状況を示す。なお，基礎コンクリートとは，以下に示す仕様のアンカー筋で定着した。

- アンカー筋：D22（有効断面積 $S_{ca} = 387.1$ mm²）

付図-3.8 設置状況

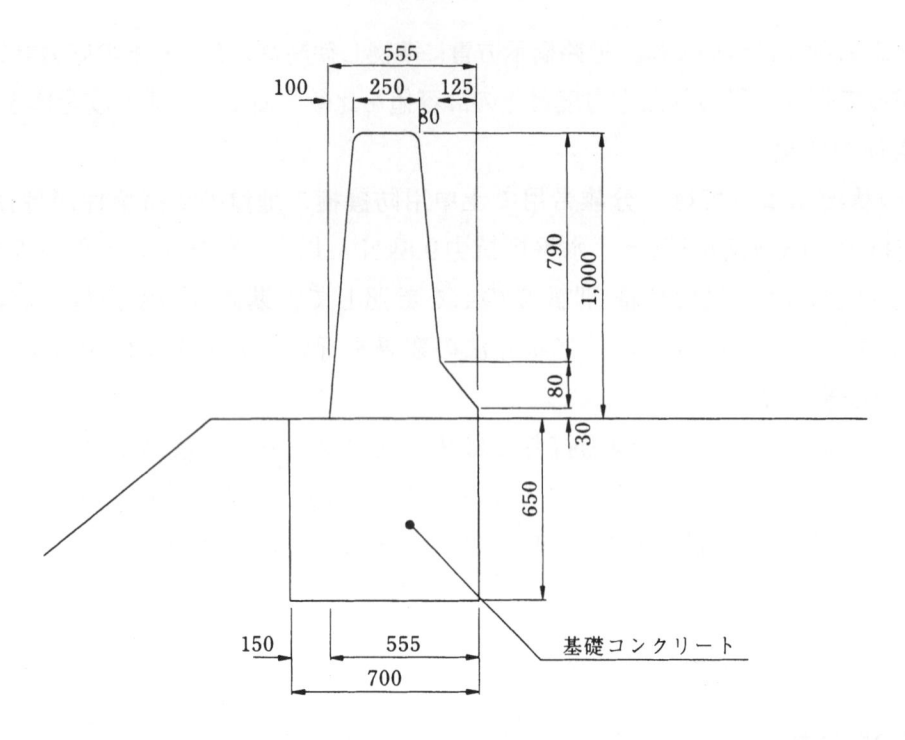

（単位：mm）

- ピ ッ チ：350mm（$n = 2.857$ 本/m）
- 公称周長：$l_d = 70$mm
- 埋込み長：$l_e = 220$mm

2) 衝突荷重の算定

衝突荷重の算定には，標準仕様別紙2の1.に示す算定式（式（1）参照）を用いる。

① 各種係数

衝突荷重の算定式で用いる各種係数を以下に示す。

- 鉛直面からの斜面角度 $\beta = 6$（度）
- 車両斜面駆け上がり角度 α

    $\alpha = \tan^{-1}(\sin\theta/\tan\beta) = \tan^{-1}(\sin15°/\tan6°) = 67.898°$

- 理論低減係数 K_t

    $K_t = \sin^2\alpha = \sin^2(67.898°) = 0.8584$

- 実験係数 $b = 1.1$
- 斜面低減係数 a

    $a = K_t^2 \times b = 0.8584^2 \times 1.1 = 0.811$

- 補正係数 $\kappa_f = 0.1$

② 衝撃度 I_s

$I_s = (1/2) \times (W/g) \times v^2 \times \sin^2\theta$

$\quad = (1/2) \times (245/9.8) \times (22.22 \times \sin15°)^2 = 413$ (kJ) → 420 (kJ)

衝突荷重 F

$F = \kappa_f \times 2 \times (1 + e_v) \times (W/W_r)^2 \times I_s \times a/(L_w \times \sin\theta)$

$\quad = 0.1 \times 2 \times (1 + 0.2) \times (245/181)^2 \times 420 \times 0.811/(6.455 \times \sin15°)$

$\quad = 88$ (kN)

3) 断面諸元

安定検討では，断面諸元として防護柵単位長さ重量および重心位置が必要である。ここでは，これらの値を計算するため，付図-3.9に示すように防護柵断面を分割し，各断面ごとに単位長さ重量W（面積×単位容積重量）および支点Oから重心位置までの水平距離Xを計算した。計算結果を付表-3.2に示す。

4) 安定検討

① 安定検討用の荷重

転倒および地盤反力の検討に用いる等分布衝突荷重（q_a）は，防護柵の総延長（L_a）を50mとして，以下となる

$q_a = F/L_a = 88/50 = 1.76$（kN/m）

滑動の検討に用いる等分布衝突荷重（q_b）は，有効延長L_bを10mとして以下となる。

$q_b = F/L_b = 88/10 = 8.8$（kN/m）

② 転倒に対する検討

ⅰ）転倒モーメント（M_a）

路面から荷重作用点までの高さ（h_1）を1.0m，また底版から荷重作用点までの高さ（H）を1.65mとする。この場合，底板は基礎コンクリートの底板とする。

$M_a = q_a \times H = 1.76 \times 1.65 = 2.904$（kN・m/m）

ⅱ）抵抗モーメント（M_r）

基礎部の深さが大きく，受働土圧が見込めるが，ここでは安全側に防護柵自重による抵抗モーメントのみを考える。なお，防護柵単位長さ重量（W_c）および支点O（付図-3.9参照）と重心までの水平距離dについては，防護柵断面を分割したそれぞれの部分で考えることができる。したがって，付表-3.2に示す計算結果から，抵抗モーメントは以下のとおりとなる。

$M_r = W_c \times d = 7.049$（kN・m/m）

ⅲ）安全率（F_s）

安全率は以下の値となり，1.2を超えている。

$F_s = M_r/M_a = 7.049/2.904 = 2.427 \quad > 1.2$

③ 滑動に対する検討

付表-3.2 防護柵の単位長さ重量および重心位置

断面	単位長さ重量 W（kN/m）	重心位置 X（m）	$W \cdot X$（kN・m/m）
躯体①	1.225	0.217	0.266
躯体②	6.125	0.370	2.266
躯体③	0.774	0.522	0.404
躯体④	0.353	0.535	0.189
躯体⑤	0.274	0.617	0.169
躯体⑥	0.147	0.598	0.088
基礎部	10.476	0.350	3.667
	$\Sigma_W = 19.374$		$\Sigma_W \cdot X = 7.049$

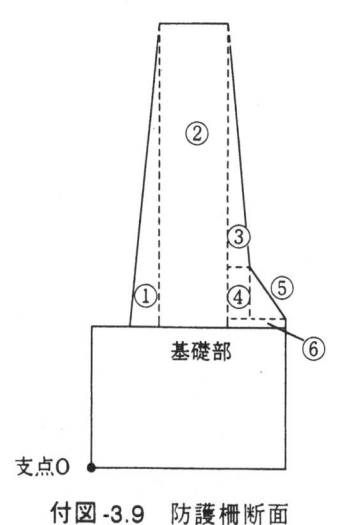

付図-3.9 防護柵断面

ⅰ）滑動力（P_a）
　　　$P_a = qb = 8.8$（kN/m）
　ⅱ）抵抗力（P_r）
　　舗装，地盤による抵抗力（P_{r2}）を見込むことができるが，ここでは安全側に摩擦による抵抗力（P_{r1}）のみ考慮して計算する。
　　　$P_r = P_{r1} = 0.55 \times 19.374 = 10.656$（kN/m）
　ⅲ）安全率（F_s）
　　安全率は以下の値となり，1.2を超えている。
　　　$F_s = P_r/P_a = 10.656/8.8 = 1.21 > 1.2$

④ 地盤反力に対する検討
　ⅰ）地盤反力（q_1）
　　支点O（付図-3.9参照）と防護柵重心までの水平距離（d）：
　　　$d = \Sigma W \cdot X / W_c = 7.049/19.374 = 0.364$（m）
　　偏心位置（e）：
　　　$e = M_a/W_c = 2.904/19.374 = 0.150$（m）
　　地盤反力の作用幅（χ）：
　　　$\chi = 3 \times (d - e) = 3 \times (0.364-0.150) = 0.642$（m）
　　作用幅は基礎幅D（0.70m）以下であり，地盤反力は三角形分布となる。
　　以上より，地盤反力（q_1）は以下の値となる。
　　　$q_1 = 2 \times W_c/\chi = 2 \times 19.374/0.642 = 60.36$（kN/m^2）
　ⅱ）許容支持力（Q_a）
　　常時の許容支持力（Q_a）は地盤条件から150kN/m^{2}とする。したがって，衝突荷重作用時の許容支持力は以下の値となる。
　　　衝突荷重作用時：$1.5 \times Q_a = 225$（kN/m^2）
　ⅲ）安全率（F_s）
　　安全率は以下の値となり，1.2を超えている。
　　　$F_s = 1.5 \times Q_a/q_1 = 225/60.36 = 3.73 > 1.2$

5）引抜き力に関する検討
　① 縦方向のモーメントM_y
　　　$M_y = F \times H_a \times \alpha_R \times (1 - B/7.5) = 88 \times 1.000 \times 0.5 \times (1 - 2 \times 1.000/7.5)$
　　　　　$= 32.267$（kN・m/m）
　　ここで，H_a：路面から荷重作用点までの高さ（$= 1.000$m）
　　　　　　α_R：縦方向断面係数（$= 0.5$）
　　　　　　B：有効幅（$= 2 \times H_a$）
　② 1本当たりの引抜き力T
　　　$T = M_y/(l \times n) = 32.26/(0.343 \times 2.857) = 32.927$（kN/本）
　　ここに，l：転倒の支点からアンカーまでのアーム長
　③ 付着に対する応力度 τ_b
　　　$\tau_b = T/(l_e \times l_d) = 32927/(220 \times 70) = 2.14$（N/mm^2）
　　　　　$< 1.60 \times 1.5 = 2.40$（N/mm^2）

④ 引張応力度 σ_s

$\sigma_s = T/S_{ca} = 32927/387.1 = 85.1 (N/mm^2)$

$< 180 \times 1.5 = 270 (N/mm^2)$

以上，アンカー筋（D22）をピッチ350mmで配置することで安定している。

(2) 形状・寸法の変更に関する計算例

標準仕様 別紙2の3.により，構造物用の防護柵（Rr-SA-FB）の躯体構造諸元を設計する場合の計算例を示す。なお，本計算例は現地の状況により，防護柵の裏勾配を変更する場合の計算例である。

1) 設計条件

計算に用いた諸条件を以下に示す。

① 車両条件

車両条件は，以下に示す標準的な25tトラックとした。

- 車両重量 $W = 245$ (kN)
- 前輪軸重量 $W_f = 64$ (kN)
- 後輪軸重量 $W_r = 181$ (kN)
- 車軸間隔 $L_w = 6.455$ (m)

② 衝突条件

種別SAの防護柵を設置することから，以下の条件とした。

- 衝突速度 $v = 80$ (km/h) $= 22.22$ (m/s)
- 衝突角度 $\theta = 15$ (度)
- 車両の反発係数 $e_v = 0.2$
- 重力加速度 $g = 9.8$ (m/s^2)

③ コンクリートの条件

ⅰ) 設計基準強度

裏勾配を変更したことによって断面の厚さが小さくなるために、設計基準強度を30N/mm²に上げる。

ⅱ) 単位容積重量

- 躯体コンクリート24.5（kN/m³）
- 基礎コンクリート22.5（kN/m³）

④ 設置状況

付図-3.10に設置状況を示す。

⑤ 検討断面

付図-3.11に示す標準仕様の断面に対して，裏勾配を変更した防護柵の検討断面を付図-3.12に示す。なお，変更にあたっては，縦方向鉄筋のピッチを50mm小さく，また横方向鉄筋の本数を1本増やした。

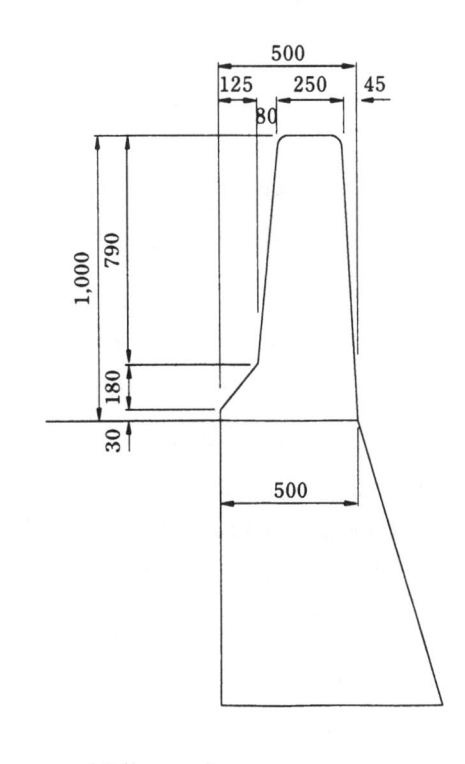

（単位：mm）

付図-3.10 設置状況

2) 衝突荷重の算定

衝突荷重の算定には，標準仕様 別紙2の3.に示す算定式（式(1) 参照）を用いる。前面形状および衝突条件が，計算例(1)と同じであることから，衝突荷重Fは88(kN)となる。

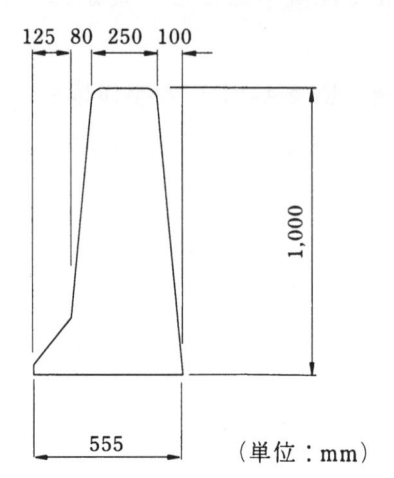

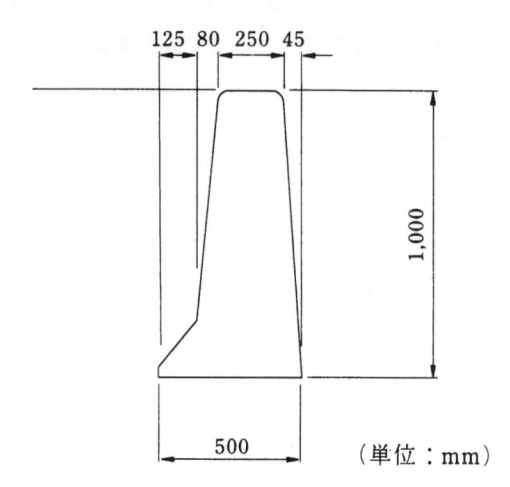

125	80	250	100

1,000

555 （単位：mm）

・縦方向鉄筋：D13@350
・横方向鉄筋：D13　7本

付図-3.11　標準断面

125	80	250	45

1,000

500 （単位：mm）

・縦方向鉄筋：D13@300
・横方向鉄筋：D13　8本

付図-3.12　検討断面

3) 照査断面での構造計算

①縦方向の検討

照査断面位置は，前面勾配が変わる位置とする。

ⅰ) 縦方向のモーメント（M_y）

$$M_y = F \times L \times \alpha_R \times (1 - B/7.5)$$
$$= 88 \times 0.790 \times 0.5 \times (1 - 2 \times 0.790/7.5)$$
$$= 27.437 \text{ (kN·m/m)}$$

ここに，L：Fの作用位置から断面照査位置までの高さ（m）
α_R：縦方向断面係数（＝0.5）
B：有効幅（＝$2 \times L$）

ⅱ) 断面諸元

前面勾配が変わる位置の断面諸元を以下に示す。

・照査断面幅：$B = 1,000$mm
・断面厚：$d = 365$mm
・鉄筋の被り：$d' = 75$mm
・有効幅の鉄筋断面積：$A_s = 422.3$mm^2（D13×3.333本）

ⅲ) コンクリートおよび鉄筋の応力照査

鉄筋コンクリートの設計に用いられる一般的な計算式より，照査断面の鉄筋比p，コンクリートの応力度σ_cおよび鉄筋の応力度σ_sは次の値となる。ただし，n（鉄筋とコンクリートのヤング係数比）は15とする。

$$p = A_s / (B \times (d - d')) = 0.00146$$
$$k = \sqrt{2pn + (pn)^2} - pn = 0.189$$

$j = 1 - k/3 = 0.937$

$\sigma_c = 2M_y/(k \times j \times B \times (d-d')^2) = 3.7 \text{N/mm}^2$

$\sigma_s = M_y/(A_s \times j \times (d-d')) = 239.1 \text{N/mm}^2$

コンクリートおよび鉄筋の許容応力度（σ_{ca}, σ_{sa}）をそれぞれ得られた応力度で除した値は以下の通りであり，標準仕様の断面の場合と同等以上である。

$\sigma_{ca}/\sigma_c = 16.5/3.7 = 4.46 > 4.4$

$\sigma_{sa}/\sigma_s = 264/239.1 = 1.104 > 1.1$

② 横方向の検討

i) 横方向のモーメント（M_x）

$M_x = F \times \beta_R = 88 \times 0.25 = 22 \text{ (kN·m/m)}$

ここに，β_R：横方向断面係数（$= 0.25$）

ii) 断面諸元

照査断面を天端から10cmの位置とし，その位置の断面諸元を以下に示す。

・照査断面幅：$B = 1,000$ mm
・断　面　厚：$d = 265$ mm（天端より10cm下がり）
・鉄 筋 被 り：$d' = 88$ mm
・有効幅の鉄筋断面積：$A_s = 1,013 \text{mm}^2$（D13×8本）

iii) コンクリートおよび鉄筋の応力照査

鉄筋コンクリートの設計に用いられる一般的な計算式より，照査断面の鉄筋比p，コンクリートの応力度σ_cおよび鉄筋の応力度σ_sは次の値となる。

$p = A_s/(B \times (d-d')) = 0.00572$, $k = 0.189$, $j = 0.937$

$\sigma_c = 2M_x/(k \times j \times B \times (d-d')^2) = 4.9 \text{N/mm}^2$

$\sigma_s = M_x/(A_s \times j \times (d-d')) = 142.4 \text{N/mm}^2$

コンクリートおよび鉄筋の許容応力度（σ_{ca}, σ_{sc}）をそれぞれ得られた応力度で除した値は以下の通りとなり，標準仕様の断面の場合と同等以上である。

$\sigma_{ca}/\sigma_c = 16.5/4.9 = 3.37 > 2.9$

$\sigma_{sa}/\sigma_s = 264/142.4 = 1.854 > 1.7$

なお、コンクリートの許容応力度（許容曲げ圧縮応力度）σ_{ca}は以下により算出する*。

$\sigma_{ca} = \sigma_{ca}' \times k = 11.0 \times 1.5 = 16.5 \text{(N/mm}^2)$

ただし、

σ_{ca}'：常時の場合の許容曲げ圧縮応力度で設計基準強度30N/mm²の時11N/mm²

k：安全率の割り増し（1.5*）

*平成8年度制定コンクリート標準示方書設計編（土木学会、平成8年3月）

車両用防護柵標準仕様・同解説（改訂版）

平成11年 3月10日	初　版第1刷発行
平成16年 3月31日	改訂版第1刷発行
令和 5年 4月24日	第12刷発行

編　集
発行所　公益社団法人 日 本 道 路 協 会
　　　　東京都千代田区霞が関3-3-1

印刷所　有限会社 セ　キ　グ　チ

発売元　丸 善 出 版 株 式 会 社
　　　　東京都千代田区神田神保町2-17

ISBN978-4-88950-124-7 C2051

日本道路協会出版図書案内

図書名	ページ	定価(円)	発行年
交通工学			
クロソイドポケットブック（改訂版）	369	3,300	S49. 8
自転車道等の設計基準解説	73	1,320	S49.10
立体横断施設技術基準・同解説	98	2,090	S54. 1
道路照明施設設置基準・同解説（改訂版）	240	5,500	H19.10
附属物（標識・照明）点検必携 ～標識・照明施設の点検に関する参考資料～	212	2,200	H29. 7
視線誘導標設置基準・同解説	74	2,310	S59.10
道路緑化技術基準・同解説	82	6,600	H28. 3
道路の交通容量	169	2,970	S59. 9
道路反射鏡設置指針	74	1,650	S55.12
視覚障害者誘導用ブロック設置指針・同解説	48	1,100	S60. 9
駐車場設計・施工指針同解説	289	8,470	H 4.11
道路構造令の解説と運用（改訂版）	742	9,350	R 3. 3
防護柵の設置基準・同解説（改訂版） ボラードの設置便覧	246	3,850	R 3. 3
車両用防護柵標準仕様・同解説（改訂版）	164	2,200	H16. 3
路上自転車・自動二輪車等駐車場設置指針 同解説	74	1,320	H19. 1
自転車利用環境整備のためのキーポイント	140	3,080	H25. 6
道路政策の変遷	668	2,200	H30. 3
地域ニーズに応じた道路構造基準等の取組事例集（増補改訂版）	214	3,300	H29. 3
道路標識設置基準・同解説（令和2年6月版）	413	7,150	R 2. 6
道路標識構造便覧（令和2年6月版）	389	7,150	R 2. 6
橋梁			
道路橋示方書・同解説（Ⅰ共通編）（平成29年版）	196	2,200	H29.11
〃（Ⅱ鋼橋・鋼部材編）（平成29年版）	700	6,600	H29.11
〃（Ⅲコンクリート橋・コンクリート部材編）（平成29年版）	404	4,400	H29.11
〃（Ⅳ下部構造編）（平成29年版）	572	5,500	H29.11
〃（Ⅴ耐震設計編）（平成29年版）	302	3,300	H29.11
平成29年道路橋示方書に基づく道路橋の設計計算例	564	2,200	H30. 6
道路橋支承便覧（平成30年版）	592	9,350	H31. 2
プレキャストブロック工法によるプレストレストコンクリートTげた道路橋設計施工指針	81	2,090	H 4.10
小規模吊橋指針・同解説	161	4,620	S59. 4
道路橋耐風設計便覧（平成19年改訂版）	300	7,700	H20. 1

日本道路協会出版図書案内

図書名	ページ	定価(円)	発行年
鋼道路橋設計便覧	652	7,700	R 2.10
鋼道路橋疲労設計便覧	330	3,850	R 2.9
鋼道路橋施工便覧	694	8,250	R 2.9
コンクリート道路橋設計便覧	496	8,800	R 2.9
コンクリート道路橋施工便覧	522	8,800	R 2.9
杭基礎設計便覧(令和2年度改訂版)	489	7,700	R 2.9
杭基礎施工便覧(令和2年度改訂版)	348	6,600	R 2.9
道路橋の耐震設計に関する資料	472	2,200	H 9.3
既設道路橋の耐震補強に関する参考資料	199	2,200	H 9.9
鋼管矢板基礎設計施工便覧(令和4年度改訂版)	407	8,580	R 5.2
道路橋の耐震設計に関する資料(PCラーメン橋・RCアーチ橋・PC斜張橋等の耐震設計計算例)	440	3,300	H10.1
既設道路橋基礎の補強に関する参考資料	248	3,300	H12.2
鋼道路橋塗装・防食便覧資料集	132	3,080	H22.9
道路橋床版防水便覧	240	5,500	H19.3
道路橋補修・補強事例集(2012年版)	296	5,500	H24.3
斜面上の深礎基礎設計施工便覧	336	6,050	R 3.10
鋼道路橋防食便覧	592	8,250	H26.3
道路橋点検必携〜橋梁点検に関する参考資料〜	480	2,750	H27.4
道路橋示方書・同解説Ⅴ耐震設計編に関する参考資料	305	4,950	H27.4
道路橋ケーブル構造便覧	462	7,700	R 3.11
道路橋示方書講習会資料集	404	8,140	R 5.3
舗装			
アスファルト舗装工事共通仕様書解説(改訂版)	216	4,180	H 4.12
アスファルト混合所便覧(平成8年版)	162	2,860	H 8.10
舗装の構造に関する技術基準・同解説	104	3,300	H13.9
舗装再生便覧(平成22年版)	290	5,500	H22.11
舗装性能評価法(平成25年版)―必須および主要な性能指標編―	130	3,080	H25.4
舗装性能評価法別冊―必要に応じ定める性能指標の評価法編―	188	3,850	H20.3
舗装設計施工指針(平成18年版)	345	5,500	H18.2
舗装施工便覧(平成18年版)	374	5,500	H18.2
舗装設計便覧	316	5,500	H18.2
透水性舗装ガイドブック2007	76	1,650	H19.3
コンクリート舗装に関する技術資料	70	1,650	H21.8

日本道路協会出版図書案内

図書名	ページ	定価(円)	発行年
コンクリート舗装ガイドブック２０１６	348	6,600	H28. 3
舗装の維持修繕ガイドブック２０１３	250	5,500	H25.11
舗装の環境負荷低減に関する算定ガイドブック	150	3,300	H26. 1
舗装点検必携	228	2,750	H29. 4
舗装点検要領に基づく舗装マネジメント指針	166	4,400	H30. 9
舗装調査・試験法便覧（全4分冊）（平成31年版）	1,929	27,500	H31. 3
舗装の長期保証制度に関するガイドブック	100	3,300	R 3. 3
アスファルト舗装の詳細調査・修繕設計便覧	250	6,490	R 5. 3
道路土工			
道路土工構造物技術基準・同解説	100	4,400	H29. 3
道路土工構造物点検必携（令和2年版）	378	3,300	R 2.12
道路土工要綱（平成２１年度版）	450	7,700	H21. 6
道路土工－切土工・斜面安定工指針（平成21年度版）	570	8,250	H21. 6
道路土工－カルバート工指針（平成21年度版）	350	6,050	H22. 3
道路土工－盛土工指針（平成２２年度版）	328	5,500	H22. 4
道路土工－擁壁工指針（平成２４年度版）	350	5,500	H24. 7
道路土工－軟弱地盤対策工指針（平成24年度版）	400	7,150	H24. 8
道路土工－仮設構造物工指針	378	6,380	H11. 3
落石対策便覧	414	6,600	H29.12
共同溝設計指針	196	3,520	S61. 3
道路防雪便覧	383	10,670	H 2. 5
落石対策便覧に関する参考資料 ―落石シミュレーション手法の調査研究資料―	448	6,380	H14. 4
トンネル			
道路トンネル観察・計測指針（平成21年改訂版）	290	6,600	H21. 2
道路トンネル維持管理便覧【本体工編】（令和2年版）	520	7,700	R 2. 8
道路トンネル維持管理便覧【付属施設編】	338	7,700	H28.11
道路トンネル安全施工技術指針	457	7,260	H 8.10
道路トンネル技術基準（換気編）・同解説（平成20年改訂版）	280	6,600	H20.10
道路トンネル技術基準（構造編）・同解説	322	6,270	H15.11
シールドトンネル設計・施工指針	426	7,700	H21. 2
道路トンネル非常用施設設置基準・同解説	140	5,500	R 1. 9
道路震災対策			
道路震災対策便覧（震前対策編）平成18年度版	388	6,380	H18. 9

日本道路協会出版図書案内

図書名	ページ	定価(円)	発行年
道路震災対策便覧（震災復旧編）（令和4年度改定版）	412	9,570	R 5. 3
道路震災対策便覧（震災危機管理編）（令和元年7月版）	326	5,500	R 1. 8
道路維持修繕			
道路の維持管理	104	2,750	H30. 3
英語版			
道路橋示方書（Ⅰ共通編）〔2012年版〕（英語版）	160	3,300	H27. 1
道路橋示方書（Ⅱ鋼橋編）〔2012年版〕（英語版）	436	7,700	H29. 1
道路橋示方書（Ⅲコンクリート橋編）〔2012年版〕（英語版）	340	6,600	H26.12
道路橋示方書（Ⅳ下部構造編）〔2012年版〕（英語版）	586	8,800	H29. 7
道路橋示方書（Ⅴ耐震設計編）〔2012年版〕（英語版）	378	7,700	H28.11
舗装の維持修繕ガイドブック2013（英語版）	306	7,150	H29. 4
アスファルト舗装要綱（英語版）	232	7,150	H31. 3

※消費税10%を含みます。

発行所 (公社)日本道路協会　☎(03)3581-2211
発売所 丸善出版株式会社　☎(03)3512-3256
　　　丸善雄松堂株式会社　学術情報ソリューション事業部
　　　　法人営業統括部　カスタマーグループ
　　TEL：03-6367-6094　FAX：03-6367-6192　Email：6gtokyo@maruzen.co.jp